一维有限单元法

左文杰　编著

科 学 出 版 社

北 京

内 容 简 介

本书以一维杆单元为例,系统地阐述了有限单元法的基本原理、数值方法、程序实现和固体力学领域各类问题中的应用。

全书共 13 章。前 6 章为有限单元法的理论基础,包括直接刚度法,一维杆的"强"形式与"弱"形式,单元和插值函数的构造,加权余量法与虚功原理建立有限元格式,变分原理建立有限元格式。后 7 章为专题部分,包括线性静态有限元分析,线性动态有限元分析,几何非线性有限元分析,材料非线性有限元分析,复合材料多尺度分析,结构灵敏度分析,桁架结构有限元教学软件 EFESTS。本书通过一维杆单元详尽地展示了有限单元法的细节,使读者更容易地学习有限元理论,这是作者的基本出发点,也是本书的特色。

本书适用于力学专业本科生、硕士生教学,可作为机械、土木、航空航天、材料工程和交通运输等理工科专业的研究生教材,也可作为相关专业高等学校教师和工程技术人员的参考书。

图书在版编目(CIP)数据

一维有限单元法/左文杰编著. —北京: 科学出版社, 2018.7
ISBN 978-7-03-058088-7

Ⅰ. ①—… Ⅱ. ①左… Ⅲ. ①有限元法 Ⅳ. ①O241.82

中国版本图书馆 CIP 数据核字 (2018) 第 132773 号

责任编辑: 赵敬伟 / 责任校对: 邹慧卿
责任印制: 赵 博 / 封面设计: 耕者工作室

科学出版社 出版
北京东黄城根北街 16 号
邮政编码: 100717
http://www.sciencep.com

北京凌奇印刷有限责任公司印刷
科学出版社发行 各地新华书店经销
*
2018 年 7 月第 一 版 开本: 720 × 1000 1/16
2025 年 1 月第五次印刷 印张: 15 1/2
字数: 300 000
定价: 98.00 元
(如有印装质量问题, 我社负责调换)

前　　言

　　有限单元法是工程分析中应用最广泛的微分方程数值解法，不仅被普遍地列为工科专业本科生和研究生的学位课程，而且也是相关工程技术人员和教师继续学习的重要内容。自 20 世纪 50 年代有限单元法问世以来，相关专著和教材层出不穷，涵盖的基本内容有：有限元一般原理和表达格式、单元和插值函数、等参元和数值积分、线性问题及其解法、非线性问题及其解法。由于有限元是一种数值方法，对自由度超过 3 个的问题，就不容易在纸面上展开详细推导，所以这些专著和教材基本上都重点关注有限元表达格式的推导，而对有限元理论结合具体单元的推导，以及有限元理论对具体案例的应用过程，细节展示不够。因此给大多数读者的感觉是有限元理论过于抽象和复杂，即使其本身是非常具体的数值方法。作者自 2004 年学习有限单元法以来，也有类似的感受，相关书籍很多，但是容易上手、容易看懂、适合自学的并不多，尤其是非线性有限元，需要很多书籍结合着阅读才能有所理解。

　　鉴于这些原因，作者选择最简单的一维轴力杆单元来详细地展示有限单元法的基本原理与求解方法。本书首先通过直接刚度法感性地展示有限元的基本过程；接着针对杆单元的"强"形式，构造了各种"弱"形式以及各种变分形式；其次采用杆单元给出了线性静态分析、线性动态分析、几何非线性分析、材料非线性分析、复合材料多尺度分析的有限元格式、解法以及案例的详细步骤；然后推导了有限元方程的导数，也即灵敏度分析；最后给出了作者开发的开源 EFESTS 软件和部分 Matlab 代码。此外，结构灵敏度分析本应是属于结构优化的内容，但是对有限元方程求其导数是个很自然的过程，所以将结构灵敏度分析列在本书中也是一个新的尝试。EFESTS 是个完全面向有限元教学的软件，具有友好的图形用户界面、快速的二维桁架结构有限元建模、详细的有限元分析过程与数据导出、求解过程与结果的可视化，比如单元刚度矩阵的组装过程就是动态可视化的。对于有限元的每种分析方法，书中都通过一个小规模的桁架结构，详细地展示了求解的每一步骤，有助于读者深入理解其基本理论。总之，通过杆单元这只"五脏俱全"的"小麻雀"，较为具体地展示了有限单元法的细节，使读者能够容易地学习有限单元法。同时，建议读者结合其他较为抽象的有限元书籍，互为补充，一起学习有限单元法，避免杆单元"一叶障目"带来的不足。

　　本书编写得到了多方面的支持、鼓励和帮助。本书列入吉林大学本科"十三五"规划教材、吉林大学机械学院核心课程建设并得到国家自然科学基金项目(51575226)

的资助。研究生黄科、白建涛、方家昕为本书部分章节的整理和 EFESTS 软件部分功能的编写做了卓有成效的工作。在成书过程中，本人妻子金红梅女士和儿子左晋吉为我腾出了本应陪伴他们的大量时间，在此向他们致以衷心的感谢。

　　本书适用于力学专业本科生、硕士生教学，可作为机械、土木、航空航天、材料工程和交通运输等理工科专业的研究生教材，也可作为相关专业高等学校教师和工程技术人员的参考书。如需要本书配套的 EFESTS 教学软件，以及 Matlab 代码，请写信给作者，信箱 *zuowenjie@jlu.edu.cn*。

　　由于水平所限，不妥之处在所难免，敬请读者和同行专家不吝赐教。

作　者

2018 年 3 月于长春

符　号　表

拉丁字母 (大写)

A^e	杆单元的横截面积
B	矩阵最大半带宽
$\boldsymbol{B}^e$	单元应变矩阵
C	声波传递速度
D	出发点的联结度
$\boldsymbol{D}$	对角矩阵
$\boldsymbol{D}_{\mathrm{ep}}$	弹塑性矩阵
E	弹性模量
E^H	等效均质弹性模量
$\boldsymbol{F}^e$	单元载荷列阵
$\tilde{\boldsymbol{F}}^e$	扩维后的单元载荷列阵
$\bar{\boldsymbol{F}}^e$	全局坐标系下的单元载荷列阵
$\boldsymbol{F}$	总体载荷列阵
G	剪切模量；后继屈服应力
H_i	积分权系数
J	Jacobi 矩阵行列式 (Jacobi 系数)
$\boldsymbol{J}$	Jacobi 矩阵
J_2	应力偏量的第二不变量
$\boldsymbol{K}^e$	单元刚度矩阵
$\tilde{\boldsymbol{K}}^e$	扩维后的单元刚度矩阵
$\bar{\boldsymbol{K}}^e$	全局坐标系下的单元刚度矩阵
$\boldsymbol{K}$	总体刚度矩阵
$\boldsymbol{K}_{\mathrm{M}}$	材料刚度矩阵
$\boldsymbol{K}_{\mathrm{G}}$	几何刚度矩阵
$\boldsymbol{K}_{\mathrm{T}}^e$	单元切线刚度矩阵
$\boldsymbol{K}_{\mathrm{T}}$	结构切线刚度矩阵

$\boldsymbol{K}_{\text{ep}}^{e}$	单元弹塑性刚度矩阵
$\boldsymbol{K}_{\text{ep}}$	结构弹塑性刚度矩阵
K	线性强化模型的材料参数
L	当前构型下的杆长
$\boldsymbol{L}^{e}$	集成矩阵
$\boldsymbol{L}$	单位下三角矩阵
$\boldsymbol{M}$	质量矩阵
$\boldsymbol{M}^{e}$	单元协调质量矩阵
$\boldsymbol{M}_{l}^{e}$	单元集中质量矩阵
$\hat{\boldsymbol{M}}$	有效质量矩阵
N_{i}	插值函数
$N_{\max}$	单元节点编号差值的最大值
$\boldsymbol{N}^{e}$	单元形函数矩阵
$\boldsymbol{Q}_{j}$	伴随载荷
$\boldsymbol{R}^{e}$	单元变换矩阵
$\boldsymbol{T}$	下三角矩阵
T	系统动能
T_{n}	系统最小固有振动周期
U	应变能
V	系统势能；外力势能
$\boldsymbol{V}_{n}$	n 阶范德蒙德矩阵
W	外力虚功
$W_{外}$	真实外力功
Y	特征尺度

拉丁字母 (小写)

b	单位长度的体力
$\boldsymbol{f}^{e}$	单元等效节点力列阵
$\boldsymbol{f}$	外力向量
k	刚度
l^{e}	杆单元长度
$l_{i}^{(n-1)}$	$n-1$ 次拉格朗日插值多项式

m	单元轴线与全局坐标轴的夹角余弦
n	单元轴线与全局坐标轴的夹角余弦
p	杆的内力；拉格朗日乘子
$\boldsymbol{p}^e$	单元内部力向量
$\boldsymbol{r}$	约束反力列阵，也叫不平衡力列阵
s_{ij}	应力偏张量
s	单元轴线与全局坐标轴的夹角余弦
$\bar{t}$	端面均布力
t	时间
Δt_{cr}	中心差分法临界步长
$\boldsymbol{u}^e$	局部坐标系下的单元节点位移向量
$\bar{\boldsymbol{u}}^e$	全局坐标系下的单元节点位移向量
$\boldsymbol{u}$	总体节点位移向量
$\dot{\boldsymbol{u}}$	总体节点速度向量
$\ddot{\boldsymbol{u}}$	总体节点加速度向量
u	位移
$\bar{u}$	约束位移
v	速度
w	权函数
x	空间直角坐标
y	空间直角坐标
z	空间直角坐标

希腊字母 (大写)

Γ	域的边界
Π_p	系统总势能
$\boldsymbol{\Phi}$	模态矩阵
Ω	体积域
Γ_t	力的边界
Γ_u	位移边界
Π_c	系统总余能

希腊字母 (小写)

α	Newmark 方法的参数
β	乘大数法中的大数
$\bar{\gamma}$	单胞上的平均体力
δ	变分符号；Newmark 方法的参数
δ_{ij}	Kronecker 符号
ε	应变
ε_E	Cauchy 应变 (工程应变)
ε_G	Green 应变
ε_H	Hencky 应变
ε_A	Almansi 应变
ε_M	中点应变
ε_{ij}	应变张量
ε^e	弹性应变
ε^p	塑性应变
$\bar{\varepsilon}^p$	等效塑性应变
ζ	介电系数
θ	Wilson-θ 方法中的参数
λ	特征值；拉格朗日乘子
$\mathrm{d}\lambda$	塑性力学中的一致性参数
ξ	自然坐标 $(-1 \leqslant \xi \leqslant 1)$
ρ	材料密度；移频值
σ	应力
σ_{ij}	应力张量
σ_p	比例极限
σ_E	工程应力
σ_C	Cauchy 应力
σ_P	PK2 应力
σ_A	Almansi 应力
σ_e	弹性极限
σ_s	屈服应力
σ_b	强度极限
τ	Wilson-θ 方法中的时间变量

ϕ^e	单元上的场函数
ϕ	后继屈服函数
ϕ	固有振型
ω	固有振动频率
ω_n	最高阶固有振动频率

数学运算符号

$[\cdots]^{\mathrm{T}}$	转置
$[\cdots]^{-1}$	逆
$[\cdots]^*$	伴随矩阵
$\lvert\cdots\rvert$	行列式；模；绝对值
$\mathrm{sgn}(\cdots)$	符号函数
$\mathrm{Im}(\cdots)$	取虚部

目　　录

第1章 绪 论

1.1 有限单元法的发展史

从应用数学的角度讲,有限单元法的基本思想可以追溯到纽约大学 R. Courant 在 1943 年的工作 [1]。他首先尝试在一系列三角形区域上定义分片连续函数,并采用最小势能原理求解 Saint Venant 扭转问题,但当时无计算机,因此未在工程中应用,也未得到重视和发展。

20 世纪 40~50 年代,有限单元法的实际应用是随着电子计算机的出现而开始的。同时,英、美等国家的飞机制造业大幅发展,要求能准确求解飞机的静态和动态性能,由于传统设计分析方法不能满足工程需求,所以逐渐产生了矩阵力学分析方法。1956 年,波音公司的 M. J. Turner,加州大学伯克利分校的 R. W. Clough,华盛顿大学的 H. C. Martin 和波音公司的 L. J. Topp 在分析飞机结构的时候研究了离散杆、梁、三角形单元的刚度表达式,三角形单元的刚度矩阵和结构的求解方程是由弹性理论的方程通过直接刚度法确定的 [2],他们的研究工作开创了利用电子计算机求解复杂弹性力学问题的新阶段,该工作发表于 *AIAA Journal* 的前身 *Journal of the Aerospace Sciences*。1954 年,斯图加特大学的 J. H. Argyris 提出了结构分析的能量原理 [3],并出版了相关书籍 [4],为后续有限单元法的研究奠定了重要基础。1960 年,R. W. Clough 进一步求解了平面弹性应力问题,第一次提出并使用 "有限单元法"(finite element method) 这一术语 [5],见图 1-1。1967 年,O. C. Zienkiewicz 与 Y. K. Cheung(张佑启) 出版了第一本关于有限单元法的专著 [6],此后该书经过前后 6 版的不断更新、多次修订、再版和翻译,从结构、固体扩展到流体,从一卷本扩展到三卷本,凝聚了作者近 40 年的研究成果,荟萃了近千篇文献的精华,培养了全世界几代计算固体力学的人才,深受力学界和工程界科技人员的欢迎,成为有限单元法领域的经典之作,为有限单元法的推广、普及做出了杰出贡献。O. C. Zienkiewicz 对等参数单元 [7] 与缩减积分解决梁、板、壳的剪切锁死问题 [8] 也有突出贡献。此外,O. C. Zienkiewicz 与 D. Gallagher 在 1969 年创建了 *International Journal for Numerical Methods in Engineering* 期刊,大量关于有限单元法的论文在该期刊发表。R. W. Clough, J. H. Argyris 和 O. C. Zienkiewicz 也被公认为有限单元法的世界三大先驱,见图 1-2。关于国外有限元的经典著作还有很多,比如 K. J. Bathe 的 *Finite Element Procedures*;J.

N. Reddy 的 *An Introduction to the Finite Element Method*；D. L. Logan 的 *A First Course in the Finite Element Method*；J. Fish 与 T. Belytschko 的 *A First Course in Finite Elements*，该书通俗易懂，适合有限元的入门学习，写作风格对本人启发很大。

(a) R.W. Clough　　　　　　　(b) 有限单元法, 1956

图 1-1　Clough 及其提出的有限单元法

图 1-2　有限单元法三位大师的最后一面

左：斯图加特大学 J. H. Argyris；中：加州大学伯克利分校 R. W. Clough；右：斯旺西大学 O. C. Zienkiewicz

20 世纪 60 年代中后期，研究者对有限单元法的误差、解的收敛性和稳定性等方面进行了卓有成效的研究，使有限单元法有了坚实的数学基础。1964 年，代尔夫特理工大学 J. F. Besseling、麻省理工学院的 T. H. Pian(卞学鐄) 等证明有限单元法实际上是基于变分原理的 Ritz 近似法的一种变形，从而在理论上为有限元法奠定了数学基础 [9]。1965 年，O. C. Zienkiewicz 与 Y. K. Cheung 发现所有场问题只要能写成变分形式，都可以用与固体力学有限单元法的相同步骤求解。1969 年，华盛顿大学的 B. A. Szabo 与 G. C. Lee 指出可以用加权余量法，特别是 Galerkin 法导出标准的有限元过程来求解非结构问题，这使得无相应泛函变分形式的问题也可用有限单元法求解，大大扩展了有限单元法的应用范围 [10]。1973 年，麻省理工学院的两位应用数学家 W. G. Strang 与 G. J. Fix 从数学上严格地证明了随着网格密度的加大，有限单元法的结果收敛 [11]。

1970 年以来，非线性有限单元法得到了快速发展，具有代表性的工作有：得克萨斯大学奥斯汀分校 J. T. Oden[12]、帝国理工学院 M. A. Crisfield[13,14]、湖南大学 Z. H. Zhong[15]、K. J. Bathe[16]、T. Belytschko[17] 等。特别值得注意的是 J. T. Oden 的书是固体和结构非线性有限元分析的最早著作。在有限单元法的发展史上，加州大学伯克利分校的有限元研究小组经历了辉煌的 10 年，如 R. W. Clough、E. L. Wilson、K. J. Bathe、A. Habibullah、R. Taylor、C. Felippa 和 T. J. R. Fughes 等，他们对有限单元法的提出、CAE 软件的开发做出了开创性的工作。

我国的力学工作者为有限单元法的发展也做出了许多贡献，如 20 世纪 50 年代钱令希提出的力学分析余能原理；1954 年胡海昌提出的广义变分原理；钱伟长最先研究了拉格朗日乘子与广义变分原理之间的关系；1965 年冯康发表了基于变分原理的差分格式 [18]，这篇论文是国际学术界承认我国独立发展有限元方法的主要依据。1974 年，徐芝纶编著出版了中国第一部关于有限单元法的专著《弹性力学问题的有限单元法》。后来，朱伯芳的《有限单元法原理与应用》、王勖成的《有限单元法》都是全面介绍有限元的著作，对有限元的推广起了非常重要的作用。龙驭球及其团队开展了广义协调与新型自然坐标法主导的高性能有限元的系列研究，并于 2004 年出版了《新型有限元论》。曾攀翻译和编著了系列有限元著作，尤其是《有限元分析及应用》入选了教育部 "研究生教学用书"，对国内有限元的教学促进很大。

1.2 有限元软件的发展史

计算机和有限单元法理论的发展，为有限元软件的开发奠定了基础。第一个正式命名的线性有限元程序是由加州大学伯克利分校的 E. L. Wilson 开发的 SAP (structural analysis program)，也是最早由在加州大学访学的袁明武引入我国的第一个有限元程序，为我国有限元技术的发展和工程应用发挥了巨大的作用。此后，在其基础上发展了非线性有限元程序 NONSAP，它主要采用隐式积分进行平衡迭代和瞬时问题求解。在 NONSAP 基础上，Habibullah 开发了在土木结构领域广泛使用的 SAP2000。E. L. Wilson 的学生 K. J. Bathe 在 NONSAP 基础上，开发了 ADINA (automatic dynamic incremental nonlinear analysis)。

大型通用有限元软件 MSC (Macheal-Schwendler Corporation) 创立于 1963 年，主要得到美国航空界 (如 NASA 和 FAA) 赞助，作为飞行器结构验证软件，其线性求解功能得到了行业的普遍认可。按照美国反垄断法，于 2003 年将 NAS-TRAN 源代码一式两份，分别归属于 MSC 公司的 MSC/NASTRAN 和 UGS 公司的 NX.NASTRAN，2007 年 SIEMENS 收购 UGS。

1969 年，布朗大学的 P. Marcal 开发了第一个非线性商业有限元程序 MARC，1999 年被 MSC 公司收购，起名为 MSC/MARC。P. Marcal 的学生 D. Hibbit 离开 MARC 公司后，与 B. Karlsson 和 P. Sorenson(J. R. Rice 的学生) 在 1978 年创立了 HKS 公司，开始用 2000 美元在 D. Hibbit 家的车库里开发 ABAQUS 软件，该程序能够引导研究人员自定义用户单元和材料模型，对 CAE 软件行业带来了实质性的冲击。2005 年被法国达索公司 (Dassault Systemes) 收购，该公司的主要产品为 CATIA，2007 年达索更名为 Simulia。

1963 年，ANSYS 的创办人 J. Swanson 任职于美国宾州匹兹堡西屋公司的太空核子实验室。为了工作上的需要，J. Swanson 对温度和压力作用下的火箭结构变形和应力问题编写了一些程序。几年下来，又在 E. L. Wilson 原有的有限元热传导程序上，扩充了不少三维分析的程序，包括板壳、塑性、蠕变、动态历程等。1970 年，商用软件 ANSYS 宣告诞生，后于 2006 年收购了在流体仿真领域处于领导地位的美国 Fluent 公司，2008 年收购了在电路和电磁仿真领域处于领导地位的美国 Ansoft 公司。通过整合，ANSYS 公司成为当时全球最大的仿真软件公司。

显式有限元程序发展的里程碑来自于 Lawrence Livermore 实验室 J. Hallquist 的工作。J. Hallquist 开发了 DYNA，发展了接触-冲击相互作用的分析功能，并派生了 DYNA-2D、DYNA-3D。1989 年，J. Hallquist 离开 Lawrence Livermore 实验室，自己创建了 LSTC (Livermore Software Technology Corporation) 公司，扩展并发行了 DYNA 程序的商业化版本 LS-DYNA。

1985 年，Altair 公司成立，于 1989 年发布了著名的前后处理软件 HyperMesh。20 世纪 90 年代，密歇根大学的 N. Kikuchi 在结构优化领域做出了很多杰出的工作，并且开发了一套结构优化的程序，这套程序就是 OptiStruct 软件的前身。1996 年 Altair 公司正式发布了 OptiStruct 的第一个商业版本，OptiStruct 在结构优化设计领域占据统治地位，尤其是拓扑优化功能。2000 年，Altair 公司将其产品整合后发布了 HyperWorks，主打产品是结构分析与优化软件 OptiStruct。2006 年，Altair

收购了法国 Mecalog Group 的 RADIOSS 瞬态和非线性分析软件。2011 年，Altair 又成功收购了 ACUSIM CFD 软件。

总之，国外 CAE 软件的发展历程见图 1-3。经过软件版本的不断演化和产品的重组，当今 CAE 市场基本上由 SIMULIA、LMS、MSC、ANSYS、Altair 五家大公司占领。从图中可以看到隐式软件很多派生于 NASTRAN，显式软件大多派生于 DYNA。

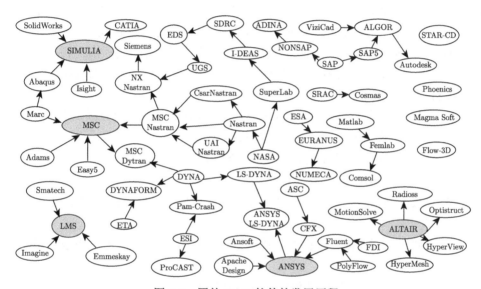

图 1-3 国外 CAE 软件的发展历程

我国学者对 CAE 软件的开发也做出了一定贡献，如 20 世纪 70 年代中期，大连理工大学的钱令希、钟万勰、程耿东等开发了 DDDU、DDJ、JIGFEX、JIFEX 等结构分析和优化软件；中国科学院梁国平开发了有限元程序自动生成系统 FEPG；郑州机械研究所推出了紫瑞 CAE；吉林大学胡平开发了针对汽车板料冲压成形的软件 KMAS；华中科技大学针对铸造成型开发了华铸 CAE 软件；大连理工大学的张洪武、陈飙松等开发了工程与科学计算集成化软件平台 SIPESC；英特仿真工程技术有限元公司推出了多物理场分析软件 INTESIM；西安前沿动力软件开发有限责任公司开发了 OverCFDLab 等软件；本书作者团队开发了汽车车身结构正向设计与优化软件 CarFrame。

大型、通用 CAE 软件的成功，基本都经历了早期版本的高校孵化、后期的政府支持和商业运作。在国外 CAE 商业软件的围堵中，国产有限元软件的发展举步维艰，特色化与定制化是留给国产软件的可行之路。

1.3　本书的写作目的

随着有限单元法在工程计算中的广泛应用，我国大学中的工科专业普遍将其列为本科生的必修课和研究生的学位课；同时，相当多的工程技术人员和教学研究人员通过继续教育也在学习有限单元法。迄今关于有限元理论的中英文教材或者著作至少有 100 种，但是大多都是从三维弹性力学方程的“弱”形式构造讲起，直到各种单元和求解方法的介绍。在这些书籍中，有限单元法理论不易通过详细的数值案例进行展示，读者普遍感觉入门困难，尤其是非线性有限单元法，相关书籍阅读难度更大，简明案例更少。所以本书的写作目的旨在提供一本容易读懂的有限单元法教材，具体目的如下。

(1) 理解和掌握有限单元法的基本原理，即加权余量法和变分法，灵活运用它们建立有限元格式。掌握 C_0 型单元的构造方法和特点。

(2) 通过本书中数值案例的详细步骤，能够理解和掌握平衡、特征值、瞬态、非线性、多尺度、灵敏度方程的特点和求解方法。

(3) 通过本书有限元开源教学软件 EFESTS 的使用，能够具备有限元程序设计能力。

(4) 通过本书对有限元方程的导数求解，也即灵敏度分析，为结构修改和优化奠定基础。

(5) 依托本书，能够读懂其他更抽象的有限元书籍。

1.4　关于学习本书的建议

本书的目的主要是满足有限单元法教学的需求，同时适当兼顾一些有限单元法爱好者的自学需求。此外，由于各院校设置此课程的专业性质和要求不同，故提出以下建议供参考。

(1) 学科发展史的了解对掌握有限单元法有重要作用，尤其是有限元软件的发展史更能激发学生们的学习热情，所以建议教师要侧重该部分内容的教学，使学生明白有限单元法理论与应用是相辅相成、不可偏废的。

(2) 通过第 2 章直接刚度法的学习可以感性地了解有限单元法的全貌，此时可以学习第 3～6 章，或者直接学习第 7 章，进而掌握线性静态有限元分析，让读者建立信心，走通一个较为完整的有限元分析流程。

(3) 第 3～6 章是整个有限单元法的理论基础，可以结合书籍 [6], [11-14], [16], [17], [19], [20] 进一步学习三维弹性力学问题有限单元法的一般原理和表达格式，更全面地理解有限单元法。书中所有的推导过程都应自己做一遍，但不要拘泥于推导，应跳出细枝末节，重点在思路。推导完一个问题后，应回过头来整理求解思路。

(4) 本书写作不求全，更注重的是知识体系的梳理，比如线性方程组的解法有高斯消去法、三角分解法、迭代法等，本书只给出了三角分解法；又如大型特征值问题的求解有子空间迭代法与 Lanczos 方法等，本书只给出了子空间迭代法的流程与细节。

(5) 第 13 章给出的有限元教学软件 EFESTS 实现了前述章节的所有求解方法，所以每章学习完毕，要创建有限元模型并求解计算，观察中间和最后结果，加深对理论和方法的理解，激发进一步应用和研究的兴趣，增强开拓进取的信心。

第2章　直接刚度法

桁架结构是一种由杆件彼此在两端用铰链连接而成的结构，广泛应用于工程实际中，如图 2-1 的桁架式桥梁结构和图 2-2 的桁架式起重机结构。桁架的优点是杆件主要承受拉力或压力，可以充分发挥材料的作用，节约材料，减轻结构重量。

图 2-1　桁架式桥梁结构

图 2-2　桁架式起重机结构

杆件间的连接方式有多种，现在最常见的是螺栓球连接，就是钢球上打螺栓孔，安装时与杆件螺纹连接，如图 2-3 所示；另一种是焊接球连接，这种球一般是空心球，直接与杆件焊接在一起。在实际应用中，杆件可以采用圆管、矩形管、角钢、槽钢等，其截面形状如图 2-4 所示。

图 2-3　螺栓球连接

图 2-4　杆件横截面形状

对于复杂桁架结构的研究，需要建立两套坐标系：一个是全局坐标系，用来描述每个杆件的编号和节点坐标；另一个是杆件的局部坐标系，一维且沿着杆件的轴向，坐标原点可以位于杆件的端点或者中心。在局部坐标系分析完杆件的性能以后，可以转化到全局坐标系下，进而得到整个桁架结构的性能。接下来，先介绍最简单的一维杆件。

2.1　一维杆单元

对于图 2-5 中的拉压杆件，称为杆单元，其单元编号为 $e(e=(1),(2),\cdots)$，其节点编号分别为 1、2，单元长度为 l^e，横截面积为 A^e。沿杆单元的轴向建立局部坐标系 x，两端点坐标分别为 x_1^e 与 x_2^e。两端节点力为 F_1^e 与 F_2^e，$F_1^e=-F_2^e$，两端节点位移为 u_1^e 与 u_2^e，其中，上标 e 代表单元局部坐标系中的物理量。

图 2-5　杆单元局部坐标系

杆单元几何方程为 (应变)

$$\varepsilon^e = \frac{\Delta u^e}{l^e} = \frac{u_2^e - u_1^e}{l^e} \tag{2.1}$$

由 Hooke 定律知杆单元物理方程或本构方程为 (应力)

$$\sigma^e = E\varepsilon^e \tag{2.2}$$

上式说明应力是应变的线性函数。

杆单元平衡方程为 (内力)

$$p^e = \sigma^e A^e \tag{2.3}$$

将 (2.1) 式与 (2.2) 式代入 (2.3) 式, 得

$$p^e = \frac{EA^e}{l^e}(u_2^e - u_1^e) \tag{2.4}$$

杆单元受拉, 内力 p^e 为正; 受压, 内力 p^e 为负, 如图 2-6 所示。将单元节点力与内力的关系 $F_1^e = -F_2^e = -p^e$ 代入 (2.4) 式, 得

$$F_1^e = -\frac{EA^e}{l^e}(u_2^e - u_1^e)$$
$$F_2^e = \frac{EA^e}{l^e}(u_2^e - u_1^e) \tag{2.5}$$

(2.5) 式可以写成矩阵形式

$$\begin{bmatrix} F_1^e \\ F_2^e \\ \boldsymbol{F}^e \end{bmatrix} = \underbrace{\frac{EA^e}{l^e}\begin{bmatrix} 1 & -1 \\ -1 & 1 \end{bmatrix}}_{\boldsymbol{K}^e}\begin{bmatrix} u_1^e \\ u_2^e \\ \boldsymbol{u}^e \end{bmatrix} \tag{2.6}$$

简记为

$$\boldsymbol{F}^e = \boldsymbol{K}^e \boldsymbol{u}^e \tag{2.7}$$

上式中 $\boldsymbol{K}^e$ 称为单元刚度矩阵, 对称性是其重要特性, 即 $\boldsymbol{K}^e = (\boldsymbol{K}^e)^{\mathrm{T}}$。(2.7) 式描述了单个杆单元的节点力和节点位移的线性关系, 其源于应变和位移的线性表达 (2.1)、Hooke 定律 (2.2)、轴力和应力的线性关系 (2.3)。

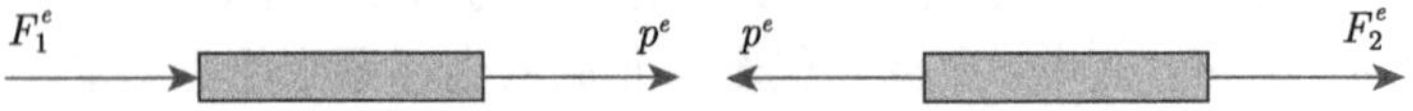

$$F_1^e \longrightarrow \quad\quad\quad\quad\quad\quad\quad\quad\quad p^e \longrightarrow \quad p^e \longleftarrow \quad\quad\quad\quad\quad\quad\quad\quad\quad F_2^e \longrightarrow$$

图 2-6   外力与内力图

当杆单元轴向作用有体力时, 直接刚度法就不能求解。该方法只能求解受节点载荷的弹性杆单元, 因为其是一维结构, 可明显地推导出节点力与节点位移的关

系。线性弹簧单元的刚度矩阵也可按照以上步骤推导得来，但是对于其他单元，如平面三角形、四边形单元或者三维板壳单元与实体单元，直接刚度法无法推导出节点载荷与节点位移的关系式。此时，须对控制方程建立积分格式，然后进行插值求解。通用的求解方法是加权余量法，而对于线弹性结构可利用基于能量原理的泛函积分格式，进行变分求解。

2.2 结构平衡方程的组装

本节将单元的平衡方程组装成整个结构的平衡方程，因此须引入扩维与组装操作。该操作贯穿于大多数复杂问题的有限元求解过程，因此掌握该技术对于有限元的学习非常必要。以图 2-7 所示的阶梯轴结构为例介绍该过程。

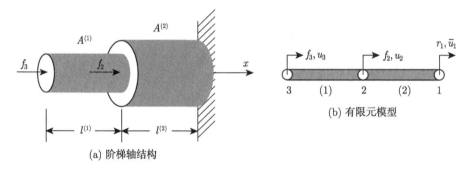

图 2-7 阶梯轴结构及其有限元建模

首先将图 2-7(a) 中的阶梯轴结构划分成杆单元。对于该结构，应该将单元节点置于载荷施加处、材料或截面属性改变处。因此，该结构被离散为图 2-7(b) 所示的两个杆单元构成的有限元模型：单元编号为 (1) 与 (2)；节点编号为 1、2、3。f 表示施加在自由节点上的外载荷，u 表示自由节点的位移；r_1 和 $\bar{u}_1$ 分别表示约束力和约束位移。

将图 2-7(b) 的有限元模型分解成图 2-8 所示的杆单元与节点受力图：(a) 中标号 1、2 和 3 代表整体结构的节点编号，(b) 中标号 1 和 2 代表节点在单元中的编号；$F_j^{(i)}$ 表示杆单元 i 与节点 j 间的内力。由 Newton 第三定律知，作用于节点上的力与作用于单元上的力互为反作用力。对图 2-8(c) 的三个节点依次列平衡方程，并整理成列向量的形式

$$\underbrace{\begin{bmatrix} 0 \\ F_2^{(1)} \\ F_1^{(1)} \end{bmatrix}}_{\tilde{F}^{(1)}} + \underbrace{\begin{bmatrix} F_2^{(2)} \\ F_1^{(2)} \\ 0 \end{bmatrix}}_{\tilde{F}^{(2)}} = \underbrace{\begin{bmatrix} r_1 \\ f_2 \\ f_3 \end{bmatrix}}_{f} = \underbrace{\begin{bmatrix} 0 \\ f_2 \\ f_3 \end{bmatrix}}_{f} + \underbrace{\begin{bmatrix} r_1 \\ 0 \\ 0 \end{bmatrix}}_{r} \tag{2.8}$$

以上方程的每一行是所在节点的平衡方程, 等式的右端是外力 f 与约束反力 r。以上方程可总结为: 内部单元力的和等于外力与约束反力的和。单元力的编号为下标 1、2, 它们是单元的局部节点编号; 而外载荷的编号是全局节点编号。单元的局部节点沿着 x 轴的正向编号为 1、2; 全局节点可以任意编号。

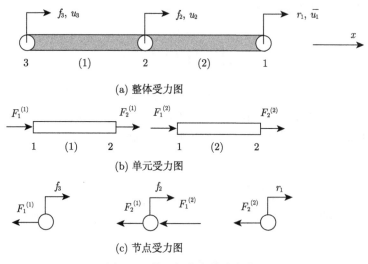

图 2-8　单元与节点的分离体图

对每个单元分别使用 (2.7) 式的平衡方程来描述单元的内部节点力与全局节点位移的关系, 即

$$\text{单元 } 1: \quad \begin{bmatrix} F_1^{(1)} \\ F_2^{(1)} \end{bmatrix} = \begin{bmatrix} k^{(1)} & -k^{(1)} \\ -k^{(1)} & k^{(1)} \end{bmatrix} \begin{bmatrix} u_3 \\ u_2 \end{bmatrix} \tag{2.9}$$

$$\text{单元 } 2: \quad \begin{bmatrix} F_1^{(2)} \\ F_2^{(2)} \end{bmatrix} = \begin{bmatrix} k^{(2)} & -k^{(2)} \\ -k^{(2)} & k^{(2)} \end{bmatrix} \begin{bmatrix} u_2 \\ \bar{u}_1 \end{bmatrix} \tag{2.10}$$

注意: 上式中用全局节点位移替换了单元的局部节点位移。这个强制性条件确保了在公共节点上单元节点的位移是相等的。因为矩阵的维数不一致, 所以以上内部节点力的表达式并不能直接代入 (2.8) 式的左端。通过添加 0 元素的方法, 将 (2.9) 式与 (2.10) 式增维; 类似地, 将位移列向量也相应增维。那么, (2.9) 式与 (2.10) 式分别扩展为

$$\text{单元 } 1: \quad \underbrace{\begin{bmatrix} 0 \\ F_2^{(1)} \\ F_1^{(1)} \end{bmatrix}}_{\tilde{\boldsymbol{F}}^{(1)}} = \underbrace{\begin{bmatrix} 0 & 0 & 0 \\ 0 & k^{(1)} & -k^{(1)} \\ 0 & -k^{(1)} & k^{(1)} \end{bmatrix}}_{\tilde{\boldsymbol{K}}^{(1)}} \underbrace{\begin{bmatrix} \bar{u}_1 \\ u_2 \\ u_3 \end{bmatrix}}_{\boldsymbol{u}} \tag{2.11}$$

$$单元 2:\quad \begin{bmatrix} F_2^{(2)} \\ F_1^{(2)} \\ 0 \end{bmatrix} = \begin{bmatrix} k^{(2)} & -k^{(2)} & 0 \\ -k^{(2)} & k^{(2)} & 0 \\ 0 & 0 & 0 \end{bmatrix} \begin{bmatrix} \bar{u}_1 \\ u_2 \\ u_3 \end{bmatrix} \tag{2.12}$$

$$\underbrace{\tilde{F}^{(2)}}\qquad\qquad \underbrace{\tilde{K}^{(2)}}\qquad\qquad\underbrace{u}$$

从而以上两式与 (2.8) 式的维数相等, 将 (2.11) 式与 (2.12) 式代入 (2.8) 式, 得到

$$\underbrace{\begin{bmatrix} 0 & 0 & 0 \\ 0 & k^{(1)} & -k^{(1)} \\ 0 & -k^{(1)} & k^{(1)} \end{bmatrix}}_{\tilde{K}^{(1)}} \underbrace{\begin{bmatrix} \bar{u}_1 \\ u_2 \\ u_3 \end{bmatrix}}_{u} + \underbrace{\begin{bmatrix} k^{(2)} & -k^{(2)} & 0 \\ -k^{(2)} & k^{(2)} & 0 \\ 0 & 0 & 0 \end{bmatrix}}_{\tilde{K}^{(2)}} \underbrace{\begin{bmatrix} \bar{u}_1 \\ u_2 \\ u_3 \end{bmatrix}}_{u} = \underbrace{\begin{bmatrix} 0 \\ f_2 \\ f_3 \end{bmatrix}}_{f} + \underbrace{\begin{bmatrix} r_1 \\ 0 \\ 0 \end{bmatrix}}_{r}$$

$$\tag{2.13}$$

矩阵形式为

$$(\tilde{K}^{(1)} + \tilde{K}^{(2)})u = f + r \tag{2.14}$$

以上组装得到的刚度矩阵为

$$K = \sum_{e=(1)}^{(2)} \tilde{K}^e = \begin{bmatrix} k^{(2)} & -k^{(2)} & 0 \\ -k^{(2)} & k^{(1)} + k^{(2)} & -k^{(1)} \\ 0 & -k^{(1)} & k^{(1)} \end{bmatrix} \tag{2.15}$$

将 (2.15) 式的第 1 行与第 3 行分别加到第 2 行, 第 2 行的所有元素都为 0, 该矩阵的秩为 2, 小于矩阵维数 3, 所以矩阵 K 是奇异矩阵。为了使该结构可解, 必须施加边界约束条件。

接下来, 将以上获得总体刚度矩阵的方法总结于表 2-1。首先, 根据节点总数, 将单元刚度矩阵扩维至总体刚度矩阵大小; 接着, 将这些扩维后的矩阵元素对位叠加得到总体刚度矩阵。

在有限元程序设计中, 并不采用扩维添加 0 元素的方法叠加刚度矩阵, 而是根据单元节点在全局坐标系下的编号对其直接对位组装, 也称直接组装法。但是, 本节介绍的矩阵扩维组装法可以清楚地解释在全局坐标系下结构的位移是协调的, 结构的内力与外力是平衡的。

接下来, 对以上组装过程进行数学描述。首先将局部坐标系下单元的节点位移与全局坐标系下结构的位移关联起来, 以体现单元之间的位移协调性, 即

$$u^{(1)} = \begin{bmatrix} u_1^{(1)} \\ u_2^{(1)} \end{bmatrix} = \underbrace{\begin{bmatrix} 0 & 0 & 1 \\ 0 & 1 & 0 \end{bmatrix}}_{L^{(1)}} \begin{bmatrix} \bar{u}_1 \\ u_2 \\ u_3 \end{bmatrix} = L^{(1)} u \tag{2.16}$$

$$u^{(2)} = \begin{bmatrix} u_1^{(2)} \\ u_2^{(2)} \end{bmatrix} = \underbrace{\begin{bmatrix} 0 & 1 & 0 \\ 1 & 0 & 0 \end{bmatrix}}_{L^{(2)}} \begin{bmatrix} \bar{u}_1 \\ u_2 \\ u_3 \end{bmatrix} = \boldsymbol{L}^{(2)} \boldsymbol{u} \tag{2.17}$$

一般地,可写为

$$\boldsymbol{u}^e = \boldsymbol{L}^e \boldsymbol{u} \tag{2.18}$$

其中,$\boldsymbol{L}^e$ 称为集成矩阵,其元素由 0 或 1 构成,所以也称为布尔矩阵。采用 (2.18) 式,单元平衡方程 (2.7) 可写为

$$\boldsymbol{K}^e \boldsymbol{L}^e \boldsymbol{u} = \boldsymbol{F}^e \tag{2.19}$$

(2.19) 式强制实施了位移协调性条件。

表 2-1　刚度矩阵扩维与组装过程

单元 1 的扩维,其全局节点编号为 3 和 2

$$\boldsymbol{K}^{(1)} = \begin{bmatrix} k^{(1)} & -k^{(1)} \\ -k^{(1)} & k^{(1)} \end{bmatrix} \Rightarrow \tilde{\boldsymbol{K}}^{(1)} = \begin{bmatrix} 0 & 0 & 0 \\ 0 & k^{(1)} & -k^{(1)} \\ 0 & -k^{(1)} & k^{(1)} \end{bmatrix}$$

单元 2 的扩维,其全局节点编号为 2 和 1

$$\boldsymbol{K}^{(2)} = \begin{bmatrix} k^{(2)} & -k^{(2)} \\ -k^{(2)} & k^{(2)} \end{bmatrix} \Rightarrow \tilde{\boldsymbol{K}}^{(2)} = \begin{bmatrix} k^{(2)} & -k^{(2)} & 0 \\ -k^{(2)} & k^{(2)} & 0 \\ 0 & 0 & 0 \end{bmatrix}$$

矩阵叠加组装

$$\boldsymbol{K} = \sum_{e=(1)}^{(2)} \tilde{\boldsymbol{K}}^e = \begin{bmatrix} k^{(2)} & -k^{(2)} & 0 \\ -k^{(2)} & k^{(1)} + k^{(2)} & -k^{(1)} \\ 0 & -k^{(1)} & k^{(1)} \end{bmatrix}$$

理解以上步骤后,可直接对位组装,不必再进行低效的扩维操作

$$\left. \begin{array}{l} \boldsymbol{K}^{(1)} = \begin{bmatrix} k^{(1)} & -k^{(1)} \\ -k^{(1)} & k^{(1)} \end{bmatrix} \begin{array}{l} \text{节点 3} \\ \text{节点 2} \end{array} \\ \qquad\quad \text{节点 3 \ 节点 2} \\ \boldsymbol{K}^{(2)} = \begin{bmatrix} k^{(2)} & -k^{(2)} \\ -k^{(2)} & k^{(2)} \end{bmatrix} \begin{array}{l} \text{节点 2} \\ \text{节点 1} \end{array} \\ \qquad\quad \text{节点 2 \ 节点 1} \end{array} \right\} \Rightarrow \boldsymbol{K} = \begin{bmatrix} k^{(2)} & -k^{(2)} & 0 \\ -k^{(2)} & k^{(1)} + k^{(2)} & -k^{(1)} \\ 0 & -k^{(1)} & k^{(1)} \end{bmatrix} \begin{array}{l} \text{节点 1} \\ \text{节点 2} \\ \text{节点 3} \end{array}$$

$$\text{节点 1 \quad 节点 2 \quad 节点 3}$$

(2.8) 式的左端第 1 和第 2 项可分别表达为

$$\tilde{\boldsymbol{F}}^{(1)} = \begin{bmatrix} 0 \\ F_2^{(1)} \\ F_1^{(1)} \end{bmatrix} = \begin{bmatrix} 0 & 0 \\ 0 & 1 \\ 1 & 0 \end{bmatrix} \begin{bmatrix} F_1^{(1)} \\ F_2^{(1)} \end{bmatrix} = \left(\boldsymbol{L}^{(1)} \right)^{\mathrm{T}} \boldsymbol{F}^{(1)} \tag{2.20}$$

$$\tilde{\boldsymbol{F}}^{(2)} = \begin{bmatrix} F_2^{(2)} \\ F_1^{(2)} \\ 0 \end{bmatrix} = \begin{bmatrix} 0 & 1 \\ 1 & 0 \\ 0 & 0 \end{bmatrix} \begin{bmatrix} F_1^{(2)} \\ F_2^{(2)} \end{bmatrix} = \left(\boldsymbol{L}^{(2)}\right)^{\mathrm{T}} \boldsymbol{F}^{(2)} \tag{2.21}$$

注意到 $(\boldsymbol{L}^e)^{\mathrm{T}}$ 将单元节点力向量 $\boldsymbol{F}^e$ 转化为扩维后的单元节点力向量 $\tilde{\boldsymbol{F}}^e$ 中。将以上两式代入 (2.8) 式，得

$$\sum_{e=(1)}^{(2)} (\boldsymbol{L}^e)^{\mathrm{T}} \boldsymbol{F}^e = \boldsymbol{f} + \boldsymbol{r} \tag{2.22}$$

为了从方程 (2.19) 中消除未知内部单元力，对 (2.19) 式左乘 $(\boldsymbol{L}^e)^{\mathrm{T}}$，得

$$(\boldsymbol{L}^e)^{\mathrm{T}} \boldsymbol{K}^e \boldsymbol{L}^e \boldsymbol{u} = (\boldsymbol{L}^e)^{\mathrm{T}} \boldsymbol{F}^e \tag{2.23}$$

将以上单元方程 ($e = (1),(2)$) 相加，得

$$\boldsymbol{K}\boldsymbol{u} = \boldsymbol{f} + \boldsymbol{r} \tag{2.24}$$

其中，$\boldsymbol{K}$ 称为总体刚度矩阵且为

$$\boldsymbol{K} = \sum_{e=(1)}^{(n_e)} (\boldsymbol{L}^e)^{\mathrm{T}} \boldsymbol{K}^e \boldsymbol{L}^e \tag{2.25}$$

其中，n_e 为单元总数，在该例中 $n_e = 2$。以上过程给出了单元矩阵组装的数学表达，其等价于前文所讲的扩维组装或直接组装过程。以后当这个方程出现的时候，表示将单元矩阵组装成全局矩阵。对比 (2.15) 式，可看到

$$\tilde{\boldsymbol{K}}^e = (\boldsymbol{L}^e)^{\mathrm{T}} \boldsymbol{K}^e \boldsymbol{L}^e \tag{2.26}$$

因此刚度矩阵扩维相当于对 $\boldsymbol{K}^e$ 分别左乘 $(\boldsymbol{L}^e)^{\mathrm{T}}$ 且右乘 $\boldsymbol{L}^e$。于是，可以给出全局坐标系下的结构方程

$$\begin{bmatrix} k^{(2)} & -k^{(2)} & 0 \\ -k^{(2)} & k^{(1)}+k^{(2)} & -k^{(1)} \\ 0 & -k^{(1)} & k^{(1)} \end{bmatrix} \begin{bmatrix} \bar{u}_1 \\ u_2 \\ u_3 \end{bmatrix} = \begin{bmatrix} r_1 \\ f_2 \\ f_3 \end{bmatrix} \tag{2.27}$$

对以上三元一次线性方程组，可用 2.3 节的方法求解三个未知量 u_2，u_3 和 r_1。

2.3 边界条件施加与方程求解

本节求解全局坐标系下的方程 (2.27)。为了讨论方便，假设节点 1 固定在弹性支座上且位移 $\bar{u}_1 = 4/k^{(2)}$，外力 $f_2 = -4$，$f_3 = 10$，如图 2-9 所示，分别作用在节点 2 和节点 3 上。

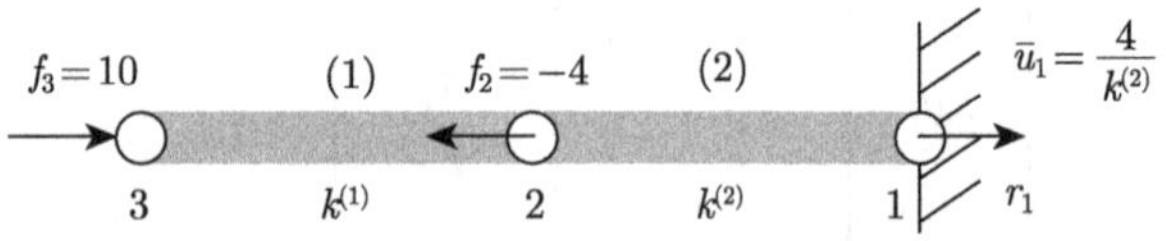

图 2-9　外力作用和位移边界约束的两杆结构

全局方程 (2.27) 修改为

$$
\begin{bmatrix}
k^{(2)} & -k^{(2)} & 0 \\
-k^{(2)} & k^{(1)}+k^{(2)} & -k^{(1)} \\
0 & -k^{(1)} & k^{(1)}
\end{bmatrix}
\begin{bmatrix}
\bar{u}_1 \\
u_2 \\
u_3
\end{bmatrix}
=
\begin{bmatrix}
r_1 \\
-4 \\
10
\end{bmatrix}
\tag{2.28}
$$

　　有很多修正以上方程的方法来施加位移边界条件。第一种方法根据节点位移是否已知来划分。将全局方程划分为 E 类节点和 F 类节点。E(essential) 类节点的位移是指定的，而 F(free) 类节点的位移是待定的。那么，全局位移矩阵 u、全局外力矩阵 f 和约束反力矩阵 r 可分块表示为

$$
u =
\begin{bmatrix}
u_{\mathrm{E}} \\
u_{\mathrm{F}}
\end{bmatrix},
\quad
f =
\begin{bmatrix}
f_{\mathrm{E}} \\
f_{\mathrm{F}}
\end{bmatrix},
\quad
r =
\begin{bmatrix}
r_{\mathrm{E}} \\
r_{\mathrm{F}}
\end{bmatrix}
\tag{2.29}
$$

由于自由节点没有反力，所以 $r_{\mathrm{F}}=0$；E 节点已经指定了位移，所以不再施加外载荷，即 $f_{\mathrm{E}}=0$。那么，(2.28) 式可分块为

$$
\left[
\begin{array}{c:cc}
k^{(2)} & -k^{(2)} & 0 \\
\hdashline
-k^{(2)} & k^{(1)}+k^{(2)} & -k^{(1)} \\
0 & -k^{(1)} & k^{(1)}
\end{array}
\right]
\begin{bmatrix}
\bar{u}_1 \\
\hdashline
u_2 \\
u_3
\end{bmatrix}
=
\begin{bmatrix}
r_1 \\
\hdashline
-4 \\
10
\end{bmatrix}
\tag{2.30}
$$

矩阵方式记为

$$
\begin{bmatrix}
K_{\mathrm{E}} & K_{\mathrm{EF}} \\
K_{\mathrm{EF}}^{\mathrm{T}} & K_{\mathrm{F}}
\end{bmatrix}
\begin{bmatrix}
u_{\mathrm{E}} \\
u_{\mathrm{F}}
\end{bmatrix}
=
\begin{bmatrix}
r_{\mathrm{E}} \\
f_{\mathrm{F}}
\end{bmatrix}
\tag{2.31}
$$

其中

$$
K_{\mathrm{E}} = \begin{bmatrix} k^{(2)} \end{bmatrix}, \quad
K_{\mathrm{EF}} = \begin{bmatrix} -k^{(2)} & 0 \end{bmatrix}, \quad
K_{\mathrm{F}} =
\begin{bmatrix}
k^{(1)}+k^{(2)} & -k^{(1)} \\
-k^{(1)} & k^{(1)}
\end{bmatrix}
$$

$$
r_{\mathrm{E}} = [r_1], \quad
u_{\mathrm{E}} = [\bar{u}_1] = \begin{bmatrix} 4/k^{(2)} \end{bmatrix}, \quad
f_{\mathrm{F}} =
\begin{bmatrix}
-4 \\
10
\end{bmatrix}, \quad
u_{\mathrm{F}} =
\begin{bmatrix}
u_2 \\
u_3
\end{bmatrix}
$$

以上系统方程的未知量为 u_{F} 和 r_{E}，而 u_{E}、f_{F}、$k^{(1)}$ 和 $k^{(2)}$ 是已知的。(2.31) 式的第二行可写为

$$
K_{\mathrm{EF}}^{\mathrm{T}} u_{\mathrm{E}} + K_{\mathrm{F}} u_{\mathrm{F}} = f_{\mathrm{F}}
\tag{2.32}
$$

由上式可以解出

$$u_F = K_F^{-1}(f_F - K_{EF}^T u_E) \tag{2.33}$$

通过这个方程可得到未知节点位移。接着，由 (2.31) 式的第一式求得约束反力 r_E，即

$$r_E = K_E u_E + K_{EF} u_F \tag{2.34}$$

因为 u_F 已由 (2.33) 式解得，所以由 (2.34) 式可求得约束反力 r_E。

对于图 2-9 所示的两杆桁架，由其对应的 (2.33) 式求得未知位移

$$\begin{bmatrix} u_2 \\ u_3 \end{bmatrix} = \begin{bmatrix} k^{(1)} + k^{(2)} & -k^{(1)} \\ -k^{(1)} & k^{(1)} \end{bmatrix}^{-1} \left\{ \begin{bmatrix} -4 \\ 10 \end{bmatrix} - \begin{bmatrix} -k^{(2)} \\ 0 \end{bmatrix} \frac{4}{k^{(2)}} \right\} \tag{2.35}$$

整理，得

$$u_2 = \frac{10}{k^{(2)}}, \quad u_3 = 10\left(\frac{1}{k^{(1)}} + \frac{1}{k^{(2)}}\right)$$

从方程 (2.34) 中可进一步求得反力

$$r_1 = -6$$

同时，可以看出 K_F 是正定矩阵。

这种方法需要重新组合方程，组成的新方程阶数降低了，但节点位移的顺序已被破坏，所以程序设计中并不采用此方法。另一种强制施加位移边界条件的 "乘大数法" 将在 7.7 节介绍，该方法易于编制有限元程序。

2.4 二维杆单元

以上章节描述的是一维桁架结构，即单元局部坐标系与结构的全局坐标系方向一致。而对于二维 (平面) 桁架结构，每个杆单元的局部坐标系与全局坐标系并不一致，见图 2-10。因此需要将局部坐标系下的平衡方程转化为全局坐标系下的平衡方程。坐标变换矩阵可以联系两个坐标系的物理量。

设杆单元轴线与全局坐标系 x 和 y 轴的夹角的余弦分别为 m 与 n。那么，沿杆轴向局部坐标系下的第 2 个节点的位移 u_2 可由杆端全局坐标系下的位移 u_{2x}, u_{2y} 矢量合成，即

$$u_2 = m u_{2x} + n u_{2y} \tag{2.36}$$

且

$$m = \frac{x_2 - x_1}{l^e}, \quad n = \frac{y_2 - y_1}{l^e} \tag{2.37}$$

同理第 1 个节点的位移

$$u_1 = mu_{1x} + nu_{1y} \tag{2.38}$$

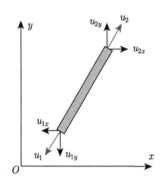

图 2-10   全局坐标系与局部坐标系下的二维杆单元

将 (2.36) 式与 (2.38) 式写成矩阵形式，得

$$\begin{bmatrix} u_1 \\ u_2 \end{bmatrix} = \underbrace{\begin{bmatrix} m & n & 0 & 0 \\ 0 & 0 & m & n \end{bmatrix}}_{\boldsymbol{R}^e} \begin{bmatrix} u_{1x} \\ u_{1y} \\ u_{2x} \\ u_{2y} \end{bmatrix} \tag{2.39}$$

上式即两个坐标系中单元节点位移向量的转换关系，$\boldsymbol{R}^e$ 称为坐标转换矩阵。可以验证 $\boldsymbol{R}^e(\boldsymbol{R}^e)^{\mathrm{T}} = \boldsymbol{E}$，$\boldsymbol{E}$ 为单位矩阵，因此转换矩阵 $\boldsymbol{R}^e$ 为正交矩阵，这是坐标变换矩阵特有的属性。(2.39) 式可简写为

$$\boldsymbol{u}^e = \boldsymbol{R}^e \bar{\boldsymbol{u}}^e \tag{2.40}$$

同理，对于节点载荷也有同样的坐标转换关系

$$\boldsymbol{F}^e = \boldsymbol{R}^e \bar{\boldsymbol{F}}^e \tag{2.41}$$

将 (2.40) 式与 (2.41) 式代入局部坐标系下的单元有限元平衡方程，即下式：

$$\boldsymbol{K}^e \boldsymbol{u}^e = \boldsymbol{F}^e \tag{2.42}$$

并用 $\boldsymbol{R}^e$ 的广义逆矩阵 $(\boldsymbol{R}^e)^{-1}$(也即 $(\boldsymbol{R}^e)^{\mathrm{T}}$) 左乘两端，就可以得到全局坐标系内的单元刚度矩阵和载荷列阵的向量表达式如下：

$$\underset{4\times2}{(\boldsymbol{R}^e)^{\mathrm{T}}} \underset{2\times2}{\boldsymbol{K}^e} \underset{2\times4}{\boldsymbol{R}^e} \underset{4\times1}{\bar{\boldsymbol{u}}^e} = \bar{\boldsymbol{F}}^e \tag{2.43}$$

令

$$\bar{K}^e = (R^e)^{\mathrm{T}} K^e R^e = \frac{EA^e}{l^e} \begin{bmatrix} m^2 & mn & -m^2 & -mn \\ mn & n^2 & -mn & -n^2 \\ -m^2 & -mn & m^2 & mn \\ -mn & -n^2 & mn & n^2 \end{bmatrix} \tag{2.44}$$

(2.43) 式简记为

$$\bar{K}^e \bar{u}^e = \bar{F}^e \tag{2.45}$$

一维杆单元不需要坐标变换,其 $\bar{K}^e \equiv K^e$,所以可直接组装刚度矩阵。

2.5　三维杆单元

对于图 2-11 所示三维杆单元,设杆单元轴线与全局坐标系 x, y, z 轴的夹角的余弦分别为 m, n, s。那么,沿杆轴向局部坐标系下的第 2 个节点的位移 u_2 可由杆端全局坐标系下的位移 u_{2x}, u_{2y}, u_{2z} 矢量合成,即

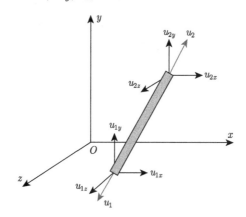

图 2-11　全局坐标系与局部坐标系下的三维杆单元

$$u_2 = mu_{2x} + nu_{2y} + su_{2z} \tag{2.46}$$

且

$$m = \frac{x_2 - x_1}{l^e}, \quad n = \frac{y_2 - y_1}{l^e}, \quad s = \frac{z_2 - z_1}{l^e} \tag{2.47}$$

同理,第 1 个节点的位移为

$$u_1 = mu_{1x} + nu_{1y} + su_{1z} \tag{2.48}$$

将 (2.46) 式与 (2.48) 式写成矩阵形式, 得

$$
\begin{bmatrix} u_1 \\ u_2 \end{bmatrix} = \underbrace{\begin{bmatrix} m & n & s & 0 & 0 & 0 \\ 0 & 0 & 0 & m & n & s \end{bmatrix}}_{\boldsymbol{R}^e} \begin{bmatrix} u_{1x} \\ u_{1y} \\ u_{1z} \\ u_{2x} \\ u_{2y} \\ u_{2z} \end{bmatrix} \tag{2.49}
$$

上式即两个坐标系中单元节点位移向量的转换关系, $\boldsymbol{R}^e$ 为坐标转换矩阵。于是

$$
\bar{\boldsymbol{K}}^e = (\boldsymbol{R}^e)^{\mathrm{T}} \boldsymbol{K}^e \boldsymbol{R}^e = \frac{EA^e}{l^e} \begin{bmatrix} m^2 & mn & ms & -m^2 & -mn & -ms \\ mn & n^2 & ns & -mn & -n^2 & -ns \\ ms & ns & s^2 & -ms & -ns & -s^2 \\ -m^2 & -mn & -ms & m^2 & mn & ms \\ -mn & -n^2 & -ns & mn & n^2 & ns \\ -ms & -ns & -s^2 & ms & ns & s^2 \end{bmatrix} \tag{2.50}
$$

　　结构单元 (如杆、梁、板壳) 都需要坐标变换, 而面单元、实体单元, 如三角形、四边形、四面体、六面体等单元不需要坐标变换。

第3章 一维杆的"强"形式与"弱"形式

在工程和科学领域,对于许多连续的物理和力学问题,都可以列出它们遵循的微分方程和相应的定解条件,也称为"强"形式,但是能用解析方法求出精确解的只是少数性质比较简单的方程,且求解域几何形状要相当规则。对于大多数问题,由于方程的非线性性质,或由于求解域的几何形状比较复杂,只能采用数值方法求解。已经发展的偏微分方程数值分析方法可以分为两大类。一类以有限差分法为代表,其特点是直接求解基本方程和相应定解条件的近似解,步骤为:首先将求解域划分为网格,然后在网格的节点上用差分方程来近似微分方程,当采用较密的网格,即较多的节点时,近似解的精度可以得到改进。差分法适合求解欧拉(空间)坐标系下的流体力学方程;而对于拉格朗日(材料)坐标系下的固体结构问题,由于求解域形状复杂,则采用另一类数值分析方法 —— 有限单元法更为适合。

从建立途径考虑,有限单元法区别于有限差分法,不是直接从问题的微分方程和相应的定解条件出发,而是从与其等效的积分形式出发,等效积分的一般形式是通过加权余量法得到,它适用于普遍的方程形式。利用加权余量法的原理,可以建立多种近似解法,如配点法、最小二乘法、伽辽金法、力矩法等都属于这一类数值分析方法。如果原问题的方程具有某些特定的性质,则它的等效积分形式的伽辽金法可以归结为某个泛函的变分。相应的近似解法实际上是求解泛函的驻值问题,里兹法就属于这一类近似解法。

有限元法区别于传统的加权余量法和求解泛函驻值的变分法,该法不是在整个求解域上假设近似函数,而是在各个单元上分片假设近似函数。这样就克服了在全域上假设近似函数所遇到的困难,是近代工程数值分析方法领域的重大突破。

本章首先推导轴力杆的有限元"强"形式,然后构造其对应的"弱"形式。

3.1 一维杆的微分方程"强"形式

图 3-1 中的杆件一端固定,另一端受均布力 $\bar{t}$ 以及沿轴向的力 $b(x)(b(x)$ 由在横截面内均布的体力乘以横截面积得到,其量纲为 N/m)。对其进行应力和变形分析时,可以假定应力在截面上均匀分布,原来垂直于轴线的截面变形后仍保持和轴线垂直,因此问题可以简化为一维问题。如以位移为基本未知量,则问题归结为求解轴向位移场函数 $u(x)$。

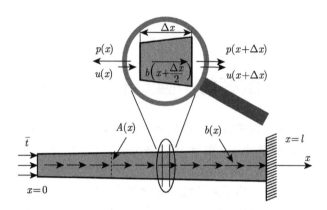

图 3-1   轴力杆示意图

在图 3-1 中取一微段进行分析, 沿 x 方向列力的平衡方程, 即

$$-p(x) + b\left(x + \frac{\Delta x}{2}\right)\Delta x + p(x + \Delta x) = 0 \tag{3.1}$$

整理 (3.1) 式, 且等式两端同时除以 Δx, 得

$$\frac{p(x + \Delta x) - p(x)}{\Delta x} + b\left(x + \frac{\Delta x}{2}\right) = 0 \tag{3.2}$$

对 (3.2) 式各项取极限, 即

$$\lim_{\Delta x \to 0} \frac{p(x + \Delta x) - p(x)}{\Delta x} = \frac{\mathrm{d}p(x)}{\mathrm{d}x} \quad 与 \quad \lim_{\Delta x \to 0} b\left(x + \frac{\Delta x}{2}\right) = b(x) \tag{3.3}$$

因此, (3.2) 式可写为

$$\frac{\mathrm{d}p(x)}{\mathrm{d}x} + b(x) = 0 \tag{3.4}$$

上式为关于内力 $p(x)$ 的平衡方程。另外应力、应变分别为

$$\sigma(x) = \frac{p(x)}{A} \quad 或 \quad p(x) = A\sigma(x) \tag{3.5}$$

$$\varepsilon(x) = \frac{\mathrm{d}u}{\mathrm{d}x} \tag{3.6}$$

又线弹性物理方程为

$$\sigma(x) = E\varepsilon(x) \tag{3.7}$$

将 (3.5) 式 ~ (3.7) 式代入 (3.4) 式, 得

$$\frac{\mathrm{d}}{\mathrm{d}x}\left(AE\frac{\mathrm{d}u}{\mathrm{d}x}\right) + b(x) = 0, \quad 0 < x < l \tag{3.8}$$

为了求解 (3.8) 式, 还须分别补充应力边界条件 Γ_t 与位移边界条件 Γ_u。

$$\sigma(0) = \left(E\frac{\mathrm{d}u}{\mathrm{d}x}\right)_{x=0} = \frac{p(0)}{A(0)} \equiv -\bar{t}$$
$$u(l) = \bar{u} \tag{3.9}$$

总之, 控制微分方程 (3.8) 与边界条件 (3.9) 称为轴力杆单元的 "强" 形式, 合记为

$$\frac{\mathrm{d}}{\mathrm{d}x}\left(AE\frac{\mathrm{d}u}{\mathrm{d}x}\right) + b(x) = 0, \quad 0 < x < l$$
$$\sigma(0) = \left(E\frac{\mathrm{d}u}{\mathrm{d}x}\right)_{x=0} = -\bar{t}$$
$$u(l) = \bar{u} \tag{3.10}$$

更一般形式的一维微分方程可表述为

$$\frac{\mathrm{d}}{\mathrm{d}x}\left[a\frac{\mathrm{d}u(x)}{\mathrm{d}x}\right] - cu(x) + f = 0 \tag{3.11}$$

场函数 $u(x)$ 与系数 a、c 和 f 取决于不同的物理问题, 见表 3-1。

表 3-1　不同物理问题的场变量与系数

物理问题	物理场函数 $u(x)$	系数 a	系数 c	系数 f
热传导	温度 T	导热系数 k	对流系数 $K\beta$	热源 q
管流	压力 p	阻力系数 $1/R$		
黏性流	速度 v	黏度系数 ν		压力梯度 $\mathrm{d}p/\mathrm{d}x$
弹性轴力杆	位移 u	刚度系数 EA		分布载荷 b
弹性扭转杆	转角 φ	刚度系数 GI_t		扭矩 m
静电学	电势 Φ	介电系数 ζ		电荷密度 ρ

边界条件除了在边界上给定场函数的值, 以及场函数法向导数的值, 还有它们的加权和形式, 这三类边界条件有多种叫法, 见表 3-2。

表 3-2　边界条件分类

边界条件	$u = C_1$	$\dfrac{\mathrm{d}u}{\mathrm{d}x} = C_2$	$\alpha u + \beta\dfrac{\mathrm{d}u}{\mathrm{d}x} = C_3$
名称	第一类边界条件 Dirichlet 边界条件 强制边界条件	第二类边界条件 Neumann 边界条件 自然边界条件	第三类边界条件 Cauchy 边界条件 混合边界条件

3.2　一维杆的积分方程 "弱" 形式

为了得到轴力杆单元的有限元方程, 必须将微分方程 (3.10) 转化为积分形式, 也就是所谓的 "弱" 形式。对 (3.10) 式的前两式分别乘以任意函数 $w(x)$, 并在所在的域内积分, 得

$$
\begin{aligned}
\int_0^l w \left[\frac{\mathrm{d}}{\mathrm{d}x} \left(AE \frac{\mathrm{d}u}{\mathrm{d}x} \right) + b \right] \mathrm{d}x = 0, \quad & \forall w \quad \text{(a)} \\
\left[wA \left(E \frac{\mathrm{d}u}{\mathrm{d}x} + \bar{t} \right) \right]_{x=0} = 0, \quad & \forall w \qquad \text{(b)}
\end{aligned}
\tag{3.12}
$$

(3.12)-(b) 式只在一点成立, 所以不必积分, 但是为了后续推导方便, 乘以了横截面积 A; $w(x)$ 称为权函数。(3.12) 式须对任意 $w(x)$ 都成立, 否则积分形式 (3.12) 式不等价于 "强" 形式 (3.10) 式。对于 (3.10) 式的位移边界条件 $u(l) = \bar{u}$, 不必加权积分, 因为在将来构造场函数 $u(x)$ 的时候, 可以很容易让其强制满足该边界条件, 所以称为强制边界条件。类似地, 为了方便 "弱" 形式的推导, 令权函数满足如下条件:

$$
w(l) = 0 \tag{3.13}
$$

在后续有限元方程的推导中, 可以看到让权函数满足该边界条件是很容易实现的。

可以直接采用 (3.12) 式得到有限元方程, 但是 (3.12)-(a) 式是关于 $u(x)$ 的二阶导数, 对 $u(x)$ 提出了过高的光滑性要求; 另一方面, (3.12)-(a) 式的积分关于 $u(x)$ 与 $w(x)$ 是不对称的, 致使将来推导出的单元刚度矩阵是非对称矩阵。所以需要将 (3.12)-(a) 式的二阶导数转化为一阶导数。重新整理 (3.12)-(a) 式为

$$
\int_0^l w \frac{\mathrm{d}}{\mathrm{d}x} \left(AE \frac{\mathrm{d}u}{\mathrm{d}x} \right) \mathrm{d}x + \int_0^l wb \, \mathrm{d}x = 0, \quad \forall w \tag{3.14}
$$

将所熟知的微积分分部积分公式

$$
\int u \mathrm{d}v = uv - \int v \mathrm{d}u \tag{3.15}
$$

应用于 (3.14) 式的第一项, 即

$$
\begin{aligned}
\int_0^l w \frac{\mathrm{d}}{\mathrm{d}x} \left(AE \frac{\mathrm{d}u}{\mathrm{d}x} \right) \mathrm{d}x &= \int_0^l w \, \mathrm{d} \left(AE \frac{\mathrm{d}u}{\mathrm{d}x} \right) \\
&= \left(wAE \frac{\mathrm{d}u}{\mathrm{d}x} \right) \Big|_0^l - \int_0^l AE \frac{\mathrm{d}u}{\mathrm{d}x} \frac{\mathrm{d}w}{\mathrm{d}x} \mathrm{d}x
\end{aligned}
\tag{3.16}
$$

将 (3.16) 式代入 (3.14) 式, 得

$$\left(wAE\frac{\mathrm{d}u}{\mathrm{d}x}\right)\bigg|_0^l - \int_0^l \frac{\mathrm{d}w}{\mathrm{d}x}AE\frac{\mathrm{d}u}{\mathrm{d}x}\mathrm{d}x + \int_0^l wb\mathrm{d}x = 0, \quad \forall w\text{且}w(l)=0 \tag{3.17}$$

把 $\sigma = E\dfrac{\mathrm{d}u}{\mathrm{d}x}$ 代入 (3.17) 式, 得

$$(wA\sigma)_{x=l} - (wA\sigma)_{x=0} - \int_0^l \frac{\mathrm{d}w}{\mathrm{d}x}AE\frac{\mathrm{d}u}{\mathrm{d}x}\mathrm{d}x + \int_0^l wb\mathrm{d}x = 0, \quad \forall w\text{且}w(l)=0 \tag{3.18}$$

因为 $w(l)=0$, 且由 (3.12)-(b) 式得到 $(wA\sigma)_{x=0} = -(wA\bar{t})_{x=0}$(应力边界条件), 将这些条件代入 (3.18) 式, 得

$$\int_0^l \frac{\mathrm{d}w}{\mathrm{d}x}AE\frac{\mathrm{d}u}{\mathrm{d}x}\mathrm{d}x = \int_0^l wb\mathrm{d}x + (wA\bar{t})_{x=0}, \quad \forall w\text{且}w(l)=0 \tag{3.19}$$

可以看到应力边界条件得到自然满足, 所以该边界条件也称自然边界条件, 至此已经得到了 "强" 形式 (3.10) 式对应的 "弱" 形式, 总结如下: 在所有具有一阶广义导数 (连续且分段可导, 不必处处可导) 的函数中, 寻找 $u(x)$ 且 $u(l)=\bar{u}$, 同时满足

$$\int_0^l \frac{\mathrm{d}w}{\mathrm{d}x}AE\frac{\mathrm{d}u}{\mathrm{d}x}\mathrm{d}x = \int_0^l wb\mathrm{d}x + (wA\bar{t})_{x=0}, \quad \forall w\text{且}w(l)=0 \tag{3.20}$$

之所以称为 "弱" 形式, 是因为 "弱" 形式的解不必像 "强" 形式那样光滑, 也就是对解的连续性要求较弱。

3.3 近似函数的连续性

近似函数包括权函数与场函数。在上述的讨论中, 并未对 (3.20) 式的权函数 $w(x)$ 与场函数 $u(x)$ 的连续性提出要求。一个函数在域内连续, 它的一阶导数具有有限个不连续点, 但在域内可积, 这样的函数具有一阶广义导数, 称为 C_0 连续函数。可以类推地看到, 一个函数在域内函数本身直至它的 n 阶导数连续, 它的 $n+1$ 阶导数具有有限个不连续点, 但在域内可积, 这样的函数称为 C_n 连续函数。在有限单元法中, 常关注 C_0、C_{-1} 与 C_1 连续函数, 见图 3-2。可以看到 C_0 函数连续且分段可导, 也就是一阶导数只有有限个不连续点。C_0 函数的导数是 C_{-1} 函数, 比如位移是 C_0 函数, 那么应变就是 C_{-1} 函数。

C_0、C_{-1} 与 C_1 连续函数的光滑性可以通过图 3-2 形象地展示: C_{-1} 函数既有结点也有间断跳跃点 (不连续点); C_0 函数无跳跃点, 但有结点; C_1 函数无跳跃点和结点。跳跃也称为 "强" 间断, 结点称为 "弱" 间断。在 CAD 软件中光滑曲面至

少采用 C_1 连续, 最常用的是样条函数。在有限元中常采用 C_0 函数, 对于梁与板壳问题有时采用 C_1 函数。

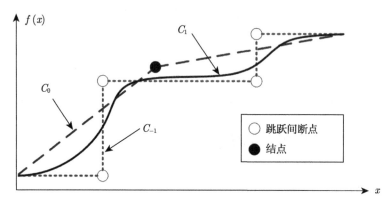

图 3-2　C_0、C_{-1} 与 C_1 连续函数示意图

3.4 　"强" "弱" 形式的等价性

前文已经由 "强" 形式得到了 "弱" 形式。为了证明这两种方法的等价性质, 本节探讨其逆过程, 即由 "弱" 形式推导 "强" 形式。这样可保证 "弱" 形式的解也是 "强" 形式的解。前文采用分部积分将 $u(x)$ 的二阶导数转化为一阶导数, 此时利用分部积分的逆过程得到高阶积分及其边界项。交换 (3.16) 式的前后项, 得到

$$\int_0^l AE\frac{\mathrm{d}u}{\mathrm{d}x}\frac{\mathrm{d}w}{\mathrm{d}x}\mathrm{d}x = \left(wAE\frac{\mathrm{d}u}{\mathrm{d}x}\right)\Bigg|_0^l - \int_0^l w\frac{\mathrm{d}}{\mathrm{d}x}\left(AE\frac{\mathrm{d}u}{\mathrm{d}x}\right)\mathrm{d}x \tag{3.21}$$

将 (3.21) 式代入 (3.20) 式, 且将积分项置于等式左边, 边界项置于等式右边, 得到

$$\int_0^l w\left[\frac{\mathrm{d}}{\mathrm{d}x}\left(AE\frac{\mathrm{d}u}{\mathrm{d}x}\right)+b\right]\mathrm{d}x + wA(\bar{t}+\sigma)_{x=0} = 0, \quad \forall w\text{且}w(l)=0 \tag{3.22}$$

接下来, 关键之处须利用 $w(x)$ 的任意性。首先, 令

$$w = \psi(x)\left[\frac{\mathrm{d}}{\mathrm{d}x}\left(AE\frac{\mathrm{d}u}{\mathrm{d}x}\right)+b\right] \tag{3.23}$$

其中, $\psi(x)$ 是光滑的, 且在 $0 < x < l$ 上 $\psi(x) > 0$, 在边界上 $\psi(l)$ 为零, 比如 $\psi(x) = (l-x)$。由于 $\psi(l) = 0$, 于是 $w(l) = 0$, 所以强制边界条件已满足。另外还可以取一簇特殊的函数 $\psi(x) = 0$, 比如 $\psi(x) = x(l-x)$, 这样权函数 $w(0) = 0$, 因此 (3.22) 式的边界项为零。

将 (3.23) 式代入 (3.22) 式，得到

$$\int_0^l \psi \left[\frac{\mathrm{d}}{\mathrm{d}x} \left(AE \frac{\mathrm{d}u}{\mathrm{d}x} \right) + b \right]^2 \mathrm{d}x = 0 \tag{3.24}$$

上式中的被积函数是由正函数 ψ 与函数平方的乘积构成的，其在域内的积分为零，所以

$$\frac{\mathrm{d}}{\mathrm{d}x} \left(AE \frac{\mathrm{d}u}{\mathrm{d}x} \right) + b = 0, \quad 0 < x < l \tag{3.25}$$

该式正是 "强" 形式 (3.10) 中的微分方程。于是，(3.22) 式只剩下

$$wA(\bar{t} + \sigma)_{x=0} = 0, \quad \forall w \text{且} w(l) = 0 \tag{3.26}$$

因为权函数 w 是任意的且截面积 $A \neq 0$，所以

$$\sigma = -\bar{t}, \quad \text{在} x = 0 \text{处} \tag{3.27}$$

该式即为 "强" 形式 (3.10) 中的自然边界条件。

"强" 形式 (3.10) 中最后剩余的强制边界条件可以通过构造试函数来满足，即令 $u(l) = \bar{u}$。通过以上证明，可以得到结论: 满足 "弱" 形式的试探解，也满足 "强" 形式。

3.5　算　例

设有以下微分方程:

$$\frac{\mathrm{d}}{\mathrm{d}x} \left(AE \frac{\mathrm{d}u}{\mathrm{d}x} \right) + 10Ax = 0, \quad 0 < x < 2 \quad \text{(a)}$$

$$\sigma(2) = E \frac{\mathrm{d}u}{\mathrm{d}x} \bigg|_{x=2} = 10 \qquad \text{(b)} \tag{3.28}$$

$$u(0) = 10^{-4} \qquad \text{(c)}$$

问题一: 试建立该微分方程的积分弱形式。

(3.28) 式的等效积分形式为

$$\int_0^2 w \left[\frac{\mathrm{d}}{\mathrm{d}x} \left(AE \frac{\mathrm{d}u}{\mathrm{d}x} \right) + 10Ax \right] \mathrm{d}x - [wA(\sigma - 10)]|_{x=2} = 0, \quad \forall w(x) \tag{3.29}$$

(3.29) 式中第二项的权系数正好取为权函数 $w(x)|_{x=2}$ 与 A 的乘积，下面将会看到这样做的好处。将 (3.29) 式中的第一项做分部积分变形为

$$\int_0^2 w \left[\frac{\mathrm{d}}{\mathrm{d}x} \left(AE \frac{\mathrm{d}u}{\mathrm{d}x} \right) + 10Ax \right] \mathrm{d}x$$

$$= \left[w \left(AE \frac{\mathrm{d}u}{\mathrm{d}x} \right) \right] \Big|_0^2 - \int_0^2 \frac{\mathrm{d}w}{\mathrm{d}x} AE \frac{\mathrm{d}u}{\mathrm{d}x} \mathrm{d}x + \int_0^2 10 w A x \mathrm{d}x$$

$$= \left[w \left(AE \frac{\mathrm{d}u}{\mathrm{d}x} \right) \right] \Big|_{x=2} - \left[w \left(AE \frac{\mathrm{d}u}{\mathrm{d}x} \right) \right] \Big|_{x=0} - \int_0^2 \frac{\mathrm{d}w}{\mathrm{d}x} AE \frac{\mathrm{d}u}{\mathrm{d}x} \mathrm{d}x + \int_0^2 10 w A x \mathrm{d}x$$

$$= (wA\sigma) \Big|_{x=2} - (wA\sigma) \Big|_{x=0} - \int_0^2 \frac{\mathrm{d}w}{\mathrm{d}x} AE \frac{\mathrm{d}u}{\mathrm{d}x} \mathrm{d}x + \int_0^2 10 w A x \mathrm{d}x \tag{3.30}$$

为了简化方程，可以选取一簇特殊的权函数，即满足 $w(0) = 0$ 的函数集合。这样方程 (3.29) 化简为

$$\int_0^2 \frac{\mathrm{d}w}{\mathrm{d}x} AE \frac{\mathrm{d}u}{\mathrm{d}x} \mathrm{d}x - \int_0^2 10 w A x \mathrm{d}x - (10 w A) \Big|_{x=2} = 0, \quad \forall w(x) 并且 w(0) = 0 \tag{3.31}$$

而边界条件 (3.28)-(c) 在选取 u 的试探函数时可以事先满足，通常称为强制边界条件。这样就得到与微分方程 (3.28) 等价的积分弱形式。(3.31) 式的含义是：如果能够找到一个 C_0 函数 $u(x)$ 满足 $u(0) = 10^{-4}$，且对所有满足 $w(0) = 0$ 的 C_0 函数 $w(x)$ 都能够使得 (3.31) 式成立，则 $u(x)$ 就是微分方程 (3.28) 的解。

问题二：试从以下的试探函数和权函数集合中求出 (3.31) 式的近似解。

$$\begin{cases} u(x) = a_0 + a_1 x \\ w(x) = b_0 + b_1 x \end{cases} \tag{3.32}$$

其中，a_0 和 a_1 是待定常数。

首先 $w(0) = 0$，所以 $b_0 = 0$。将 (3.32) 式代入 (3.31) 式，并整理得到

$$2 A b_1 \left(E a_1 - \frac{70}{3} \right) = 0, \quad \forall b_1 \tag{3.33}$$

因此 $a_1 = \dfrac{70}{3E}$，再由 $u(0) = 10^{-4}$ 得到 $a_0 = 10^{-4}$。这样得到线性近似解

$$\tilde{u} = 10^{-4} + \frac{70}{3E} x \tag{3.34}$$

将近似解代入微分方程 (3.28) 发现条件 (a)、(b) 都不满足，为了得到更加精确的结果，可以提高试探函数和权函数的次数

$$\begin{cases} u(x) = a_0 + a_1 x + a_2 x^2 \\ w(x) = b_0 + b_1 x + b_2 x^2 \end{cases} \tag{3.35}$$

代入 (3.31) 式，得

$$\int_0^2 AE(b_1 + 2 b_2 x)(a_1 + 2 a_2 x) \mathrm{d}x - \int_0^2 10(b_0 + b_1 x + b_2 x^2) A x \mathrm{d}x$$

$$-\left[10A(b_0+b_1x+b_2x^2)\right]\Big|_{x=2}=0 \tag{3.36}$$

整理得到

$$\left(2Ea_1+4Ea_2-\frac{140}{3}\right)b_1+\left(4Ea_1+\frac{32}{3}Ea_2-80\right)b_2=0,\quad\forall b_1与b_2 \tag{3.37}$$

再由 $w(0)=0$ 及 $u(0)=10^{-4}$ 可以得到二次近似解

$$\tilde{u}=10^{-4}+\frac{100}{3E}x-\frac{5}{E}x^2 \tag{3.38}$$

这个改进的结果仍然不满足条件 (a)、(b)。事实上如果采用三次的试探函数和权函数就可以得到精确解

$$u=10^{-4}+\frac{30}{E}x-\frac{5}{3E}x^3 \tag{3.39}$$

为了方便绘图,假设 $E=10^5$,位移和应力的近似解与精确解的对比见图 3-3 与图 3-4。从图 3-4 中可以看到,为了提高应力的精度,尽量使用二次及其以上的近似。

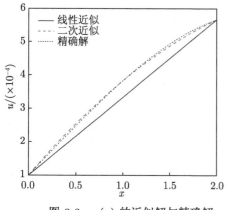

图 3-3　$u(x)$ 的近似解与精确解

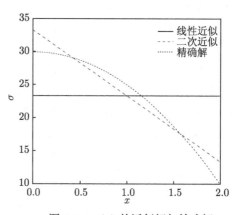

图 3-4　$\sigma(x)$ 的近似解与精确解

第4章　单元和插值函数的构造

4.1　近似函数的插值

在 "弱" 形式中，场函数与权函数都称为近似函数，近似函数 (包括权函数与场函数) 的选择应该确保有限元的收敛性：有限元网格越细化，求解精度越高。收敛性的数学论述已超出了本书的范围。简单地说，有限元收敛性的必要条件就是近似函数的连续性与完备性，即

$$\boxed{\text{连续性}} + \boxed{\text{完备性}} \rightarrow \boxed{\text{收敛性}}$$

连续性要求近似函数必须足够光滑，而对光滑度的要求依赖于 "弱" 形式中偏导数的阶次。对于轴力杆单元的 "弱" 形式 (3.20) 式，场函数与权函数的最高阶导数为 1 阶，因此这些近似函数必须保证 C_0 连续性的要求。

完备性是指函数序列可以以任意精度逼近给定的光滑函数。对于有限元 "弱" 形式来说，完备性要求近似函数以及它们的偏导数，直至最高阶导数须有一个假定的常数值。例如，轴力杆单元的位移场函数应该有常数项，从而该单元可精确表达刚体运动；位移场函数的偏导数应该有常数项，从而该单元可精确表达常应变。

本章采用 $\phi(x)$ 来表达近似函数。如果该函数专用于第 e 个单元，那么记为 $\phi^e(x)$。对于单元节点变量，采用局部节点编号的方式，例如，x_1^e 是第 e 个单元的第 1 个节点的 x 坐标。对于每个单元，本章采用多项式插值来近似 $\phi^e(x)$，即

$$\phi^e(x) = \alpha_0^e + \alpha_1^e x + \alpha_2^e x^2 + \alpha_3^e x^3 + \cdots \tag{4.1}$$

通过求解待定系数 α_i^e 来满足连续性的要求。对于任意的 α_i^e，(4.1) 式的近似在每个单元内部是满足连续性要求的，但是单元间的连续性不能保证。为了满足 C_0 连续性的要求，在单元间，近似函数必须是连续的，也就是要满足 $\phi^{(1)}(x_2^{(1)}) = \phi^{(2)}(x_1^{(2)})$，如图 4-1 所示。下文中 α_i^e 由节点值来表达，从而保证近似解在单元间的连续性。

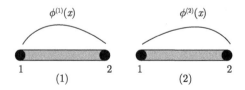

图 4-1　两个单元的网格及其近似函数

4.2 2 节点线性单元

对于图 4-1 中的杆单元，为了满足完备性要求，至少要选取一次线性多项式，即

$$\phi^e(x) = \alpha_0^e + \alpha_1^e x \tag{4.2}$$

在 1 和 2 节点分别满足

$$\phi^e(x_1^e) = \phi_{1x}^e \quad \text{与} \quad \phi^e(x_2^e) = \phi_{2x}^e \tag{4.3}$$

此时得到两个线性方程，恰好对应 (4.2) 式中同样数量的待定系数 α_0^e 与 α_1^e，因此待定系数可由 (4.3) 式解得。

将 (4.2) 式写成矩阵形式

$$\phi^e(x) = \begin{bmatrix} 1 & x \end{bmatrix} \begin{bmatrix} \alpha_0^e \\ \alpha_1^e \end{bmatrix} = \boldsymbol{p}(x)\, \boldsymbol{\alpha}^e \tag{4.4}$$

采用节点值表示待定系数

$$\begin{array}{l} \phi^e(x_1^e) \equiv \phi_{1x}^e = \alpha_0^e + \alpha_1^e x_1^e \\ \phi^e(x_2^e) \equiv \phi_{2x}^e = \alpha_0^e + \alpha_1^e x_2^e \end{array} \quad \rightarrow \quad \underbrace{\begin{bmatrix} \phi_{1x}^e \\ \phi_{2x}^e \end{bmatrix}}_{\boldsymbol{\phi}^e} = \underbrace{\begin{bmatrix} 1 & x_1^e \\ 1 & x_2^e \end{bmatrix}}_{\boldsymbol{A}^e} \underbrace{\begin{bmatrix} \alpha_0^e \\ \alpha_1^e \end{bmatrix}}_{\boldsymbol{\alpha}^e} \tag{4.5}$$

由 (4.5) 式求解出

$$\boldsymbol{\alpha}^e = (\boldsymbol{A}^e)^{-1}\, \boldsymbol{\phi}^e \tag{4.6}$$

其中，$(\boldsymbol{A}^e)^{-1}$ 是 $\boldsymbol{A}^e$ 的逆矩阵，它可按下式计算得到

$$(\boldsymbol{A}^e)^{-1} = \frac{1}{|\boldsymbol{A}^e|}(\boldsymbol{A}^e)^* \tag{4.7}$$

$|\boldsymbol{A}^e|$ 是 $\boldsymbol{A}^e$ 的行列式。$(\boldsymbol{A}^e)^*$ 是 $\boldsymbol{A}^e$ 的伴随矩阵，它的元素 $(A_{ij}^e)^*$ 是 $\boldsymbol{A}^e$ 的元素 A_{ji}^e 的代数余子式。那么，对于 (4.5) 式中的 $\boldsymbol{A}^e$，其逆矩阵为

$$(\boldsymbol{A}^e)^{-1} = \frac{1}{x_2^e - x_1^e} \begin{bmatrix} x_2^e & -x_1^e \\ -1 & 1 \end{bmatrix} = \frac{1}{l^e} \begin{bmatrix} x_2^e & -x_1^e \\ -1 & 1 \end{bmatrix} \tag{4.8}$$

其中，l^e 为杆单元长度。

将 (4.6) 式代入 (4.4) 式，得

$$\phi^e(x) = \boldsymbol{N}^e(x)\, \boldsymbol{\phi}^e \tag{4.9}$$

其中，矩阵 $\boldsymbol{N}^e(x) = [N_1^e(x) \quad N_2^e(x)] = \boldsymbol{p}(x)(\boldsymbol{A}^e)^{-1}$ 称为单元形函数矩阵。

将 (4.8) 式代入 (4.9) 式，得

$$\boldsymbol{N}^e = [N_1^e(x) \quad N_2^e(x)] = \boldsymbol{p}(x)(\boldsymbol{A}^e)^{-1} = [1 \ x] \begin{bmatrix} x_2^e & -x_1^e \\ -1 & 1 \end{bmatrix} \frac{1}{l^e} = \frac{1}{l^e} \begin{bmatrix} x_2^e - x \\ -x_1^e + x \end{bmatrix}^{\mathrm{T}} \tag{4.10}$$

在 (4.10) 式中，$N_1^e(x)$ 与 $N_2^e(x)$ 分别为单元在 1 节点与 2 节点的形函数，如图 4-2 所示。该形函数只在第 e 个单元内有效。

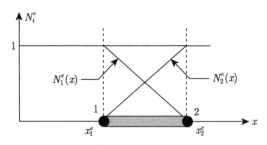

图 4-2　2 节点杆单元形函数

这些形函数是线性函数且具有如下属性：

$$\begin{aligned} N_1^e(x_1^e) = 1, & \quad N_1^e(x_2^e) = 0 \\ N_2^e(x_1^e) = 0, & \quad N_2^e(x_2^e) = 1 \end{aligned} \tag{4.11}$$

简记为

$$N_i^e(x_j^e) = \delta_{ij} \tag{4.12}$$

其中，δ_{ij} 为 Kronecker 符号，即

$$\delta_{ij} = \begin{cases} 1, & i = j \\ 0, & i \neq j \end{cases} \tag{4.13}$$

(4.12) 式是插值形函数的基本属性。

在第 3 章中的 "弱" 形式中，需要求解权函数与场函数的导数，如下：

$$\frac{\mathrm{d}\phi^e}{\mathrm{d}x} = \frac{\mathrm{d}}{\mathrm{d}x}(\boldsymbol{N}^e\boldsymbol{\phi}^e) = \frac{\mathrm{d}\boldsymbol{N}^e}{\mathrm{d}x}\boldsymbol{\phi}^e = \frac{\mathrm{d}N_1^e}{\mathrm{d}x}\phi_{1x}^e + \frac{\mathrm{d}N_2^e}{\mathrm{d}x}\phi_{2x}^e \tag{4.14}$$

写成矩阵形式

$$\frac{\mathrm{d}\phi^e}{\mathrm{d}x} = \begin{bmatrix} \dfrac{\mathrm{d}N_1^e}{\mathrm{d}x} & \dfrac{\mathrm{d}N_2^e}{\mathrm{d}x} \end{bmatrix} \begin{bmatrix} \phi_{1x}^e \\ \phi_{2x}^e \end{bmatrix} = \boldsymbol{B}^e\boldsymbol{\phi}^e \tag{4.15}$$

其中，$\boldsymbol{B}^e$ 称为单元应变矩阵，即

$$\boldsymbol{B}^e = \begin{bmatrix} \dfrac{\mathrm{d}N_1^e}{\mathrm{d}x} & \dfrac{\mathrm{d}N_2^e}{\mathrm{d}x} \end{bmatrix} = \frac{1}{l^e} \begin{bmatrix} -1 & +1 \end{bmatrix} \tag{4.16}$$

4.3 3 节点 2 次单元

如果采用 3 个节点来构造插值函数, 即

$$\phi^e(x) = \alpha_0^e + \alpha_1^e x + \alpha_2^e x^2 = \begin{bmatrix} 1 & x & x^2 \end{bmatrix} \begin{bmatrix} \alpha_0^e \\ \alpha_1^e \\ \alpha_2^e \end{bmatrix} = \boldsymbol{p}(x)\boldsymbol{\alpha}^e \tag{4.17}$$

单元如图 4-3 所示, 具有 3 个节点的 2 次单元。其中, 两个节点位于单元的两端, 另一个节点可以位于单元的任何位置, 但是为了推导简洁, 将其置于单元的中点。于是 $x_3^e - x_1^e = l^e$, $x_2^e - x_1^e = x_3^e - x_2^e = l^e/2$。

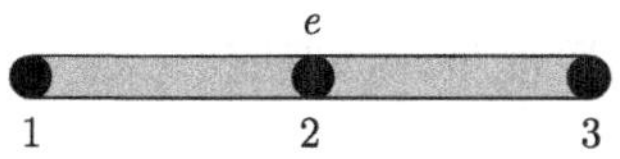

图 4-3 第 e 个 3 节点单元

将节点处的位移值代到 (4.17) 式, 可解得插值函数的待定系数, 即

$$\begin{matrix} \phi_{1x}^e = \alpha_0^e + \alpha_1^e x_1^e + \alpha_2^e (x_1^e)^2 \\ \phi_{2x}^e = \alpha_0^e + \alpha_1^e x_2^e + \alpha_2^e (x_2^e)^2 \\ \phi_{3x}^e = \alpha_0^e + \alpha_1^e x_3^e + \alpha_2^e (x_3^e)^2 \end{matrix} \rightarrow \underbrace{\begin{bmatrix} \phi_{1x}^e \\ \phi_{2x}^e \\ \phi_{3x}^e \end{bmatrix}}_{\boldsymbol{\phi}^e} = \underbrace{\begin{bmatrix} 1 & x_1^e & (x_1^e)^2 \\ 1 & x_2^e & (x_2^e)^2 \\ 1 & x_3^e & (x_3^e)^2 \end{bmatrix}}_{\boldsymbol{A}^e} \underbrace{\begin{bmatrix} \alpha_0^e \\ \alpha_1^e \\ \alpha_2^e \end{bmatrix}}_{\boldsymbol{\alpha}^e} \tag{4.18}$$

由 (4.18) 式求解出

$$\boldsymbol{\alpha}^e = (\boldsymbol{A}^e)^{-1} \boldsymbol{\phi}^e \tag{4.19}$$

其中, $\boldsymbol{A}^e$ 为 3 阶范德蒙德 (Vandermonde) 矩阵。对于 n 阶范德蒙德矩阵, 其行列式为

$$V_n = \begin{vmatrix} 1 & x_1 & x_1^2 & \cdots & x_1^{n-1} \\ 1 & x_2 & x_2^2 & \cdots & x_2^{n-1} \\ \vdots & \vdots & \vdots & \ddots & \vdots \\ 1 & x_n & x_n^2 & \cdots & x_n^{n-1} \end{vmatrix} = \Pi_{1 \leqslant j < i \leqslant n}(x_i - x_j) \tag{4.20}$$

所以 $\boldsymbol{A}^e$ 的行列式为

$$|\boldsymbol{A}^e| = (x_3^e - x_2^e)(x_3^e - x_1^e)(x_2^e - x_1^e) = \frac{(l^e)^3}{4} \tag{4.21}$$

于是

$$(\boldsymbol{A}^e)^{-1} = \frac{2}{(l^e)^2} \begin{bmatrix} x_2^e x_3^e & -2x_1^e x_3^e & x_1^e x_2^e \\ -(x_3^e + x_2^e) & 2(x_1^e + x_3^e) & -(x_1^e + x_2^e) \\ 1 & -2 & 1 \end{bmatrix} \tag{4.22}$$

将 (4.19) 式代入 (4.17) 式, 得

$$\phi^e(x) = \underbrace{\boldsymbol{p}(x)\,(\boldsymbol{A})^{-1}}_{\boldsymbol{N}^e}\boldsymbol{\phi}^e = \boldsymbol{N}^e(x)\,\boldsymbol{\phi}^e = \sum_{i=1}^{3}N_i^e(x)\phi_i^e \tag{4.23}$$

其中

$$\boldsymbol{N}^e(x) = [N_1^e(x) \quad N_2^e(x) \quad N_3^e(x)] \tag{4.24}$$

进一步可表达为

$$\boldsymbol{N}^e(x) = \frac{2}{(l^e)^2}[(x-x_2^e)(x-x_3^e) \quad -2(x-x_1^e)(x-x_3^e) \quad (x-x_1^e)(x-x_2^e)] \tag{4.25}$$

形函数的 3 个分量 $N_1^e(x), N_2^e(x), N_3^e(x)$ 分别绘制于图 4-4。可以看出, 形函数满足 Kronecker 属性, 且这些形函数都是二次曲线。

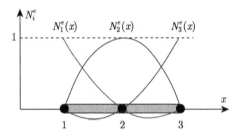

图 4-4   3 节点单元的二次形函数

4.4   直接构造形函数

4.4.1   总体坐标内的插值函数

对于具有 n 个节点的一维单元, 如果它的节点参数中只含有场函数的节点值, 且不含场函数的高阶导数值, 则单元内的场函数可插值表示为

$$\phi^e = \sum_{i=1}^{n}N_i\phi_i^e \tag{4.26}$$

其中, 插值函数 $N_i(x)$ 具有下列性质:

$$N_i(x_j) = \delta_{ij}, \quad \sum_{i=1}^{n}N_i(x) = 1 \tag{4.27}$$

上式中 δ_{ij} 是 Kronecker 符号。

上述第一个性质是插值函数自身性质的要求。因为在 (4.26) 式的右端用 j 节点的坐标 x_j 代入, 左端函数 ϕ^e 应取 j 节点的函数值 ϕ_i^e, 因此必须具有 $N_i(x_j) = \delta_{ij}$

的性质。上述第二个性质是插值函数完备性要求决定的。因为 (4.26) 式右端各个节点值 ϕ_i 取相同的常数 C，则左端的场函数 ϕ^e 也应该等于常数 C，所以插值函数必须具有 $\sum\limits_{i=1}^{n} N_i(x) = 1$ 的性质。当然单是此性质还不是完备性要求的全部，因为完备性还要求 C_0 型单元场函数的一阶导数应包含常数项。这点将在下面具体讨论。

关于插值函数 $N_i(x)$ 的构造，为避免烦琐的推导，尤其是线性方程组的求解，不必按 4.2 节与 4.3 节中所述步骤进行，而是直接采用熟知的拉格朗日插值多项式，读者可以参考数值分析的相关教材。对于 n 个节点的一维单元，$N_i(x)$ 可采用 $n-1$ 次拉格朗日插值多项式 $l_i^{(n-1)}(x)$，即令

$$N_i(x) = l_i^{(n-1)}(x) = \Pi_{j=1,j\neq i}^{n} \frac{x-x_j}{x_i-x_j}$$

$$= \frac{(x-x_1)(x-x_2)\cdots(x-x_{i-1})(x-x_{i+1})\cdots(x-x_n)}{(x_i-x_1)(x_i-x_2)\cdots(x_i-x_{i-1})(x_i-x_{i+1})\cdots(x_i-x_n)}$$

$$(i = 1, 2, \cdots, n) \tag{4.28}$$

其中，$l_i^{(n-1)}(x)$ 的上标表示拉格朗日插值多项式的次数；Π 表示二项式在 j 的范围内 $(j = 1, 2, \cdots, i-1, i+1, \cdots, n)$ 的乘积，n 是单元的节点数，$x_1, x_2, \cdots, x_n$ 是 n 个节点的坐标。可以检验，取拉格朗日插值多项式作为插值函数，除满足插值函数所要求的性质 (4.27) 外，同时，由于拉格朗日多项式包含常数项和 x 的一次项，因此也是满足插值函数完备性要求的。

如果 $n = 2$，则函数 ϕ^e 的插值可表示如下：

$$\phi^e = \sum_{i=1}^{2} l_i^{(1)}(x)\phi_i^e \tag{4.29}$$

其中

$$l_1^{(1)}(x) = \frac{x-x_2}{x_1-x_2}, \quad l_2^{(1)}(x) = \frac{x-x_1}{x_2-x_1} \tag{4.30}$$

上式正好与 (4.10) 式一样，说明拉格朗日插值多项式构造的形函数是正确的。如令 $x_1 = 0$，$x_2 = l^e$，则 $l_1^{(1)}(x) = 1 - x/l^e$，$l_2^{(1)}(x) = x/l^e$。

4.4.2 自然坐标内的插值函数

现引入无量纲的局部坐标

$$\xi = \frac{x-x_1}{x_n-x_1} = \frac{x-x_1}{l^e} \quad (0 \leqslant \xi \leqslant 1) \tag{4.31}$$

其中, l^e 代表单元长度, 此时 ξ 的区间为 $[0,1]$。利用上式定义的局部坐标 ξ, 则式 (4.28) 可表示为

$$l_i^{(n-1)}(\xi) = \Pi_{j=1, j \neq i}^n \frac{\xi - \xi_j}{\xi_i - \xi_j} \tag{4.32}$$

当 $n = 2$, 且 $\xi_1 = 0$, $\xi_2 = 1$ 时, 则有

$$l_1^{(1)} = \frac{\xi - \xi_2}{\xi_1 - \xi_2} = 1 - \xi, \quad l_2^{(1)} = \frac{\xi - \xi_1}{\xi_2 - \xi_1} = \xi \tag{4.33}$$

当 $n = 3$, 且 $x_2 = (x_1 + x_3)/2$ 时, $\xi_1 = 0$, $\xi_2 = 1/2$, $\xi_3 = 1$, 则有

$$l_1^{(2)} = \frac{(\xi - \xi_2)(\xi - \xi_3)}{(\xi_1 - \xi_2)(\xi_1 - \xi_3)} = 2 \left(\xi - \frac{1}{2} \right)(\xi - 1)$$

$$l_2^{(2)} = \frac{(\xi - \xi_1)(\xi - \xi_3)}{(\xi_2 - \xi_1)(\xi_2 - \xi_3)} = -4\xi(\xi - 1) \tag{4.34}$$

$$l_3^{(2)} = \frac{(\xi - \xi_1)(\xi - \xi_2)}{(\xi_3 - \xi_1)(\xi_3 - \xi_2)} = 2\xi \left(\xi - \frac{1}{2} \right)$$

如果无量纲坐标采用另一种形式

$$\xi = 2\frac{x - x_C}{x_n - x_1} = \frac{2x - (x_1 + x_n)}{x_n - x_1} \quad (-1 \leqslant \xi \leqslant 1) \tag{4.35}$$

其中, $x_C = (x_1 + x_n)/2$ 是单元的中心坐标, 此时 ξ 的区间为 $[-1, 1]$。利用上式定义的局部坐标系, 则对于 $n = 2$, 有

$$l_1^{(1)} = \frac{1}{2}(1 - \xi), \quad l_2^{(1)} = \frac{1}{2}(1 + \xi) \tag{4.36}$$

对于 $n = 3$, 且 $\xi_2 = 0$, 有

$$l_1^{(2)} = \frac{1}{2}\xi(\xi - 1), \quad l_2^{(2)} = 1 - \xi^2, \quad l_3^{(2)} = \frac{1}{2}\xi(\xi + 1) \tag{4.37}$$

上述两种无量纲表示, 即 (4.31) 式和 (4.35) 式都是今后常用的。在这里可称为长度坐标, 更一般化地可称为自然坐标。在上述两种表达式中, 分别有 $0 \leqslant \xi \leqslant 1$ 和 $-1 \leqslant \xi \leqslant 1$, 后续会看到在这样的规则积分域内是非常便于数值积分的, 这是自然坐标的优点。

第 5 章　加权余量法与虚功原理建立有限元格式

5.1　伽辽金加权余量法建立有限元格式

将第 4 章得到的单元插值函数代入"弱"形式,即可得到离散的积分方程,也即有限元方程。(3.20) 式并不要求权函数采用与场函数一样的插值函数,但是权函数与场函数采用同样的插值,那么得到的有限元方程的系数矩阵是对称的,这给计算带来了极大的好处。权函数与场函数的插值形函数都取 $\boldsymbol{N}(x)$,即为伽辽金加权余量法。

将图 3-1 中的杆件划分为 n_e 个杆单元,如图 5-1 所示。那么,在整个域内权函数插值为

$$w(x) = \boldsymbol{N}(x)\boldsymbol{w} \tag{5.1}$$

其中

$$\boldsymbol{N}(x) = [N_1(x) \quad N_2(x) \quad \cdots \quad N_n(x)] \tag{5.2}$$

$$\boldsymbol{w} = [w_1 \ w_2 \ \cdots \ w_n]^{\mathrm{T}} \tag{5.3}$$

场函数的域内插值为

$$u(x) = \boldsymbol{N}(x)\boldsymbol{u} \tag{5.4}$$

其中

$$\boldsymbol{u} = [u_1 \ u_2 \ \cdots \ u_n]^{\mathrm{T}} \tag{5.5}$$

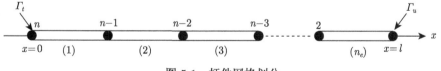

图 5-1　杆件网格划分

场函数必须满足强制边界条件,即令 $x = l$ 的节点位移

$$u_1 = \bar{u}_1 \tag{5.6}$$

其余节点的位移是未知的,将由接下来的伽辽金弱形式求解。在强制边界条件上,(3.13) 式要求 $w(l) = 0$,所以须令

$$w_1 = 0 \tag{5.7}$$

其余节点的权函数是任意的。

单元和总体的矩阵是由集成矩阵关联的, 如 (2.18) 式所示, 可得到单元的节点信息, 即

$$w^e = L^e w, \quad u^e = L^e u \tag{5.8}$$

所以, 单元的权函数与场函数插值表达式为

$$
\begin{aligned}
w^e(x) &= N^e(x) w^e \\
u^e(x) &= N^e(x) u^e
\end{aligned}
\tag{5.9}
$$

那么, 在整个杆件域 $[0, l]$ 上的积分, 转换为在每个单元域积分的叠加。进而, 将 (5.9) 式代入 (3.20) 式, 得

$$\sum_{e=(1)}^{(n_e)} \left\{ \int_{x_1^e}^{x_2^e} \left(\frac{\mathrm{d}w^e}{\mathrm{d}x} \right)^{\mathrm{T}} AE \left(\frac{\mathrm{d}u^e}{\mathrm{d}x} \right) \mathrm{d}x - \int_{x_1^e}^{x_2^e} (w^e)^{\mathrm{T}} b \, \mathrm{d}x - \left[(w^e)^{\mathrm{T}} A\bar{t} \right]_{x=0} \right\} = 0 \tag{5.10}$$

其中

$$
\begin{aligned}
\frac{\mathrm{d}u^e}{\mathrm{d}x} &= B^e u^e \\
\left(\frac{\mathrm{d}w^e}{\mathrm{d}x} \right)^{\mathrm{T}} &= (w^e)^{\mathrm{T}} (B^e)^{\mathrm{T}}
\end{aligned}
\tag{5.11}
$$

将 (5.11) 式代入 (5.10) 式, 得到

$$\sum_{e=(1)}^{(n_e)} (w^e)^{\mathrm{T}} \left\{ \int_{x_1^e}^{x_2^e} (B^e)^{\mathrm{T}} AEB^e u^e \mathrm{d}x - \int_{x_1^e}^{x_2^e} (N^e)^{\mathrm{T}} b \, \mathrm{d}x - \left[(N^e)^{\mathrm{T}} A^e \bar{t} \right]_{x=0} \right\} = 0 \tag{5.12}$$

其中, 第一项 u^e 不含积分变量, 可移到积分符号外, 即

$$\int_{x_1^e}^{x_2^e} (B^e)^{\mathrm{T}} AEB^e u^e \mathrm{d}x = \int_{x_1^e}^{x_2^e} (B^e)^{\mathrm{T}} AEB^e \mathrm{d}x u^e \tag{5.13}$$

那么 (5.12) 式可写为

$$(w^e)^{\mathrm{T}} \left\{ \underbrace{\int_{x_1^e}^{x_2^e} (B^e)^{\mathrm{T}} AEB^e \mathrm{d}x}_{K^e} u^e - \underbrace{\int_{x_1^e}^{x_2^e} (N^e)^{\mathrm{T}} b \, \mathrm{d}x}_{f_{\Omega^e}} - \underbrace{\left[(N^e)^{\mathrm{T}} A\bar{t} \right]_{x=0}}_{f_{\Gamma^e}} \right\} = 0 \tag{5.14}$$

对 (5.14) 式, 定义两个非常重要的矩阵:

(1) 单元刚度矩阵

$$K^e = \int_{x_1^e}^{x_2^e} (B^e)^{\mathrm{T}} A E B^e \mathrm{d}x = \int_{\Omega^e} (B^e)^{\mathrm{T}} A E B^e \mathrm{d}x \tag{5.15}$$

(2) 单元等效节点力列阵

$$f^e = \int_{x_1^e}^{x_2^e} (N^e)^{\mathrm{T}} b \mathrm{d}x + [(N^e)^{\mathrm{T}} A \bar{t}]_{x=0} = \underbrace{\int_{\Omega^e} (N^e)^{\mathrm{T}} b \mathrm{d}x}_{f_{\Omega^e}} + \underbrace{[(N^e)^{\mathrm{T}} A \bar{t}]\Big|_{\Gamma_t^e}}_{f_{\Gamma^e}} \tag{5.16}$$

将 (5.15) 式与 (5.16) 式代入 (5.14) 式, 并使用 (5.8) 式, 得

$$w^{\mathrm{T}} \left(\sum_{e=(1)}^{(n_e)} (L^e)^{\mathrm{T}} K^e L^e u - \sum_{e=(1)}^{(n_e)} (L^e)^{\mathrm{T}} f^e \right) = 0 \tag{5.17}$$

在 (5.17) 式的推导中, w 与 x 无关, 所以可将其提到求和符号的外边。于是, 得到了杆件的总体刚度矩阵与载荷列阵

$$K = \sum_{e=(1)}^{(n_e)} (L^e)^{\mathrm{T}} K^e L^e$$
$$f = \sum_{e=(1)}^{(n_e)} (L^e)^{\mathrm{T}} f^e \tag{5.18}$$

将 (5.18) 式代入 (5.17) 式, 得到

$$w^{\mathrm{T}}(Ku - f) = 0, \quad \forall w \text{除了} w_1 = 0 \tag{5.19}$$

为了求解 (5.19) 式, 令

$$r = Ku - f \tag{5.20}$$

其中, r 称为不平衡力列阵。(5.19) 式可写为

$$w^{\mathrm{T}} r = 0, \quad \forall w \text{除了} w_1 = 0 \tag{5.21}$$

针对图 5-1 所示的结构, (5.21) 式可以展开为

$$w_2 r_2 + w_3 r_3 + \cdots + w_n r_n = 0 \tag{5.22}$$

由于 w 的任意性, 可知 $r_2 = r_3 = \cdots = r_n = 0$。此时 r_1 未知, 事实上, r_1 是 1 节点处的不平衡力, 也就是所谓的约束反力。于是, (5.20) 式可写为

$$r = \begin{bmatrix} r_1 \\ 0 \\ \vdots \\ 0 \end{bmatrix} = \begin{bmatrix} k_{11} & k_{12} & \cdots & k_{1n} \\ k_{21} & k_{22} & \cdots & k_{2n} \\ \vdots & \vdots & \ddots & \vdots \\ k_{n1} & k_{n2} & \cdots & k_{nn} \end{bmatrix} \begin{bmatrix} \bar{u}_1 \\ u_2 \\ \vdots \\ u_n \end{bmatrix} - \begin{bmatrix} f_1 \\ f_2 \\ \vdots \\ f_n \end{bmatrix} \tag{5.23}$$

重新整理 (5.23) 式, 得

$$
\begin{bmatrix}
k_{11} & k_{12} & \cdots & k_{1n} \\
k_{21} & k_{22} & \cdots & k_{2n} \\
\vdots & \vdots & \ddots & \vdots \\
k_{n1} & k_{n2} & \cdots & k_{nn}
\end{bmatrix}
\begin{bmatrix}
\bar{u}_1 \\
u_2 \\
\vdots \\
u_n
\end{bmatrix}
=
\begin{bmatrix}
f_1 + r_1 \\
f_2 \\
\vdots \\
f_n
\end{bmatrix}
\tag{5.24}
$$

(5.24) 式未知数为 $u_2, u_3, \cdots, u_n$ 与 r_1, 共 n 个, 因此 (5.24) 式可解。至此, 强制边界条件对场函数和权函数的附加要求即 (5.6) 式与 (5.7) 式, 同时在 (5.24) 式中得到满足。

5.2 虚位移原理建立有限元格式

数学上, 常采用伽辽金加权余量法建立有限元格式, 但是对于力学问题, 可采用更有力学物理意义的虚位移原理建立有限元格式。本质上, 这两种方法是等价的。

5.2.1 一维杆弹性力学基本方程

将 3.1 节的轴力杆的弹性力学方程概括如下:

几何方程

$$
\varepsilon = \frac{\mathrm{d}u}{\mathrm{d}x} \tag{5.25}
$$

物理方程

$$
\sigma = E\varepsilon = E\frac{\mathrm{d}u}{\mathrm{d}x} \tag{5.26}
$$

平衡方程

$$
\frac{\mathrm{d}}{\mathrm{d}x}(A\sigma) + b(x) = 0, \quad \text{在轴线 } l \text{ 上} \tag{5.27}
$$

或

$$
AE\frac{\mathrm{d}^2u}{\mathrm{d}x^2} + b(x) = 0, \quad \text{在轴线 } l \text{ 上} \tag{5.28}
$$

边界条件

$$
(u)_{x=l} = \bar{u} \quad \text{(端面 } \Gamma_u \text{ 上给定位移)} \tag{5.29}
$$

$$
(\sigma)_{x=0} = -\bar{t} \quad \text{(端面 } \Gamma_t \text{ 上给定载荷)} \tag{5.30}
$$

5.2.2 平衡方程的等效积分 "弱" 形式——虚位移原理

权函数可不失一般地取真实位移的变分，即虚位移。局部坐标系下可设杆单元的虚位移为 $\delta u(x)$，平衡方程 (5.27) 与力的边界条件 (5.30) 对应的等效积分形式为

$$\int_0^l \delta u \left[\frac{\mathrm{d}}{\mathrm{d}x}(A\sigma) + b \right] \mathrm{d}x + \delta u A(\sigma + \bar{t}) \bigg|_{x=0} = 0 \tag{5.31}$$

$\delta u(x)$ 是真实位移的变分，就意味着它是连续可导的，同时，在给定的位移边界 $\varGamma_u$ 上 $\delta u(l) = 0$。对上式积分的第 1 项进行分部积分，则可得到

$$
\begin{aligned}
& \int_0^l \delta u \frac{\mathrm{d}}{\mathrm{d}x}(A\sigma)\mathrm{d}x \\
&= \int_0^l \frac{\mathrm{d}}{\mathrm{d}x}(\delta u A\sigma)\mathrm{d}x - \int_0^l (A\sigma)\frac{\mathrm{d}(\delta u)}{\mathrm{d}x}\mathrm{d}x \\
&= \delta u A\sigma \bigg|_0^l - \int_0^l A\sigma \frac{\mathrm{d}(\delta u)}{\mathrm{d}x}\mathrm{d}x \\
&= (\delta u A\sigma)_{x=l} - (\delta u A\sigma)_{x=0} - \int_0^l (A\sigma)\delta\left(\frac{\mathrm{d}u}{\mathrm{d}x}\right)\mathrm{d}x \\
&= -(\delta u A\sigma)_{x=0} - \int_0^l (A\sigma)\delta\varepsilon \mathrm{d}x
\end{aligned} \tag{5.32}
$$

以上推导用到了 $\mathrm{d}(\delta u) = \delta(\mathrm{d}u)$ 的性质，即变分与微分可交换次序，不影响结果。将 (5.32) 式代入 (5.31) 式的左侧，得

$$
\begin{aligned}
& \int_0^l \delta u \left[\frac{\mathrm{d}}{\mathrm{d}x}(A\sigma) + b \right] \mathrm{d}x + \delta u A(\sigma + \bar{t}) \bigg|_{x=0} \\
&= -(\delta u A\sigma)_{x=0} - \int_0^l (A\sigma)\delta\varepsilon \mathrm{d}x + \int_0^l b\delta u \mathrm{d}x + (\delta u A\sigma)_{x=0} + (\delta u A\bar{t})_{x=0} \\
&= -\int_0^l (A\sigma)\delta\varepsilon \mathrm{d}x + \int_0^l b\delta u \mathrm{d}x + (\delta u A\bar{t})_{x=0}
\end{aligned} \tag{5.33}
$$

因此

$$\underbrace{\int_0^l A\sigma\delta\varepsilon \mathrm{d}x}_{\delta U} - \underbrace{\left[\int_0^l b\delta u \mathrm{d}x + \delta u(0) A\bar{t} \right]}_{\delta W} = 0 \tag{5.34}$$

上式第 1 项是杆的应力在虚应变上做的功，即内力的虚功 δU，也称为虚应变能或者应变能的一阶变分；第 2、3 项分别为沿轴向的力 b 与端面均布力 $\bar{t}$ 在虚位移上做的功，即外力的虚功 δW。如果在虚位移发生之前，弹性体处于平衡状态，那么，

在虚位移过程中，外力在虚位移上所做的虚功就等于应力在与该虚位移相应的虚应变上所做的虚功，这就是虚功原理，即

$$\delta W = \delta U \tag{5.35}$$

所以

$$\delta U - \delta W = 0 \tag{5.36}$$

现在的虚功是外力和内力分别在虚位移和与之对应的虚应变上所做的功，所以得到的是虚功原理中的虚位移原理。它是平衡方程和力的边界条件的等效积分 "弱" 形式。

应该指出，作为平衡方程和力边界条件的等效积分 "弱" 形式 —— 虚位移原理的建立是以选择在内部连续可导 (因而可以通过分部积分将其导数表示为应变，即 (5.32) 式的第 1 个等号右侧公式) 和满足 $\varGamma_u$ 上位移边界条件的任意函数为条件的。如果任意函数不是连续可导的，尽管平衡方程和力边界条件的等效积分形式仍可建立，但不能通过分部积分建立其等效积分的 "弱" 形式，也就不能将位移函数 $u(x)$ 的 C_1 连续性要求降为 C_0 连续性。再如任意函数在 $\varGamma_u$ 上不满足位移边界条件 (现在的情况，即 $\varGamma_u$ 上 $\delta u(l) \neq 0$)，则总虚功应包括 $\varGamma_u$ 上约束反力在 $\delta u(l)$ 上所做的虚功。

还应指出，在导出虚位移原理的过程中，未涉及物理方程 (应力 应变关系)，所以虚位移原理不仅可以用于线弹性问题，而且可以用于非线弹性及弹塑性等非线性问题。但是应指出，本节虚位移原理所依赖的平衡方程是基于小变形理论的，所以它们不能直接应用于大变形理论的力学问题。

与虚位移原理的推导过程类似，虚应力原理则是几何方程和位移边值条件的等效积分 "弱" 形式，在此不再赘述。

5.2.3　虚位移原理推导平衡方程和面力边界条件

如果采用虚位移原理推导杆单元的平衡方程，则在局部坐标系下可设杆单元 1、2 节点分别发生的虚位移为 δu_{1x}^e、δu_{2x}^e，由此引起的沿轴向杆单元内任意点的虚位移为

$$\delta u^e(x) = \boldsymbol{N}^e(x)\,\delta \boldsymbol{u}^e = \boldsymbol{N}^e(x)\left[\begin{array}{cc} \delta u_{1x}^e & \delta u_{2x}^e \end{array}\right]^{\mathrm{T}} \tag{5.37}$$

将 (5.11) 式的第一式代入几何方程 (5.25) 有

$$\varepsilon^e = \frac{\mathrm{d}u^e}{\mathrm{d}x} = \boldsymbol{B}^e \boldsymbol{u}^e = \frac{1}{l^e}\left[\begin{array}{cc} -1 & +1 \end{array}\right]\boldsymbol{u}^e \tag{5.38}$$

从而可得虚应变

$$\delta\varepsilon^e = \boldsymbol{B}^e \delta \boldsymbol{u}^e \tag{5.39}$$

节点位移表示的应力为

$$\sigma^e = E\varepsilon^e = \frac{E}{l^e} \left[\begin{array}{cc} -1 & +1 \end{array} \right] \boldsymbol{u}^e \tag{5.40}$$

将 (5.37) 式、(5.39) 式与 (5.40) 式代入虚功方程 (5.34)，为了保证向量可乘，将 σ 替换为其转置 σ^{T}，那么内力虚功与外力虚功分别为

$$\delta U = \int_0^l A\sigma\delta\varepsilon\mathrm{d}x = \sum_{e=(1)}^{(n_e)} \int_{x_1^e}^{x_2^e} (\boldsymbol{u}^e)^{\mathrm{T}} (\boldsymbol{B}^e)^{\mathrm{T}} EAB^e \delta\boldsymbol{u}^e \mathrm{d}x \tag{5.41}$$

$$\begin{aligned} \delta W &= \int_0^l b(x)\delta u^e \mathrm{d}x + (\delta u^e A\bar{t})_{x=0} \\ &= \sum_{e=(1)}^{(n_e)} \int_{x_1^e}^{x_2^e} b(x)\boldsymbol{N}^e \delta\boldsymbol{u}^e \mathrm{d}x + [\delta(\boldsymbol{N}^e\boldsymbol{u}^e)A\bar{t}]_{x=0} \\ &= \sum_{e=(1)}^{(n_e)} \int_{x_1^e}^{x_2^e} b(x)\boldsymbol{N}^e \mathrm{d}x\delta\boldsymbol{u}^e + (\boldsymbol{N}^e A\bar{t})_{x=0}\delta\boldsymbol{u}^e \end{aligned} \tag{5.42}$$

将以上两式代入虚功方程 (5.35)，并将与积分变量无关的 $(\boldsymbol{u}^e)^{\mathrm{T}}$ 与 $\delta\boldsymbol{u}^e$ 提到积分号之外，可得

$$(\boldsymbol{u}^e)^{\mathrm{T}} \underbrace{\sum_{e=(1)}^{(n_e)} \int_{x_1^e}^{x_2^e} (\boldsymbol{B}^e)^{\mathrm{T}} EAB^e \mathrm{d}x}_{\boldsymbol{K}^e} \delta\boldsymbol{u}^e = \left[\sum_{e=(1)}^{(n_e)} \underbrace{\int_{x_1^e}^{x_2^e} b(x)\boldsymbol{N}^e \mathrm{d}x}_{\boldsymbol{f}_{\Omega^e}} + \underbrace{(\boldsymbol{N}^e A\bar{t})_{x=0}}_{\boldsymbol{f}_{\Gamma^e}} \right] \delta\boldsymbol{u}^e \tag{5.43}$$

若记

$$\boldsymbol{K}^e = \int_{x_1^e}^{x_2^e} (\boldsymbol{B}^e)^{\mathrm{T}} EAB^e \mathrm{d}x = \int_{\Omega^e} (\boldsymbol{B}^e)^{\mathrm{T}} AEB^e \mathrm{d}x \tag{5.44}$$

$$\boldsymbol{f}^e = \int_{x_1^e}^{x_2^e} b(x)\boldsymbol{N}^e \mathrm{d}x + \left[(\boldsymbol{N}^e)^{\mathrm{T}} A\bar{t} \right]_{x=0} = \underbrace{\int_{\Omega^e} (\boldsymbol{N}^e)^{\mathrm{T}} b\mathrm{d}x}_{\boldsymbol{f}_{\Omega^e}} + \underbrace{\left[(\boldsymbol{N}^e)^{\mathrm{T}} A\bar{t} \right]\Big|_{\Gamma_t^e}}_{\boldsymbol{f}_{\Gamma^e}} \tag{5.45}$$

将 (5.44) 式与 (5.45) 式代入 (5.43) 式，并使用 (5.8) 式，得

$$\delta\boldsymbol{u}^{\mathrm{T}} \left[\sum_{e=(1)}^{(n_e)} (\boldsymbol{L}^e)^{\mathrm{T}} \boldsymbol{K}^e \boldsymbol{L}^e \boldsymbol{u} - \sum_{e=(1)}^{(n_e)} (\boldsymbol{L}^e)^{\mathrm{T}} \boldsymbol{f}^e \right] = 0 \tag{5.46}$$

于是，得到了杆件的总体刚度矩阵与载荷列阵

$$
\begin{aligned}
\boldsymbol{K} &= \sum_{e=(1)}^{(n_e)} (\boldsymbol{L}^e)^{\mathrm{T}} \boldsymbol{K}^e \boldsymbol{L}^e \\
\boldsymbol{f} &= \sum_{e=(1)}^{(n_e)} (\boldsymbol{L}^e)^{\mathrm{T}} \boldsymbol{f}^e
\end{aligned}
\tag{5.47}
$$

将 (5.47) 式代入 (5.46) 式，得到

$$
\delta \boldsymbol{u}^{\mathrm{T}} (\boldsymbol{K}\boldsymbol{u} - \boldsymbol{f}) = 0, \quad \text{且} u_1 = \bar{u}_1
\tag{5.48}
$$

那么，(5.48) 式得到了与 (5.19) 式一样的结果。

第6章　变分原理建立有限元格式

将物理方程引入虚位移原理和虚应力原理可分别导出最小势能原理和最小余能原理，它们都属于自然变分原理。在自然变分原理中，试探函数满足事先规定的条件。例如，最小势能原理中试探函数 (位移)，应事先满足几何方程和给定的位移边界条件；最小余能原理中试探函数 (应力)，应事先满足平衡方程和给定的外力边界条件。如果这些条件未事先满足，则需要利用一定的方法将它们引入泛函。这类变分原理称为约束变分原理，或广义变分原理。利用广义变分原理可以扩大选择试探函数的范围，从而提高用变分原理求解力学问题的能力。

6.1　最小势能原理

最小势能原理的建立可以从第 5 章已建立的虚位移原理出发，后者的表达式是

$$\underbrace{\int_0^l A\sigma\delta\varepsilon\mathrm{d}x}_{\delta U} - \underbrace{\left[\int_0^l b\delta u\mathrm{d}x + \delta u\left(0\right)A\bar{t}\right]}_{\delta W} = 0 \tag{6.1}$$

将线弹性杆单元的物理方程 (5.26) 代入，则可得到

$$\int_0^l AE\varepsilon\delta\varepsilon\mathrm{d}x - \int_0^l b\delta u\mathrm{d}x - \delta u\left(0\right)A\bar{t} = 0 \tag{6.2}$$

现在假设虚位移 δu 是微小的，虚应变 $\delta\varepsilon$ 也是微小的，那么

$$\int_0^l AE\varepsilon\delta\varepsilon\mathrm{d}x = \int_0^l \delta\left(\frac{1}{2}AE\varepsilon\varepsilon\right)\mathrm{d}x = \delta\left(\int_0^l \frac{1}{2}AE\varepsilon\varepsilon\mathrm{d}x\right) = \delta U(\varepsilon) \tag{6.3}$$

其中，$U(\varepsilon) = \int_0^l \frac{1}{2}AE\varepsilon\varepsilon\mathrm{d}x$ 定义为应变能，因此应力在虚应变上所做的虚功就是应变能的一阶变分。

在发生微小虚位移的过程中，沿轴向的力 $b(x)$ 和端面均布力 $\bar{t}$ 的大小和方向都是不变的，只是作用点发生了改变，那么

$$-\left[\int_0^l b\delta u\mathrm{d}x + \delta u\left(0\right)A\bar{t}\right] = -\left\{\int_0^l \delta(bu)\mathrm{d}x + \delta\left[u\left(0\right)A\bar{t}\right]\right\}$$

$$= \delta \left\{ - \left[\int_0^l bu\mathrm{d}x + u\left(0\right) A\bar{t} \right] \right\} \tag{6.4}$$

现在将 (6.4) 式变分号后的项定义为外力势能 V(以位移为零作为势能零点)

$$V = - \left[\int_0^l bu\mathrm{d}x + u\left(0\right) A\bar{t} \right] \tag{6.5}$$

它的变分就是外力虚功的负值。将 (6.3) 式与 (6.5) 式代入 (6.2) 式, 得到

$$\delta\Pi_p = 0 \tag{6.6}$$

其中

$$\begin{aligned} \Pi_p &= \int_0^l \frac{1}{2} AE\varepsilon\varepsilon\mathrm{d}x - \int_0^l bu\mathrm{d}x - u\left(0\right) A\bar{t} \\ &= U + V \end{aligned} \tag{6.7}$$

则 Π_p 是系统的总势能, 它是弹性体变形势能 U 和外力势能 V 之和。U 为杆单元的真实应变能, V 为非真实的外力势能 [21]。因此 (6.6) 式可写为

$$\delta\Pi_p = \delta(U + V) = 0 \tag{6.8}$$

由于弹性静力学边值问题中的外力不是瞬时施加的, 所以在物理上应理解为从零逐渐准静态施加到最终状态的值, 因此真实的外力功应该为

$$W_{外} = \frac{1}{2} \int_0^l bu\mathrm{d}x + \frac{1}{2} u\left(0\right) A\bar{t} \tag{6.9}$$

根据克拉珀龙原理: 弹性体的变形能等于每个外力与其相应位移乘积的 1/2 的总和, 可得到

$$U - W_{外} = 0 \tag{6.10}$$

(6.8) 式与 (6.10) 式格式相近, 但是要区别两个公式原理上的差异。

另外, (6.6) 式表明: 在所有区域内连续可导的 (连续可导是指 $U(\varepsilon)$ 中的 ε 能够通过几何方程 (5.25) 用 u 的导数表示), 并在边界上满足给定位移条件 (5.29) 的可能位移中, 真实位移使系统的总势能取驻值。还可以进一步证明在所有可能位移中, 真实位移使系统势能取最小值。因此 (6.6) 式称为最小势能原理。下面给出证明过程。以 u 表示真实位移, u^* 表示可能位移, 并令

$$u^* = u + \delta u \tag{6.11}$$

将 (6.11) 式代入 (5.25) 式, 得

$$\varepsilon^* = \frac{\mathrm{d}u^*}{\mathrm{d}x} = \frac{\mathrm{d}(u + \delta u)}{\mathrm{d}x} = \frac{\mathrm{d}u + \mathrm{d}(\delta u)}{\mathrm{d}x} = \frac{\mathrm{d}u}{\mathrm{d}x} + \delta\frac{\mathrm{d}u}{\mathrm{d}x} = \varepsilon + \delta\varepsilon \tag{6.12}$$

将它们分别代入总势能表达式 (6.7), 则有

$$\Pi_p(u) = U(\varepsilon) - \int_0^l bu\mathrm{d}x - u(0)A\bar{t} \tag{6.13}$$

和

$$\Pi_p(u^*) = U(\varepsilon^*) - \int_0^l bu^*\mathrm{d}x - u^*(0)A\bar{t}$$

$$= U(\varepsilon + \delta\varepsilon) - \int_0^l b(u + \delta u)\mathrm{d}x - [u(0) + \delta u(0)]A\bar{t}$$

$$= \int_0^l \frac{1}{2}EA\left[\varepsilon^2 + 2\varepsilon\delta\varepsilon + (\delta\varepsilon)^2\right]\mathrm{d}x - \int_0^l b(u + \delta u)\mathrm{d}x - [u(0) + \delta u(0)]A\bar{t}$$

$$= \int_0^l \frac{1}{2}EA\varepsilon^2\mathrm{d}x + \int_0^l EA\varepsilon\delta\varepsilon\mathrm{d}x + \int_0^l \frac{1}{2}EA(\delta\varepsilon)^2\mathrm{d}x - \int_0^l b(u + \delta u)\mathrm{d}x - [u(0) + \delta u(0)]A\bar{t}$$

$$= U(\varepsilon) + \delta U(\varepsilon) + \frac{1}{2}\delta^2 U(\varepsilon) - \int_0^l b(u + \delta u)\mathrm{d}x - [u(0) + \delta u(0)]A\bar{t}$$

$$= U(\varepsilon) + \delta U(\varepsilon) + \frac{1}{2}\delta^2 U(\varepsilon) - \int_0^l bu\mathrm{d}x - \int_0^l b\delta u\mathrm{d}x - u(0)A\bar{t} - \delta u(0)A\bar{t}$$

$$= \underbrace{U(\varepsilon) - \int_0^l bu\mathrm{d}x - u(0)A\bar{t}}_{\Pi_p(u)} + \underbrace{\delta U(\varepsilon) - \int_0^l b\delta u\mathrm{d}x - \delta u(0)A\bar{t}}_{\delta\Pi_p(u)} + \underbrace{\frac{1}{2}\delta^2 U(\varepsilon)}_{\frac{1}{2}\delta^2\Pi_p(u)}$$

$$= \Pi_p(u) + \delta\Pi_p(u) + \frac{1}{2}\delta^2\Pi_p(u) \tag{6.14}$$

其中, $\delta\Pi_p(u)$ 和 $\delta^2\Pi_p(u)$ 分别是总势能的一阶和二阶变分。由于 u 是真实位移, 根据 (6.6) 式可知, $\delta\Pi_p(u) = 0$。二阶变分 $\delta^2\Pi_p(u)$ 中只出现应变能函数。由于应变能是正定的, 除非 $\delta u \equiv 0$, 否则恒有

$$\delta^2\Pi_p(u) > 0 \tag{6.15}$$

因此有

$$\Pi_p(u^*) \geqslant \Pi_p(u) \tag{6.16}$$

上式等号只有当 $\delta u \equiv 0$, 即可能位移就是真实位移时才成立。当 $\delta u \neq 0$, 即可能位移不是真实位移时, 系统总势能总是大于取真实位移时系统的总势能。这就证明了最小势能原理。

　　以上证明了在所有的可能位移场中, 真实位移场的总势能取最小值。所以这一原理称为最小势能原理。数学描述即总势能的一阶变分为零, 而且二阶变分是正定的 (大于零)。必须强调指出的是, 真实位移与其他的可能位移之间的差别在于是否满足静力平衡条件, 所以说最小势能原理是用变分形式表达的平衡条件。通过总势能的一阶变分为零, 可以推导出平衡微分方程和面力边界条件, 这和虚功原理是相同的, 即最小势能原理也等价于平衡微分方程和面力边界条件。虚功原理和最小势能原理之间的差别在于: 虚功原理不涉及本构关系, 适用于任何材料, 只要满足小变形条件; 最小势能原理除了小变形条件之外, 还需要满足应变能密度函数表达的本构关系, 因此仅限于线性和非线性弹性体。

　　最后, 将最小势能原理完整地叙述为: 在所有可能的几何位移中, 真实位移使得总势能取最小值。该方法是以位移函数作为基本未知量求解弹性力学问题的。当然, 选择的位移函数必须是在位移已知的边界上强制满足位移边界条件, 对于面力边界是不需要考虑的, 因为面力边界条件是会自然满足的。

　　最小余能原理的推导步骤和最小势能原理的推导类似, 只是应该从虚应力原理出发, 在此不再赘述。

6.2　最小势能原理推导杆单元平衡方程和面力边界条件

　　对一维杆单元来说, 最小势能原理的泛函总势能 $\Pi_p(u)$ 的表达式为

$$\Pi_p(u) = \int_0^l \frac{1}{2}\sigma\varepsilon A\mathrm{d}x - \int_0^l ub(x)\mathrm{d}x - (uA\bar{t})_{x=0} \tag{6.17}$$

式中, l 是杆件长度, A 是截面面积。

　　将 (5.25) 式与 (5.26) 式代入上式, 得

$$\Pi_p(u) = \int_0^l \frac{EA}{2}\frac{\mathrm{d}u}{\mathrm{d}x}\frac{\mathrm{d}u}{\mathrm{d}x}\mathrm{d}x - \int_0^l ub(x)\mathrm{d}x - (uA\bar{t})_{x=0} \tag{6.18}$$

将位移插值多项式 (4.9) 与 (4.14) 代入 (6.18) 式, 得

$$\Pi_p(u) = \sum_{e=(1)}^{(n_e)}\Pi_p^e(\boldsymbol{u}^e) = \sum_{e=(1)}^{(n_e)}\int_{x_1^e}^{x_2^e}\frac{EA}{2}(\boldsymbol{u}^e)^{\mathrm{T}}\left(\frac{\mathrm{d}\boldsymbol{N}^e}{\mathrm{d}x}\right)^{\mathrm{T}}\left(\frac{\mathrm{d}\boldsymbol{N}^e}{\mathrm{d}x}\boldsymbol{u}^e\right)\mathrm{d}x$$

$$- \sum_{e=(1)}^{(n_e)}\int_{x_1^e}^{x_2^e}(\boldsymbol{u}^e)^{\mathrm{T}}(\boldsymbol{N}^e)^{\mathrm{T}}b(x)\mathrm{d}x - \left[(\boldsymbol{u}^e)^{\mathrm{T}}(\boldsymbol{N}^e)^{\mathrm{T}}A\bar{t}\right]_{x=0} \tag{6.19}$$

将与积分无关的 $\boldsymbol{u}^e$ 整理到积分号的外边, 即

$$\Pi_p(\boldsymbol{u}^e) = \sum_{e=(1)}^{(n_e)}(\boldsymbol{u}^e)^{\mathrm{T}}\int_{x_1^e}^{x_2^e}\frac{EA}{2}\left(\frac{\mathrm{d}\boldsymbol{N}^e}{\mathrm{d}x}\right)^{\mathrm{T}}\left(\frac{\mathrm{d}\boldsymbol{N}^e}{\mathrm{d}x}\right)\mathrm{d}x\boldsymbol{u}^e$$

$$- \sum_{e=(1)}^{(n_e)} (\boldsymbol{u}^e)^{\mathrm{T}} \int_{x_1^e}^{x_2^e} (\boldsymbol{N}^e)^{\mathrm{T}} b(x) \mathrm{d}x - (\boldsymbol{u}^e)^{\mathrm{T}} \left[(\boldsymbol{N}^e)^{\mathrm{T}} A \bar{t} \right]_{x=0} \qquad (6.20)$$

注意此时, $\Pi_p(u)$ 写为 $\Pi_p(\boldsymbol{u}^e)$, 因为位移 u 被节点位移 $\boldsymbol{u}^e$ 插值表达, 所以 (6.20) 式的未知变量是 $\boldsymbol{u}^e$。

令

$$\boldsymbol{K}^e = \int_{x_1^e}^{x_2^e} (\boldsymbol{B}^e)^{\mathrm{T}} AE\boldsymbol{B}^e \mathrm{d}x \qquad (6.21)$$

$$\boldsymbol{f}^e = \underbrace{\int_{x_1^e}^{x_2^e} (\boldsymbol{N}^e)^{\mathrm{T}} b\mathrm{d}x}_{\boldsymbol{f}_{\Omega^e}} + \underbrace{\left[(\boldsymbol{N}^e)^{\mathrm{T}} A \bar{t} \right]_{x=0}}_{\boldsymbol{f}_{\Gamma^e}} \qquad (6.22)$$

将 (6.21) 式与 (6.22) 式代入 (6.20) 式, 杆件的总势能为

$$\Pi_p(\boldsymbol{u}^e) = \sum_{e=(1)}^{(n_e)} \left[(\boldsymbol{u}^e)^{\mathrm{T}} \frac{1}{2} \boldsymbol{K}^e \boldsymbol{u}^e - (\boldsymbol{u}^e)^{\mathrm{T}} \boldsymbol{f}^e \right] \qquad (6.23)$$

引入集成矩阵 (2.18) 式, 得到

$$\begin{aligned}
\Pi_p(\boldsymbol{u}^e) &= \sum_{e=(1)}^{(n_e)} \left[\boldsymbol{u}^{\mathrm{T}} (\boldsymbol{L}^e)^{\mathrm{T}} \frac{1}{2} \boldsymbol{K}^e \boldsymbol{L}^e \boldsymbol{u} - \boldsymbol{u}^{\mathrm{T}} (\boldsymbol{L}^e)^{\mathrm{T}} \boldsymbol{f}^e \right] \\
&= \boldsymbol{u}^{\mathrm{T}} \sum_{e=(1)}^{(n_e)} (\boldsymbol{L}^e)^{\mathrm{T}} \frac{1}{2} \boldsymbol{K}^e \boldsymbol{L}^e \boldsymbol{u} - \boldsymbol{u}^{\mathrm{T}} \sum_{e=(1)}^{(n_e)} (\boldsymbol{L}^e)^{\mathrm{T}} \boldsymbol{f}^e \qquad (6.24)
\end{aligned}$$

又结构总体刚度矩阵与载荷列阵为

$$\begin{aligned}
\boldsymbol{K} &= \sum_{e=(1)}^{(n_e)} (\boldsymbol{L}^e)^{\mathrm{T}} \boldsymbol{K}^e \boldsymbol{L}^e \\
\boldsymbol{f} &= \sum_{e=(1)}^{(n_e)} (\boldsymbol{L}^e)^{\mathrm{T}} \boldsymbol{f}^e
\end{aligned} \qquad (6.25)$$

将 (6.25) 式代入 (6.23) 式, 得到

$$\Pi_p(\boldsymbol{u}) = \frac{1}{2} \boldsymbol{u}^{\mathrm{T}} \boldsymbol{K} \boldsymbol{u} - \boldsymbol{u}^{\mathrm{T}} \boldsymbol{f} \qquad (6.26)$$

离散形式的总势能 Π_p 的未知变量是节点位移 $\boldsymbol{u}$。根据变分原理, 泛函 $\Pi_p(\boldsymbol{u})$ 取驻值的条件是它的一阶变分为零, 即

$$\delta\Pi_p(\boldsymbol{u}) = \frac{1}{2} \delta\boldsymbol{u}^{\mathrm{T}} \boldsymbol{K} \boldsymbol{u} + \frac{1}{2} \boldsymbol{u}^{\mathrm{T}} \boldsymbol{K} \delta\boldsymbol{u} - \delta\boldsymbol{u}^{\mathrm{T}} \boldsymbol{f} = 0 \qquad (6.27)$$

由 K 的对称性, 得

$$\delta u^{\mathrm{T}} K u = u^{\mathrm{T}} K \delta u \tag{6.28}$$

因此有

$$\delta \Pi_p(u) = \delta u^{\mathrm{T}} (K u - f) = 0 \tag{6.29}$$

由于 δu 是任意的, 所以

$$K u - f = 0 \tag{6.30}$$

另外, 还须满足强制边界条件 $u_1 = \bar{u}_1$。那么, (6.30) 式得到了与 (5.19) 式一样的结果。方程 (6.30) 的求解过程在后续章节探讨。

6.3　H-W 变分原理

该变分原理由胡海昌 (1954 年) 和鹫津久 (K. Washizu, 1955 年) 各自独立提出。(6.7) 式导出的最小势能原理的泛函是

$$\Pi_p = \int_0^l \frac{1}{2} A E \varepsilon \varepsilon \mathrm{d}x - \int_0^l b u \mathrm{d}x - u\,(0)\,A\bar{t} \tag{6.31}$$

其中, 应变 ε 是通过几何方程 (5.25) 用位移 u 的导数给出的, 也即它们之间已满足了几何方程。同时, 位移应满足 (5.29) 式给定的位移边界条件, 即

$$u\,(l) = \bar{u} \quad (端面\ \Gamma_u\ 上给定位移) \tag{6.32}$$

现在考虑的场函数不要求事先满足几何方程和位移边界条件, 此时系统的总势能是相互独立的场函数 u 和 ε 的泛函。利用拉格朗日乘子将附加条件 (6.32) 和 (5.25) 引入泛函, 修正泛函可以表示为

$$\begin{aligned}
\Pi_{\mathrm{H\text{-}W}} =& \Pi_p(u, \varepsilon) + \int_\Omega \lambda \left(\varepsilon - \frac{\mathrm{d}u}{\mathrm{d}x} \right) \mathrm{d}V + \int_{\Gamma_u} p(u - \bar{u}) \mathrm{d}S \\
=& \int_0^l \frac{1}{2} A E \varepsilon \varepsilon \mathrm{d}x - \int_0^l b u \mathrm{d}x - u\,(0)\,A\bar{t} + \int_0^l \lambda A \left(\varepsilon - \frac{\mathrm{d}u}{\mathrm{d}x} \right) \mathrm{d}x \\
& + p(l) A\,[u(l) - \bar{u}]
\end{aligned} \tag{6.33}$$

其中, $\Pi_p(u, \varepsilon)$ 是 (6.31) 式的右端项, 但现在其中的 u 和 ε 不必事先满足几何方程; λ 和 p 分别是体积域 Ω 与端面 Γ_u 边界上的拉格朗日乘子, 它们是杆轴线坐标 x 的任意函数。修正泛函 $\Pi_{\mathrm{H\text{-}W}}$ 的变分为

$$\delta \Pi_{\mathrm{H\text{-}W}} = \delta \left[\int_0^l \frac{1}{2} A E \varepsilon \varepsilon \mathrm{d}x - \int_0^l b u \mathrm{d}x - u\,(0)\,A\bar{t} \right] + \int_0^l \lambda A \left[\delta \varepsilon - \delta \left(\frac{\mathrm{d}u}{\mathrm{d}x} \right) \right] \mathrm{d}x$$

$$+ \int_0^l \delta\lambda A\left(\varepsilon - \frac{\mathrm{d}u}{\mathrm{d}x}\right)\mathrm{d}x + A\left[u(l) - \bar{u}\right]\delta p(l) + p(l)A\delta u(l)$$

$$= \left[\int_0^l AE\varepsilon\delta\varepsilon\mathrm{d}x - \int_0^l b\delta u\mathrm{d}x - \delta u(0)A\bar{t}\right] + \int_0^l \lambda A\left[\delta\varepsilon - \frac{\mathrm{d}(\delta u)}{\mathrm{d}x}\right]\mathrm{d}x$$

$$+ \int_0^l \delta\lambda A\left(\varepsilon - \frac{\mathrm{d}u}{\mathrm{d}x}\right)\mathrm{d}x + A\left[u(l) - \bar{u}\right]\delta p(l) + p(l)A\delta u(l)$$

$$= \int_0^l \left[AE\varepsilon\delta\varepsilon - b\delta u + \delta\lambda A\left(\varepsilon - \frac{\mathrm{d}u}{\mathrm{d}x}\right) + \lambda A\delta\varepsilon - \lambda A\frac{\mathrm{d}(\delta u)}{\mathrm{d}x}\right]\mathrm{d}x$$

$$- \delta u(0)A\bar{t} + A\left[u(l) - \bar{u}\right]\delta p(l) + p(l)A\delta u(l) = 0 \tag{6.34}$$

对上式积分中的最后一项 $\int_0^l \lambda A\frac{\mathrm{d}(\delta u)}{\mathrm{d}x}\mathrm{d}x$ 进行分部积分, 即

$$\int_0^l \lambda A\frac{\mathrm{d}(\delta u)}{\mathrm{d}x}\mathrm{d}x = \int_0^l \lambda A\mathrm{d}(\delta u) = \lambda A\delta u\Big|_0^l - \int_0^l A\delta u\mathrm{d}\lambda$$

$$= \lambda(l)A\delta u(l) - \lambda(0)A\delta u(0) - \int_0^l A\delta u\frac{\mathrm{d}\lambda}{\mathrm{d}x}\mathrm{d}x \tag{6.35}$$

将上式代入 (6.34) 式, 得

$$\delta\Pi_{\text{H-W}} = \int_0^l \left[AE\varepsilon\delta\varepsilon - b\delta u + \delta\lambda A\left(\varepsilon - \frac{\mathrm{d}u}{\mathrm{d}x}\right) + \lambda A\delta\varepsilon + A\delta u\frac{\mathrm{d}\lambda}{\mathrm{d}x}\right]\mathrm{d}x$$

$$- A\lambda(l)\delta u(l) + A\lambda(0)\delta u(0) - \delta u(0)A\bar{t} + A\left[u(l) - \bar{u}\right]\delta p(l) + p(l)A\delta u(l)$$

$$= \int_0^l \left[A(E\varepsilon + \lambda)\delta\varepsilon\right]\mathrm{d}x + \int_0^l \left[\left(A\frac{\mathrm{d}\lambda}{\mathrm{d}x} - b\right)\delta u\right]\mathrm{d}x + \int_0^l \left[A\left(\varepsilon - \frac{\mathrm{d}u}{\mathrm{d}x}\right)\delta\lambda\right]\mathrm{d}x$$

$$+ A\left[\lambda(0) - \bar{t}\right]\delta u(0) + A\left[p(l) - \lambda(l)\right]\delta u(l) + A\left[u(l) - \bar{u}\right]\delta p(l) = 0 \tag{6.36}$$

因为所有的变分 $\delta\varepsilon$、δu、$\delta\lambda$ 以及 δp 都是独立的, 所以 $\delta\Pi_{\text{H-W}}$ 的驻值条件是

$$E\varepsilon + \lambda = 0 \tag{6.37}$$

$$A\frac{\mathrm{d}\lambda}{\mathrm{d}x} - b = 0 \tag{6.38}$$

$$\varepsilon - \frac{\mathrm{d}u}{\mathrm{d}x} = 0 \tag{6.39}$$

$$\lambda(0) - \bar{t} = 0 \tag{6.40}$$

$$p(l) - \lambda(l) = 0 \tag{6.41}$$

$$u(l) - \bar{u} = 0 \tag{6.42}$$

由 (6.37) 式与 (6.41) 式可以识别拉格朗日乘子 λ 和 p 的力学意义, 它们分别是应力和边界力, 即

$$\lambda = -\sigma \tag{6.43}$$

$$p(l) = \lambda(l) = -\sigma(l) \tag{6.44}$$

将以上两式代回到 (6.33) 式, 即以 $-\sigma$ 代替 λ, 以 $-\sigma(l)$ 代替 $p(l)$, 这样就得到 3 个独立场函数的修正泛函, 其可表示为

$$\Pi_{\text{H-W}}(u, \sigma, \varepsilon) = \int_0^l \left[\frac{1}{2} AE\varepsilon\varepsilon - A\sigma \left(\varepsilon - \frac{\mathrm{d}u}{\mathrm{d}x} \right) - bu \right] \mathrm{d}x - u(0) A\bar{t} - \sigma(l) A[u(l) - \bar{u}]$$
$$\tag{6.45}$$

如将 (6.43) 式与 (6.44) 式代回驻值条件 (6.37)~(6.42), 则除了用来确定拉格朗日乘子 λ 和 p 之间的关系式 (6.41) 外, 还得到了弹性力学的全部微分方程和边界条件。这表明上述泛函 $\Pi_{\text{H-W}}(u, \sigma, \varepsilon)$ 的驻值条件与弹性力学的全部微分方程和边界条件是等效的。

需要注意的是:

(1) 此变分原理中 u、σ 与 ε 都是独立的场函数, 它们的变分是完全独立的, 没有任何的附加条件, 所以也称为三场变分原理。如果将几何方程 (5.25) 和位移边界条件 (5.29) 仍取作场函数必须服从和满足的附加条件, 则修正泛函 $\Pi_{\text{H-W}}$ 将还原为 Π_p。

(2) 此变分原理是驻值原理而不再是极值原理。

(3) 此变分原理是用拉格朗日乘子法建立的约束变分原理, 原来泛函中由 u 表示的 ε 成为独立的场变量, 较原问题增加的场变量 σ 就是拉格朗日乘子。

6.4　H-R 变分原理

若 H-W 变分原理中的应力函数和应变函数事先满足物理方程

$$\sigma = E\varepsilon \tag{6.46}$$

可以从 (6.45) 式直接得到 Hellinger-Reissner 变分原理 (简称 H-R 变分原理) 的泛函

$$\Pi_{\text{H-R}}(u, \sigma) = \int_0^l \left(-\frac{A}{2E}\sigma\sigma + A\sigma\frac{\mathrm{d}u}{\mathrm{d}x} - bu \right) \mathrm{d}x - u(0) A\bar{t} - \sigma(l) A[u(l) - \bar{u}] \tag{6.47}$$

现在令 $\Pi_{\text{H-R}}(u, \sigma)$ 的一阶变分为 0, 得到

$$\delta(\Pi_{\text{H-R}}) = \delta\left[\int_0^l \left(-\frac{A}{2E}\sigma\sigma + A\sigma\frac{\mathrm{d}u}{\mathrm{d}x} - bu \right) \mathrm{d}x \right]$$

$$- \delta u\left(0\right) A \bar{t} - \delta u(l) \sigma(l) A - \delta \sigma(l) A \left[u(l) - \bar{u}\right]$$

$$= \int_0^l \left[-\frac{A}{E} \sigma(\delta\sigma) + A(\delta\sigma)\frac{\mathrm{d}u}{\mathrm{d}x} + A\sigma \frac{\mathrm{d}(\delta u)}{\mathrm{d}x} - b(\delta u) \right] \mathrm{d}x$$

$$- \delta u\left(0\right) A \bar{t} - \delta u(l) \sigma(l) A - \delta \sigma(l) A \left[u(l) - \bar{u}\right]$$

$$= \frac{A}{E} \int_0^l \left(E\frac{\mathrm{d}u}{\mathrm{d}x} - \sigma \right)(\delta\sigma)\mathrm{d}x - \int_0^l \left(A\frac{\mathrm{d}\sigma}{\mathrm{d}x} + b \right)(\delta u)\mathrm{d}x$$

$$- \delta u\left(0\right) A \left[\bar{t} + \sigma(0)\right] - \delta \sigma(l) A \left[u(l) - \bar{u}\right]$$

$$= 0 \tag{6.48}$$

由于 u、σ 的变分是独立的,则从 (6.48) 式可以得到

$$\sigma = E\frac{\mathrm{d}u}{\mathrm{d}x}$$
$$A\frac{\mathrm{d}\sigma}{\mathrm{d}x} + b = 0$$
$$\sigma(0) = -\bar{t}$$
$$u(l) = \bar{u} \tag{6.49}$$

可以看出 $\Pi_{\text{H-R}}(u, \sigma)$ 的驻值条件与弹性力学中的几何方程、平衡方程和边界条件是等价的,而物理方程是事先满足的。另外,H-R 变分原理的泛函也可以写成下面的形式:

$$\Pi_{\text{H-R}}(u, \varepsilon) = \int_0^l \left(-\frac{AE}{2}\varepsilon\varepsilon + AE\varepsilon\frac{\mathrm{d}u}{\mathrm{d}x} - bu \right) \mathrm{d}x - u\left(0\right) A\bar{t} - E\varepsilon(l)A\left[u(l) - \bar{u}\right] \tag{6.50}$$

在实际应用时,可以根据需要选择任意一种形式。

6.5 加权余量法与能量解法的源流关系

第 3~6 章关于弹性力学微分方程及其边值条件、等效积分形式、虚位移原理、虚应力原理,以及 4 种变分原理之间的关系见图 6-1。数学上对平衡方程与力边界条件的等效积分形式等价于力学中的虚位移原理。数学上对几何方程与几何边界条件的等效积分形式等价于力学中的虚应力原理。等效积分形式可以通过分部积分得到它的 "弱" 形式,从而可利用提高权函数的连续性要求来降低待求场函数的连续性要求,实现在更广泛的范围内选择试探函数。有限元法的理论基础正是等效积分的伽辽金 "弱" 形式,这样做不仅降低了对试探函数连续性的要求,而且还可以得到系数矩阵对称的求解方程,从而给计算分析带来方便。

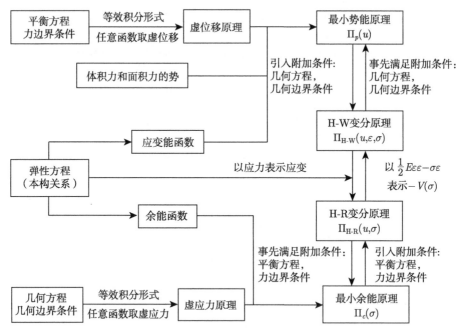

图 6-1　线弹性理论的变分原理

在导出虚位移原理与虚应力原理的过程中，未涉及弹性方程 (本构关系)，所以虚位移原理不仅可以用于线弹性问题，而且可以用于非线弹性及弹塑性等材料非线性问题。将物理方程引入虚位移原理和虚应力原理可以分别导出最小势能原理和最小余能原理。它们本质上和等效积分的伽辽金 "弱" 形式相一致。这些都是建立弹性力学有限元方程的理论基础。

当从虚位移原理出发建立最小势能原理后，通过拉格朗日乘子引入附加条件，可将变分原理一般化，建立包括 H-W 变分原理、H-R 变分原理和最小余能原理在内的一系列变分原理。反之，从虚应力原理出发建立最小余能原理后，也可以用类似的步骤得到包括 H-R 变分原理、H-W 变分原理和最小势能原理在内的一系列变分原理。还需指出，最小势能原理和最小余能原理是独立场函数 (u_i 或 σ_{ij}) 的具有附加条件的极值原理，而 H-W 变分原理和 H-R 变分原理则分别是 3 个独立场函数 ($u_i, \varepsilon_{ij}, \sigma_{ij}$) 和 2 个独立场函数 ($u_i, \sigma_{ij}$) 或 ($u_i, \varepsilon_{ij}$) 的没有附加条件的驻值原理。

对于任意给定的微分方程可采用伽辽金加权余量法建立有限元格式；而对于力学的微分方程可直接采用虚位移 (应力) 原理或变分原理。对于弹性力学微分方程则直接采用变分原理更为高效。

第7章　线性静态有限元分析

线性静态有限元分析是有限元分析的最基本内容,通过求解结构的平衡方程,可以求得结构的位移,进而得到结构的应变、应力与约束反力。第 2、3、5、6 章通过不同方法得到了由单元平衡方程组装而成的结构平衡方程,在静态有限元分析之前需要先求解积分形式的单元刚度矩阵与载荷列阵。通常被积函数的表达式项数很多,进行精确的解析积分十分困难,只能用数值积分方法近似求积。

7.1　数值积分方法

数值积分的基本思想是把积分化为求和,如下式所示:

$$\int_{\xi_1}^{\xi_2} F(\xi) \mathrm{d}\xi = \sum \alpha_i F(\xi_i) \tag{7.1}$$

$$\int_{\xi_1}^{\xi_2} \int_{\eta_1}^{\eta_2} F(\xi, \eta) = \sum \alpha_{ij} F(\xi_i, \eta_j) \tag{7.2}$$

一维问题标准形式可写成

$$\int_{-1}^{+1} F(\xi) \mathrm{d}\xi \tag{7.3}$$

注意积分上、下限分别为 +1,−1。常用的方法有以下两种:

1. **牛顿–柯特斯 (Newton-Cotes) 积分法**

$$I = \int_{-1}^{+1} F(\xi) \mathrm{d}\xi = \sum_{i=1}^{n} \alpha_i F(\xi_i) \tag{7.4}$$

把整个积分区间分为 $n-1$ 等份,共有 n 个点,每等份的长度为 $h = 2/(n-1)$。过这些取样点上 $F(\xi)$ 的精确值可确定一个 $n-1$ 阶插值多项式,并对这个多项式进行精确积分,得到上面的数值积分表达式。

当 $n=2$ 时,得到梯形公式

$$I = F(-1) + F(+1) \tag{7.5}$$

当 $n=3$ 时,得到辛普森 (Simpson) 公式

$$I = \frac{1}{3} \left[F(-1) + 4F(0) + F(+1) \right] \tag{7.6}$$

当 $n=4$ 时，得到

$$I = \frac{1}{4}\left[F(-1) + 3F\left(-\frac{1}{3}\right) + 3F\left(\frac{1}{3}\right) + F(+1) \right] \tag{7.7}$$

由于 n 个积分点的 Newton-Cotes 积分构造的近似被积函数是 $n-1$ 次多项式，因此说 n 个积分点 Newton-Cotes 积分可达到 $n-1$ 阶的精度，即如果原被积函数 $F(\xi)$ 是 $n-1$ 次多项式，则积分结果将是精确的。

Newton-Cotes 积分用于等间距取样的情况是比较合适的。但是在有限元分析中，编制程序计算单元内任意指定点的被积函数值是容易的，因此不必受等间距分布积分点的限制。可以通过优化积分点的位置进一步提高积分的精度，即在给定积分点数目的情况下更合理地选择积分点的位置，以达到更高的数值积分精度。高斯 (Gauss) 数值积分就是这类积分方案中最常用的一种，在有限元分析中得到了广泛的应用。

2. 高斯积分法

如果事先不确定取样点的位置，对每个取样点有两个待定的量，即积分点的位置 ξ_i 和权系数 H_i。如果有 n 个取样点就有 $2n$ 个条件，可以确定一个 $2n-1$ 阶多项式，用这个多项式近似被积函数并精确积分，积分可写成

$$\int_{-1}^{+1} F(\xi)\mathrm{d}\xi - \sum_{i=1}^{n} H_i F(\xi_i) \tag{7.8}$$

表 7-1 列出了前三阶高斯积分的积分点坐标和对应的权系数。显然，选取相同数目取样点，高斯法给出更高的积分精度。在有限元法中几乎毫无例外地都用高斯法进行数值积分。

表 7-1　高斯积分的积分点坐标和权系数

积分点数 n	积分点坐标 ξ_i	积分权系数 H_i
1	$\xi_1 = 0.00000000$	$H_1 = 2.00000000$
2	$\xi_1, \xi_2 = \pm0.57735027$	$H_1, H_2 = 1.00000000$
3	$\xi_1, \xi_3 = \pm0.77459667$	$H_1, H_3 = 0.55555556$
	$\xi_2 = 0.00000000$	$H_2 = 0.88888889$

正因为构造的被积函数是 $2n-1$ 次多项式，因此 n 个积分点的高斯积分可达 $2n-1$ 阶的精度。这就是说如果 $F(\xi)$ 是不超过 $2n-1$ 次的多项式，积分结果将是精确的。

7.2　单元刚度矩阵与载荷列阵的解析积分和数值积分

对于两节点杆单元，$\boldsymbol{K}^e$ 可以解析积分出具体数值，而不必采用数值积分。将

(4.16) 式代入 (6.21) 式, 得

$$\boldsymbol{K}^e = EA \int_{x_1^e}^{x_2^e} \left(\frac{1}{l^e} \begin{bmatrix} -1 & +1 \end{bmatrix} \right)^{\mathrm{T}} \left(\frac{1}{l^e} \begin{bmatrix} -1 & +1 \end{bmatrix} \right) \mathrm{d}x$$

$$= \frac{EA}{(l^e)^2} \begin{bmatrix} 1 & -1 \\ -1 & 1 \end{bmatrix} \int_{x_1^e}^{x_2^e} \mathrm{d}x = \frac{EA}{l^e} \begin{bmatrix} 1 & -1 \\ -1 & 1 \end{bmatrix} \tag{7.9}$$

对于 3 节点 2 次杆单元 (见 4.3 节), 单元应变矩阵 $\boldsymbol{B}^e$ 为

$$\boldsymbol{B}^e = \frac{\mathrm{d}\boldsymbol{N}^e(x)}{\mathrm{d}x} = \begin{bmatrix} \dfrac{\mathrm{d}N_1^e}{\mathrm{d}x} & \dfrac{\mathrm{d}N_2^e}{\mathrm{d}x} & \dfrac{\mathrm{d}N_3^e}{\mathrm{d}x} \end{bmatrix}$$

$$= \frac{2}{(l^e)^2} \begin{bmatrix} 2x - (x_2^e + x_3^e) & -4x + 2(x_1^e + x_3^e) & 2x - (x_1^e + x_2^e) \end{bmatrix} \tag{7.10}$$

令

$$x_C = \frac{x_1^e + x_3^e}{2} \tag{7.11}$$

由于 $x_3^e - x_1^e = l^e$, $x_2^e - x_1^e = x_3^e - x_2^e = l^e/2$, 那么 (7.10) 式可进一步表达为

$$\boldsymbol{B}^e = \begin{bmatrix} \dfrac{4}{(l^e)^2}(x - x_C) - \dfrac{1}{l^e} & -\dfrac{8}{(l^e)^2}(x - x_C) & \dfrac{4}{(l^e)^2}(x - x_C) + \dfrac{1}{l^e} \end{bmatrix} \tag{7.12}$$

将 (7.12) 式代入下式的单元刚度矩阵:

$$\boldsymbol{K}^e = \int_{x_1^e}^{x_3^e} (\boldsymbol{B}^e)^{\mathrm{T}} A E \boldsymbol{B}^e \mathrm{d}x \tag{7.13}$$

其中

$$(\boldsymbol{B}^e)^{\mathrm{T}} \boldsymbol{B}^e = \begin{bmatrix} \left[\dfrac{4(x - x_C)}{(l^e)^2} - \dfrac{1}{l^e} \right]^2 & \dfrac{8(x - x_C)}{(l^e)^3} - \dfrac{32(x - x_C)^2}{(l^e)^4} \\[4mm] \dfrac{8(x - x_C)}{(l^e)^3} - \dfrac{32(x - x_C)^2}{(l^e)^4} & \dfrac{64(x - x_C)^2}{(l^e)^4} \\[4mm] \dfrac{16(x - x_C)^2}{(l^e)^4} - \dfrac{1}{(l^e)^2} & -\dfrac{8(x - x_C)}{(l^e)^3} - \dfrac{32(x - x_C)^2}{(l^e)^4} \end{bmatrix}$$

$$\begin{bmatrix} \dfrac{16(x - x_C)^2}{(l^e)^4} - \dfrac{1}{(l^e)^2} \\[4mm] -\dfrac{8(x - x_C)}{(l^e)^3} - \dfrac{32(x - x_C)^2}{(l^e)^4} \\[4mm] \left[\dfrac{4(x - x_C)}{(l^e)^2} + \dfrac{1}{l^e} \right]^2 \end{bmatrix} \tag{7.14}$$

将 (7.14) 式代入 (7.13) 式并积分，得

$$
\boldsymbol{K}^e = AE \left[
\begin{array}{cc}
\dfrac{(l^e)^2}{12}\left[\dfrac{4\,(x-x_C)}{(l^e)^2} - \dfrac{1}{l^e}\right]^3 & \dfrac{4x\,(x-2x_C)}{(l^e)^3} - \dfrac{32\,(x-x_C)^3}{3(l^e)^4} \\[4mm]
\dfrac{4x\,(x-2x_C)}{(l^e)^3} - \dfrac{32\,(x-x_C)^3}{3(l^e)^4} & \dfrac{64\,(x-x_C)^3}{3(l^e)^4} \\[4mm]
\dfrac{16\,(x-x_C)^3}{3(l^e)^4} - \dfrac{x}{(l^e)^2} & -\dfrac{4x\,(x-2x_C)}{(l^e)^3} - \dfrac{32\,(x-x_C)^3}{3(l^e)^4}
\end{array}
\right.
$$

$$
\left.
\begin{array}{c}
\dfrac{16\,(x-x_C)^3}{3(l^e)^4} - \dfrac{x}{(l^e)^2} \\[4mm]
-\dfrac{4x\,(x-2x_C)}{(l^e)^3} - \dfrac{32\,(x-x_C)^3}{3(l^e)^4} \\[4mm]
\dfrac{(l^e)^2}{12}\left[\dfrac{4\,(x-x_C)}{(l^e)^2} + \dfrac{1}{l^e}\right]^3
\end{array}
\right]\Bigg|_{x_1}^{x_3}
\tag{7.15}
$$

(7.15) 式可进一步整理为

$$
\boldsymbol{K}^e = \frac{AE}{3l^e}\left[
\begin{array}{ccc}
7 & -8 & 1 \\
-8 & 16 & -8 \\
1 & -8 & 7
\end{array}
\right]
\tag{7.16}
$$

　　显然，以上的解析积分是比较烦琐的，但是仍然可以手动推导，只是工作量稍大。事实上，绝大多数的有限元单元都必须通过数值积分来计算。(7.14) 式仅仅是 3 个自由度的杆单元，尚且如此复杂，而平面三角形单元、四边形单元等，其刚度矩阵 $\boldsymbol{K}^e$ 只能通过数值积分得到，而推导显式表达式的计算量将不可估计。

　　接下来，采用高斯数值积分求解 (7.14) 式，令

$$
f(x) = EA \left[
\begin{array}{c}
\dfrac{4}{(l^e)^2}(x-x_C) - \dfrac{1}{l^e} \\[3mm]
-\dfrac{8}{(l^e)^2}(x-x_C) \\[3mm]
\dfrac{4}{(l^e)^2}(x-x_C) + \dfrac{1}{l^e}
\end{array}
\right]
$$

$$
\left[
\begin{array}{ccc}
\dfrac{4}{(l^e)^2}(x-x_C) - \dfrac{1}{l^e} & -\dfrac{8}{(l^e)^2}(x-x_C) & \dfrac{4}{(l^e)^2}(x-x_C) + \dfrac{1}{l^e}
\end{array}
\right]
\tag{7.17}
$$

为了将积分区间 $[x_1^e, x_3^e]$ 换到标准积分区间 $[-1, 1]$，可经变换

$$x = \frac{x_3^e - x_1^e}{2}\xi + x_C = \frac{l^e}{2}\xi + x_C, \quad x \in [x_1^e, x_3^e] \tag{7.18}$$

且

$$\mathrm{d}x = \frac{l^e}{2}\mathrm{d}\xi \tag{7.19}$$

此时

$$\boldsymbol{K}^e = \int_{x_1^e}^{x_2^e} f(x)\mathrm{d}x = \int_{-1}^1 f\left(\frac{l^e}{2}\xi + x_C\right)\frac{l^e}{2}\mathrm{d}\xi = \frac{l^e}{2}\int_{-1}^1 g(\xi)\mathrm{d}\xi \tag{7.20}$$

其中，$g(\xi) = f\left(\dfrac{l^e}{2}\xi + x_C\right)$。

首先采用单点高斯积分

$$\boldsymbol{K}^e = \frac{l^e}{2}\int_{-1}^1 g(\xi)\mathrm{d}\xi = \frac{l^e}{2}H_1 g(\xi_1) \tag{7.21}$$

其中

$$\xi_1 = 0, \quad H_1 = 2.0 \tag{7.22}$$

当 $\xi_1 = 0$ 时

$$g(0) = \frac{EA}{(l^e)^2}\begin{bmatrix} 1 & 0 & -1 \\ 0 & 0 & 0 \\ -1 & 0 & 1 \end{bmatrix} \tag{7.23}$$

将 (7.22) 式与 (7.23) 式代入 (7.21) 式，得到单点积分的刚度矩阵结果为

$$\boldsymbol{K}^e = \frac{EA}{l^e}\begin{bmatrix} 1 & 0 & -1 \\ 0 & 0 & 0 \\ -1 & 0 & 1 \end{bmatrix} \tag{7.24}$$

与精确解 (7.16) 相比较，可知采用单点积分误差较大。

(7.20) 式的 2 点高斯积分公式为

$$\boldsymbol{K}^e = \frac{l^e}{2}\int_{-1}^1 g(\xi)\mathrm{d}\xi = \frac{l^e}{2}[H_1 g(\xi_1) + H_2 g(\xi_2)] \tag{7.25}$$

其中

$$\begin{aligned} \xi_1 &= -0.57735027, \quad H_1 = 1 \\ \xi_2 &= +0.57735027, \quad H_2 = 1 \end{aligned} \tag{7.26}$$

对于 $\xi_1 = -0.57735027$

$$g(\xi_1) = \frac{EA}{(l^e)^2} \begin{bmatrix} 4.6427344 & -4.9760678 & 0.33333334 \\ -4.9760678 & 5.3333333 & -0.35726559 \\ 0.33333334 & -0.35726559 & 0.02393226 \end{bmatrix} \tag{7.27}$$

对于 $\xi_2 = +0.57735027$

$$g(\xi_2) = \frac{EA}{(l^e)^2} \begin{bmatrix} 0.02393226 & -0.35726559 & 0.33333334 \\ -0.35726559 & 5.3333333 & -4.9760678 \\ 0.33333334 & -4.9760678 & 4.6427344 \end{bmatrix} \tag{7.28}$$

将 (7.27) 式、(7.28) 式代入 (7.25) 式，得到 2 点高斯积分的刚度矩阵为

$$\boldsymbol{K}^e = \frac{EA}{l^e} \begin{bmatrix} 2.33333333 & -2.66666667 & 0.33333334 \\ -2.66666667 & 5.33333339 & -2.66666667 \\ 0.33333334 & -2.66666667 & 2.33333339 \end{bmatrix} \tag{7.29}$$

由此可见，采用 2 点高斯积分已经可以得到精确结果。

(7.20) 式的 3 点高斯积分公式为

$$\boldsymbol{K}^e = \frac{l^e}{2} \int_{-1}^{1} g(\xi)\mathrm{d}\xi = \frac{l^e}{2}[H_1 g(\xi_1) + H_2 g(\xi_2) + H_3 g(\xi_3)] \tag{7.30}$$

其中

$$\begin{aligned} \xi_1 &= -0.77459667, & H_1 &= 0.55555556 \\ \xi_2 &= 0, & H_2 &= 0.88888889 \\ \xi_3 &= +0.77459667, & H_3 &= 0.55555556 \end{aligned} \tag{7.31}$$

对于 $\xi_1 = -0.77459667$，

$$g(\xi_1) = \frac{EA}{(l^e)^2} \begin{bmatrix} 6.49838658 & -7.89838653 & 1.39999994 \\ -7.89838653 & 9.59999977 & -1.70161325 \\ 1.39999994 & -1.70161325 & 0.30161330 \end{bmatrix} \tag{7.32}$$

对于 $\xi_2 = 0$，

$$g(\xi_2) = \frac{EA}{(l^e)^2} \begin{bmatrix} 1 & 0 & -1 \\ 0 & 0 & 0 \\ -1 & 0 & 1 \end{bmatrix} \tag{7.33}$$

对于 $\xi_3 = +0.77459667$,

$$g(\xi_3) = \frac{EA}{(l^e)^2} \begin{bmatrix} 0.30161335 & -1.70161341 & 1.40000007 \\ -1.70161341 & 9.60000027 & -7.89838685 \\ 1.40000007 & -7.89838685 & 6.49838679 \end{bmatrix} \tag{7.34}$$

将 (7.32) 式 $\sim$(7.34) 式代入 (7.30) 式, 得到

$$\boldsymbol{K}^e = \frac{EA}{l^e} \begin{bmatrix} 2.33333333 & -2.66666667 & 0.33333334 \\ -2.66666667 & 5.33333339 & -2.66666667 \\ 0.33333334 & -2.66666667 & 2.33333339 \end{bmatrix} \tag{7.35}$$

如此, 便得到 $\boldsymbol{K}^e$ 的数值表达式, 其与 2 点高斯积分结果一致。

由 7.1 节可知: 当积分点的个数为 n 时, 高斯积分具有 $2n-1$ 次的代数精度, 即对于一切不高于 $2n-1$ 次的多项式, 高斯积分都精确成立; 若多项式次数高于 $2n-1$ 次, 则不成立。那么, 当积分点个数为 1 时, 高斯积分具有 1 次代数精度; 当积分点个数为 2 时, 高斯积分具有 3 次代数精度。所以, 对于 3 节点杆单元的 2 次多项式被积函数 (7.17), 需要 2 个积分点即可精确积分, 这个结论也得到了上文的验证。

对于有 3 个及 3 个以上节点的单元, 内部节点自由度可以在单元层次凝聚掉, 而只保持外部节点自由度参加系统方程的集成, 以提高计算效率。

之所以采用数值积分, 是因为对于自由度较多的单元 (如板壳结构单元、平面单元或实体单元) 解析推导积分的过程太过烦琐, 而并不是因为被积函数不可解析积分。事实上, 有限元单元常用的 Lagrange 插值函数或 Hermite 插值函数都是解析可积的。

以上是单元刚度矩阵的积分, 对于 (6.22) 式载荷列阵的积分相对容易, 可以采用解析积分或者数值积分。此处, 将 2 节点杆单元插值形函数代入 (6.22) 式的 $\boldsymbol{f}_{\Omega^e}$ 项, 同时假设 b 为常数, 得到

$$\begin{aligned} \boldsymbol{f}_{\Omega^e} &= \int_{x_1^e}^{x_2^e} (\boldsymbol{N}^e)^{\mathrm{T}} b \mathrm{d}x \\ &= b \int_{x_1^e}^{x_2^e} \frac{1}{l^e} \begin{bmatrix} x_2^e - x & x - x_1^e \end{bmatrix}^{\mathrm{T}} \mathrm{d}x = \frac{bl}{2} \begin{bmatrix} 1 \\ 1 \end{bmatrix} \end{aligned} \tag{7.36}$$

可以看出, (7.36) 式的积分相当于将体力集中于杆单元的两个节点自由度上。另外, 对于 (6.22) 式的 $\boldsymbol{f}_{\Gamma^e}$ 项, 可由插值函数的基本属性 $N_i^e(x_j^e) = \delta_{ij}$ 得

$$\boldsymbol{f}_{\Gamma^e} = \left[(\boldsymbol{N}^e)^{\mathrm{T}} A\bar{t} \right]_{x=0} = \begin{bmatrix} A\bar{t} \\ 0 \end{bmatrix}_{x=0} \tag{7.37}$$

上式说明, 作用于单元节点上的载荷, 直接将其放置到单元载荷列阵相应自由度上即可。

7.3　等参数单元

7.3.1　等参变换

(4.4) 式与 (4.17) 式的位移插值函数构造于杆单元的全局坐标系中。有限元积分格式的推导需要在单元的域内进行积分运算, 但是对于三角形、四边形或者实体单元, 由于被积函数的项数太多, 不宜整理成显格式, 往往采用数值积分。数值积分的方法有 Gauss 积分、Irons 积分与 Hammer 积分等。为了数值积分公式表达的方便, 这些数值积分方法一般都在规则的积分域中给出积分点和积分权系数。因此, 单元积分格式的推导也应该在规则的积分域中进行, 这个新引入的规则积分域被称为母单元。那么, 除了母单元域内位移与节点位移的位移插值关系以外, 还需要引入杆单元局部坐标系与规则母单元自然坐标系的插值关系, 也即坐标变换关系。

在杆单元的母单元中, 坐标的变换范围为节点 1 处的 -1 到节点 2 处的 $+1$, 如图 7-1 所示。坐标变换的插值表达式可待定为

$$x = \alpha_0^e + \alpha_1^e \xi \tag{7.38}$$

将 $(\xi = -1, x = x_1)$ 与 $(\xi = +1, x = x_2)$ 两点代入 (7.38) 式, 可得到插值形函数

$$\tilde{\boldsymbol{N}}^e = \left[\begin{array}{cc} N_1 & N_2 \end{array} \right] = \frac{1}{2} \left[\begin{array}{cc} 1 - \xi & \xi - (-1) \end{array} \right] \tag{7.39}$$

那么, (7.38) 式可写为

$$x(\xi) = \left[\begin{array}{cc} N_1^e(\xi) & N_2^e(\xi) \end{array} \right] \left[\begin{array}{c} x_1^e \\ x_2^e \end{array} \right] = \tilde{\boldsymbol{N}}^e(\xi) \, \boldsymbol{x}^e \tag{7.40}$$

如果将 (4.2) 式的单元位移插值函数也在母单元内插值, 即

$$u^e(\xi) = \alpha_0^e + \alpha_1^e \xi \tag{7.41}$$

类似的有 $(\xi = -1, u = u_1^e)$ 和 $(\xi = -1, u = u_2^e)$。于是, (7.41) 式可写为

$$u^e = \left[\begin{array}{cc} N_1^e(\xi) & N_2^e(\xi) \end{array} \right] \left[\begin{array}{c} u_1^e \\ u_2^e \end{array} \right] = \boldsymbol{N}^e(\xi) \, \boldsymbol{u}^e \tag{7.42}$$

可以看到, 坐标变换关系式 (7.40) 与位移函数的插值表达式 (7.42) 在形式上是相同的, 即 $\tilde{\boldsymbol{N}}^e = \boldsymbol{N}^e$。如果坐标变换和函数插值采用相同的节点, 并且采用相同的插值函数, 则称这种变换为等参变换, 这种单元称为等参单元, 如图 7-1 所示。

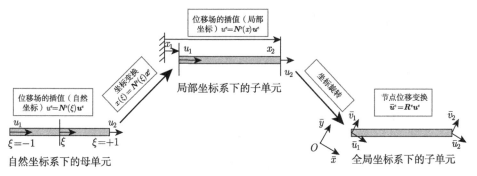

图 7-1 等参杆单元

在母单元中，场函数是用自然坐标表述的，又因为在自然坐标中积分限是规则化的 -1 到 $+1$，因此希望能够在自然坐标内按照规则化的数值积分进行单元的积分运算。为此，还需要建立自然坐标系与全局坐标系之间导数、微元的变换关系

$$\frac{\mathrm{d}N_i^e[x(\xi)]}{\mathrm{d}\xi} = \frac{\mathrm{d}N_i^e(x)}{\mathrm{d}x}\frac{\mathrm{d}x}{\mathrm{d}\xi} = J(\xi)\frac{\mathrm{d}N_i^e(x)}{\mathrm{d}x} \tag{7.43}$$

其中，$J(\xi)$ 称为雅可比（Jacobi）系数，且得到微元间的变换关系 $\mathrm{d}x = J(\xi)\mathrm{d}\xi$，将 (7.40) 式两端对 ξ 求导数，$J(\xi)$ 可以表达为自然坐标的函数

$$J(\xi) = \frac{\mathrm{d}x}{\mathrm{d}\xi} = \frac{\mathrm{d}\tilde{\boldsymbol{N}}^e(\xi)}{\mathrm{d}\xi}\boldsymbol{x}^e \tag{7.44}$$

进一步求解 (7.44) 式，得到

$$J(\xi) = \frac{\mathrm{d}x}{\mathrm{d}\xi} = \frac{x_2^e - x_1^e}{2} = \frac{l^e}{2} \tag{7.45}$$

所以两节点杆单元的 $J(\xi)$ 是常数。于是，整理 (7.43) 式，得到自然坐标系下 $N_i^e(x)$ 对全局坐标 x 导数的显式表达式

$$\frac{\mathrm{d}N_i^e(x)}{\mathrm{d}x} = \frac{1}{J(\xi)}\frac{\mathrm{d}N_i^e(\xi)}{\mathrm{d}\xi} \tag{7.46}$$

于是，(5.15) 式在全局坐标系下的单元积分可以转化到自然坐标系下，将 (7.46) 式代入 (5.15) 式，得

$$\boldsymbol{K}^e = AE\int_{x_1^e}^{x_2^e}[\boldsymbol{B}^e(x)]^{\mathrm{T}}\boldsymbol{B}^e(x)\mathrm{d}x$$

$$= AE\int_{x_1^e}^{x_2^e}\left[\begin{array}{cc}\dfrac{\mathrm{d}N_1^e(x)}{\mathrm{d}x} & \dfrac{\mathrm{d}N_2^e(x)}{\mathrm{d}x}\end{array}\right]^{\mathrm{T}}\left[\begin{array}{cc}\dfrac{\mathrm{d}N_1^e(x)}{\mathrm{d}x} & \dfrac{\mathrm{d}N_2^e(x)}{\mathrm{d}x}\end{array}\right]\mathrm{d}x$$

$$
= AE \int_{-1}^{+1} \left[\begin{array}{cc} \dfrac{\mathrm{d}N_1^e(\xi)}{J(\xi)\mathrm{d}\xi} & \dfrac{\mathrm{d}N_2^e(\xi)}{J(\xi)\mathrm{d}\xi} \end{array} \right]^{\mathrm{T}} \left[\begin{array}{cc} \dfrac{\mathrm{d}N_1^e(\xi)}{J(\xi)\mathrm{d}\xi} & \dfrac{\mathrm{d}N_2^e(\xi)}{J(\xi)\mathrm{d}\xi} \end{array} \right] J(\xi)\mathrm{d}\xi
$$

$$
= AE \int_{-1}^{+1} \left[\begin{array}{cc} \dfrac{\mathrm{d}N_1^e(\xi)}{\mathrm{d}\xi} & \dfrac{\mathrm{d}N_2^e(\xi)}{\mathrm{d}\xi} \end{array} \right]^{\mathrm{T}} \left[\begin{array}{cc} \dfrac{\mathrm{d}N_1^e(\xi)}{\mathrm{d}\xi} & \dfrac{\mathrm{d}N_2^e(\xi)}{\mathrm{d}\xi} \end{array} \right] \dfrac{1}{J(\xi)}\mathrm{d}\xi
$$

$$
= AE \int_{-1}^{+1} [\boldsymbol{B}^e(\xi)]^{\mathrm{T}} \, \boldsymbol{B}^e(\xi) \dfrac{1}{J(\xi)}\mathrm{d}\xi \tag{7.47}
$$

于是, 得到了自然坐标系下的单元刚度矩阵

$$
\boldsymbol{K}^e = AE \int_{-1}^{+1} [\boldsymbol{B}^e(\xi)]^{\mathrm{T}} \, \boldsymbol{B}^e(\xi) \dfrac{1}{J(\xi)}\mathrm{d}\xi \tag{7.48}
$$

由于 (7.47) 式的 $\boldsymbol{B}^e(\xi)$ 与 $J(\xi)$ 是常数, 所以积分号内的矩阵是常数矩阵, 不必采用数值积分, 直接解析积分即可. 将 (7.39) 式与 (7.45) 式代入 (7.47) 式, 得

$$
\boldsymbol{K}^e = \dfrac{2AE}{l^e} \int_{-1}^{+1} \left[\begin{array}{cc} -\dfrac{1}{2} & \dfrac{1}{2} \end{array} \right]^{\mathrm{T}} \left[\begin{array}{cc} -\dfrac{1}{2} & \dfrac{1}{2} \end{array} \right] \mathrm{d}\xi
$$

$$
= \dfrac{2AE}{l^e} \int_{-1}^{+1} \left[\begin{array}{cc} \dfrac{1}{4} & -\dfrac{1}{4} \\[2mm] -\dfrac{1}{4} & \dfrac{1}{4} \end{array} \right] \mathrm{d}\xi
$$

$$
= \dfrac{AE}{l^e} \left[\begin{array}{cc} 1 & -1 \\ -1 & 1 \end{array} \right] \tag{7.49}
$$

如果是具有 3 个节点的等参杆单元, 形函数取自然坐标系内的一维 3 节点拉格朗日插值多项式, 即

$$
N_1^e = \dfrac{1}{2}\xi(\xi-1), \quad N_2^e = (1-\xi^2), \quad N_3^e = \dfrac{1}{2}\xi(\xi+1) \tag{7.50}
$$

那么, 单元应变矩阵 $\boldsymbol{B}^e$ 为

$$
\boldsymbol{B}^e = \left[\begin{array}{ccc} \dfrac{\mathrm{d}N_1^e}{\mathrm{d}\xi} & \dfrac{\mathrm{d}N_2^e}{\mathrm{d}\xi} & \dfrac{\mathrm{d}N_3^e}{\mathrm{d}\xi} \end{array} \right] = \left[\begin{array}{ccc} \xi - \dfrac{1}{2} & -2\xi & \xi + \dfrac{1}{2} \end{array} \right] \tag{7.51}
$$

Jacobi 系数为

$$
J(\xi) = \dfrac{\mathrm{d}x}{\mathrm{d}\xi} = \dfrac{\mathrm{d}\boldsymbol{N}^e(\xi)}{\mathrm{d}\xi}\boldsymbol{x}^e = \left(\xi - \dfrac{1}{2}\right)x_1 - 2\xi x_2 + \left(\xi + \dfrac{1}{2}\right)x_3 \tag{7.52}
$$

将 (7.51) 式与 (7.52) 式代入 (7.48) 式, 可得到 3 节点杆单元的刚度矩阵, 即

$$\boldsymbol{K}^e = AE \int_{-1}^{+1} \begin{bmatrix} \xi - \dfrac{1}{2} \\ -2\xi \\ \xi + \dfrac{1}{2} \end{bmatrix} \begin{bmatrix} \xi - \dfrac{1}{2} & -2\xi & \xi + \dfrac{1}{2} \end{bmatrix} \dfrac{1}{\left(\xi - \dfrac{1}{2}\right)x_1 - 2\xi x_2 + \left(\xi + \dfrac{1}{2}\right)x_3} \mathrm{d}\xi \tag{7.53}$$

令

$$g(\xi) = \begin{bmatrix} \xi - \dfrac{1}{2} \\ -2\xi \\ \xi + \dfrac{1}{2} \end{bmatrix} \begin{bmatrix} \xi - \dfrac{1}{2} & -2\xi & \xi + \dfrac{1}{2} \end{bmatrix} \dfrac{1}{\left(\xi - \dfrac{1}{2}\right)x_1 - 2\xi x_2 + \left(\xi + \dfrac{1}{2}\right)x_3} \tag{7.54}$$

那么, (7.53) 式的三点积分高斯公式为

$$\boldsymbol{K}^e = \int_{-1}^{1} g(\xi)\mathrm{d}\xi = A_1 g(\xi_1) + A_2 g(\xi_2) + A_3 g(\xi_3) \tag{7.55}$$

其中

$$\begin{array}{ll} \xi_1 = -0.77459667, & A_1 = 0.55555556 \\ \xi_2 = 0, & A_2 = 0.88888889 \\ \xi_3 = 0.77459667, & A_3 = 0.55555556 \end{array} \tag{7.56}$$

代入第 1 个积分点, 得

$$g(\xi_1) = \dfrac{EA}{(l^e)^2} \begin{bmatrix} 6.49838668 & -7.89838668 & 1.39999994 \\ -7.89838668 & 9.59999977 & -1.70161332 \\ 1.39999994 & -1.70161332 & 0.30161332 \end{bmatrix} \tag{7.57}$$

代入第 2 个积分点, 得

$$g(\xi_2) = \dfrac{EA}{(l^e)^2} \begin{bmatrix} 1 & 0 & -1 \\ 0 & 0 & 0 \\ -1 & 0 & 1 \end{bmatrix} \tag{7.58}$$

代入第 3 个积分点, 得

$$g(\xi_3) = \dfrac{EA}{(l^e)^2} \begin{bmatrix} 0.30161332 & -1.70161332 & 1.40000007 \\ -1.70161332 & 9.600000027 & -7.89838668 \\ 1.40000007 & -7.89838668 & 6.49838668 \end{bmatrix} \tag{7.59}$$

将以上 (7.57) 式～(7.59) 式代入 (7.55) 式, 得到单元刚度矩阵

$$
\boldsymbol{K}^e = \frac{EA}{l^e}
\begin{bmatrix}
2.33333333 & -2.66666667 & 0.33333334 \\
-2.66666667 & 5.33333339 & -2.66666667 \\
0.33333334 & -2.66666667 & 2.33333339
\end{bmatrix}
\tag{7.60}
$$

可以看到: 自然坐标系下的结果与在单元局部坐标系下高斯积分得到的刚度矩阵 (7.35) 式一致。

7.3.2　等参变换与换元积分的关系

换元积分法通过引进中间变量, 作变量替换使原式简易, 从而来求较复杂的积分。设定积分,

$$
I = \int_a^b f(x)\mathrm{d}x
\tag{7.61}
$$

引入在 $[\alpha, \beta]$ 上是单值的且有连续导数的函数

$$
x = \varphi(t)
\tag{7.62}
$$

做变量替换, 得换元后的积分

$$
I = \int_\alpha^\beta f[\varphi(t)]\varphi'(t)\mathrm{d}t
\tag{7.63}
$$

其中, $a = \varphi(\alpha)$ 与 $b = \varphi(\beta)$。举例说明定理的应用, 计算定积分

$$
I = \int_0^1 \sqrt{1 - x^2}\mathrm{d}x
\tag{7.64}
$$

令 $x = \sin t$, 那么 $x = 0$ 时, $t = 0$; $x = 1$ 时, $t = \dfrac{\pi}{2}$。于是, (7.64) 式变为

$$
I = \int_0^{\frac{\pi}{2}} \sqrt{1 - \sin^2 t}\cos t\mathrm{d}t = \frac{\pi}{4}
\tag{7.65}
$$

对于重积分

$$
I = \iint\limits_{\Omega} f(x, y)\mathrm{d}x\mathrm{d}y
\tag{7.66}
$$

做变量替换 $x = x(u, v)$ 与 $y = y(u, v)$, 从而实现了 uOv 平面上的区域 Ω' 替换 xOy 平面的 Ω 区域。于是, (7.66) 式变为

$$
I = \iint\limits_{\Omega'} f[x(u, v), y(u, v)]|\boldsymbol{J}|\mathrm{d}u\mathrm{d}v
\tag{7.67}
$$

其中

$$J = \begin{bmatrix} \dfrac{\partial x}{\partial u} & \dfrac{\partial x}{\partial v} \\ \dfrac{\partial y}{\partial u} & \dfrac{\partial y}{\partial v} \end{bmatrix} \tag{7.68}$$

称为 Jacobi 矩阵。

由此可见，定积分中的 $\varphi'(t)$ 就是一个一维的 Jacobi 行列式 $\mathrm{d}x/\mathrm{d}t$。关于这个定理，应用最多的是极坐标系下的二重积分。取变量代换关系为 $x = r\cos\theta$，$y = r\sin\theta$，则 $|J| = r$。举例说明定理的应用，计算

$$I = \iint\limits_{0 \leqslant x^2 + y^2 \leqslant 1} f(x, y)\mathrm{d}x\mathrm{d}y \tag{7.69}$$

若不经过变量代换，直接计算，应为

$$\int_{-1}^{1} \mathrm{d}x \int_{-\sqrt{1-x^2}}^{\sqrt{1-x^2}} f(x, y)\mathrm{d}y \tag{7.70}$$

可见积分域十分复杂。而经过上文所述变量代换后，计算式为

$$\int_{0}^{2\pi} \mathrm{d}\theta \int_{0}^{1} f(r\cos\theta, r\sin\theta)r\mathrm{d}r \tag{7.71}$$

显然积分域规则得多，这就给定积分带来了便利。

(7.62) 式的坐标变换函数与 (7.38) 式的坐标变换函数所起的作用一致，都实现了换元积分的目的。因此，从数学上看，等参变换就是换元积分，从换元积分这个角度更容易理解等参变换。只是在有限元之中等参变换后的积分采用数值积分求解，在高等数学中定积分换元后依然采用解析积分求解。

7.4 组装总体刚度矩阵与载荷列阵

将单元刚度矩阵 $\bar{K}^e$ 组装成全局坐标系下结构的总体刚度矩阵 K 是通过单元节点自由度集成矩阵 L^e 实现的，在 2.2 节已得到其相应的矩阵表达形式

$$K = \sum_{e=(1)}^{(n_e)} (L^e)^{\mathrm{T}} \bar{K}^e L^e \tag{7.72}$$

如果直接计算 (7.72) 式，所需的计算机存储空间和计算量都较大，对于大型结构是不可行的，所以在实际的程序设计中不采用这个组装过程。

在得到每个单元的 $\bar{K}^e$ 后，只需按照单元的节点自由度编码，"对号入座"地叠加到结构总体刚度矩阵的相应位置上即可实现。步骤如下：

(1) 根据节点数量与每个节点的自由度，定义结构的总体刚度矩阵 K；

(2) 对单元刚度矩阵 $\bar{K}^e$ 进行分块；

(3) 根据单元的节点编码，将 $\bar{K}^e$ 的各块分别叠加到总体刚度矩阵 K 的对应位置上。

以图 7-2 中的 10 杆桁架结构为例说明组装过程，见图 7-3。该例子是常用的有限元分析经典算例，下文的推导都是在英制单位 lb(磅，1lb = 0.453592kg) 与 in(英寸，1in = 2.54cm) 下进行的。10 杆桁架结构的几何参数为：l=360in，横截面积 A=10in^2。材料为铝合金，其弹性模量 E=10^{7}lb/in^2，外载荷 P=10^{5}lb。

(1) 有 6 个节点，每个节点有 2 个自由度，因此结构的总体刚度矩阵 K 由 6×6 的子块构成，每个子块为 2×2 的子矩阵。

(2) 对第 1 个单元，其局部坐标系下的单元刚度矩阵 $K^{(1)}$ 为

$$K^{(1)} = \frac{EA}{l} \begin{bmatrix} 1 & -1 \\ -1 & 1 \end{bmatrix} \tag{7.73}$$

变换矩阵

$$R^{(1)} = \begin{bmatrix} 1 & 0 & 0 & 0 \\ 0 & 0 & 1 & 0 \end{bmatrix} \tag{7.74}$$

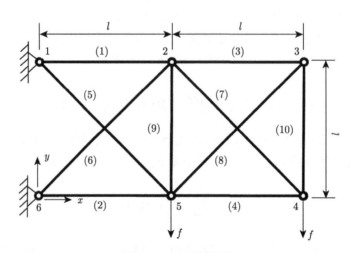

图 7-2 10 杆桁架结构

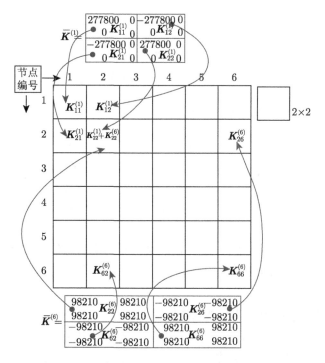

图 7-3　10 杆桁架结构组装总体刚度矩阵过程

那么，全局坐标系下的单元刚度矩阵为

$$\bar{\boldsymbol{K}}^{(1)} = (\boldsymbol{R}^{(1)})^{\mathrm{T}} \boldsymbol{K}^{(1)} \boldsymbol{R}^{(1)} = \begin{bmatrix} 1 & 0 & 0 & 0 \\ 0 & 0 & 1 & 0 \end{bmatrix}^{\mathrm{T}} \frac{EA}{l} \begin{bmatrix} 1 & -1 \\ -1 & 1 \end{bmatrix} \begin{bmatrix} 1 & 0 & 0 & 0 \\ 0 & 0 & 1 & 0 \end{bmatrix}$$

$$= \begin{bmatrix} 277800 & 0 & -277800 & 0 \\ 0 & 0 & 0 & 0 \\ -277800 & 0 & 277800 & 0 \\ 0 & 0 & 0 & 0 \end{bmatrix} \tag{7.75}$$

（3）杆单元有 2 个节点，所以对 $\bar{\boldsymbol{K}}^{(1)}$ 分成 2×2 块，每块为 2×2 的子矩阵。然后按照单元节点号，将单元刚度矩阵的子块组装到总体刚度矩阵中，见图 7-3。比如对于 1 号单元，其节点编号分别为 1、2，因此将其单元刚度矩阵的四个子块分别组装到总体刚度矩阵第 1 行第 1 列、第 1 行第 2 列、第 2 行第 1 列和第 2 行第 2 列的位置。

（4）按照上述步骤，继续对其余杆件进行组装，过程略，同时也不在图 7-3 上

标注。仅以第 6 个杆单元为例来体现叠加过程。第 6 个杆单元的变换矩阵为

$$\boldsymbol{R}^{(6)} = \begin{bmatrix} -0.7071 & -0.7071 & 0 & 0 \\ 0 & 0 & -0.7071 & -0.7071 \end{bmatrix} \tag{7.76}$$

那么，全局坐标系下的单元刚度矩阵为

$$\bar{\boldsymbol{K}}^{(6)} = (\boldsymbol{R}^{(6)})^{\mathrm{T}} \boldsymbol{K}^{(6)} \boldsymbol{R}^{(6)} = \begin{bmatrix} 98210 & 98210 & -98210 & -98210 \\ 98210 & 98210 & -98210 & -98210 \\ -98210 & -98210 & 98210 & 98210 \\ -98210 & -98210 & 98210 & 98210 \end{bmatrix} \tag{7.77}$$

对 $\bar{\boldsymbol{K}}^{(6)}$ 按照节点编号进行分块，同时叠加到结构的总体刚度矩阵中，如图 7-3 所示，在第 2 行第 2 列的子块上有了第 1 个单元与第 6 个单元的叠加效应，即 $\boldsymbol{K}_{22}^{(1)} + \boldsymbol{K}_{22}^{(6)}$。

(5) 最后得到结构的总体刚度矩阵见附录 1。

载荷列阵 $\boldsymbol{f}$ 的组装相对容易，只需按照节点的总体编号将每个节点受到的集中载荷对号入座即可，不再赘述。

最终，得到结构的平衡方程

$$\boldsymbol{K}\boldsymbol{u} = \boldsymbol{f} \tag{7.78}$$

结构的总体刚度矩阵 $\boldsymbol{K}$ 是个稀疏矩阵，为了在计算时节省存储空间，在求解 (7.78) 式之前，须对 $\boldsymbol{K}$ 进行压缩存储。

7.4 节得到的刚度矩阵是对称的，因此可以只存储一个上三角或下三角矩阵。但是由于矩阵的稀疏性，仍然会发生零元素占绝大多数的情况。考虑到非零元素的分布呈带状特点，在计算机中刚度矩阵的存储一般采用二维等带宽或一维变带宽存储。由于一维变带宽存储编程较为复杂 (变列高、找元素)，所以在计算机内存允许的条件下多采用二维等带宽存储。

7.5　矩阵压缩存储

对于 n 阶的刚度矩阵，若取最大的半带宽 B 为带宽，则上三角阵中的全部非零元素都将包括在这条以主对角元素为一边的一条等宽的带中，如图 7-4(a) 所示。二维等带宽存储就是将这样一条带中的元素，以二维数组，如图 7-4(b) 的形式存储在计算机中，二维数组的维数是 $n \times B$。

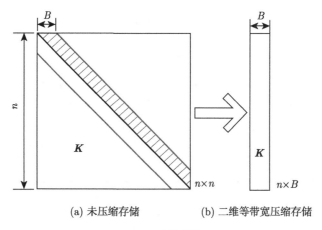

(a) 未压缩存储   (b) 二维等带宽压缩存储

图 7-4 二维等带宽存储

对于桁架结构, 最大半带宽 B 的计算方法如下:

(1) 对所有的杆单元循环, 找出单元两个节点编号差值的最大值, 记为

$$N_{\max} = \max \left| N_1^i - N_2^i \right|, \quad i = (1), (2), (3), \cdots, (n_e) \tag{7.79}$$

其中, N_1^i 与 N_2^i 为第 i 个杆单元的第 1、2 个节点在整体结构中的编号。

(2) 最大半带宽 B 为

$$B = (N_{\max} + 1) \times 节点自由度数 \tag{7.80}$$

其中, 一、二、三维杆单元的节点自由度分别为 1、2、3。

$$
\begin{bmatrix}
k_{11} & k_{12} & 0 & 0 & 0 & 0 & 0 & 0 \\
 & k_{22} & k_{23} & k_{24} & 0 & 0 & 0 & 0 \\
 & & k_{33} & k_{34} & 0 & k_{36} & 0 & 0 \\
 & & & k_{44} & k_{45} & 0 & 0 & 0 \\
 & & & & k_{55} & k_{56} & k_{57} & 0 \\
 & & & & & k_{66} & k_{67} & 0 \\
 & & & & & & k_{77} & k_{78} \\
 & & & & & & & k_{88}
\end{bmatrix} \Rightarrow
$$

$$\underbrace{\qquad\qquad\qquad\qquad\qquad}_{n = 8}$$

(a)

$$
\begin{bmatrix}
k_{11} & k_{12} & 0 & 0 \\
k_{22} & k_{23} & k_{24} & 0 \\
k_{33} & k_{34} & 0 & k_{36} \\
k_{44} & k_{45} & 0 & 0 \\
k_{55} & k_{56} & k_{57} & 0 \\
k_{66} & k_{67} & 0 & \\
k_{77} & k_{78} & & \\
k_{88} & & &
\end{bmatrix}
\Rightarrow
\begin{bmatrix}
k_{11} & k_{12} & k_{13} & k_{14} \\
k_{21} & k_{22} & k_{23} & k_{24} \\
k_{31} & k_{32} & k_{33} & k_{34} \\
k_{41} & k_{42} & k_{43} & k_{44} \\
k_{51} & k_{52} & k_{53} & k_{54} \\
k_{61} & k_{62} & k_{63} & k_{64} \\
k_{71} & k_{72} & k_{73} & k_{74} \\
k_{81} & k_{82} & k_{82} & k_{84}
\end{bmatrix}
\tag{7.81}
$$

$$
\underbrace{\qquad\qquad}_{B=4}\qquad\qquad\underbrace{\qquad\qquad}_{B=4}
$$

$$
\text{(b)}\qquad\qquad\qquad\qquad\text{(c)}
$$

以具体的例子说明图 7-4 的存储是如何进行的。(7.81)-(a) 式为 8×8 的刚度矩阵，它的最大带宽 $B=4$。将每行在带宽内的元素按行置于二维数组中，(7.81)-(b) 式表示的是原刚度系数在二维数组中的实际位置。(7.81)-(c) 式表示的是元素在新数组中的编号。可以看到，对角元素都排在二维数组的第一列，各元素列的编号发生了错动，而行的编号不变。若将各元素原来的行、列编码记为 i、j，它在二维新矩阵中的行列编码记为 i^*、j^*，则有

$$
\begin{aligned}
i^* &= i \\
j^* &= j - i + 1
\end{aligned}
\tag{7.82}
$$

如原刚度元素 k_{57} 在二维等带宽数组中应是 k_{53}。

采用二维等带宽存储，消除了最大带宽之外的全部零元素，较之于存储全部上三角阵，大大节省了内存。但是由于取最大带宽为存储范围，因此它不能排除在带宽范围内的零元素。当系数矩阵的带宽不大时，采用二维等带宽存储是合适的，求解也是方便的。因此，为了尽量减小矩阵的最大半带宽，有必要对有限元单元的节点编号进行优化，使 (7.79) 式最小，也就保证了带宽的最小化。

7.6　优化结构的最小半带宽

刚度矩阵半带宽最小化是通过优化单元的节点编号来实现的。半带宽最小化有利于减少计算机存储与矩阵的数值求解计算量。该优化过程本质上属于组合优化问题，典型的组合优化问题有旅行商问题、加工调度问题、0-1 背包问题、装箱问题、图着色问题。这些问题描述非常简单，并且有很强的工程代表性，但最优化求解很困难，其主要原因是求解这些问题的算法需要极长的运行时间与极大的存储空间，以至于根本不可能在现有计算机上实现，即所谓的"组合爆炸"。目前优化

节点编号的方法主要分为两大类：一类是采用图论的经典优化方法；另一类是采用带有随机寻优策略的生物智能算法近似寻找较优解。

采用图论的经典优化方法有 CM(Cuthill-Mckee) 法 [22]、RCM (Reverse Cuthill-Mckee) 法 [23] 及其系列改进算法 [24−27]。CM 法是从图论的角度出发，将节点之间的拓扑关系，按照一定方法展成一个以某节点为根的树形结构。结构中有刚度联系的两点相互为邻点，一个节点的邻点数作为该节点的联结度，从联结度较小的点出发，按照联结关系将结构节点分为若干层 (层号从小到大编排)，然后依据层的优先级和节点联结度 (先小后大) 进行排序，最后形成以各层所包含的点数、层宽、节点差以及列高和作为三种由低到高不同优先级的节点排序方案优劣的判别标准。RCM 法是先用 CM 法排序后，再将节点号全部逆序，此时节点号差不变，而列高和不同 (通常变小)，然后比较正序、逆序两种方案，取列高和较小的方案。智能算法虽可全局寻优，但是其计算量大，甚至有可能超过结构有限元分析的时间，所以并不适用于有限元的工程应用，而 CM 法的求解效率高，实用性广。

7.6.1 基本概念

接下来，简要介绍 CM 法优化结构节点编号的流程，首先介绍一些基本术语。

邻点：某节点所在单元的其他节点称为该节点的邻点，如图 7-5 中桁架结构 A 点的邻点为 B、I、D 三点。

联结度：某节点的邻点总数，如图 7-5 中 A 点的联结度为 3。

层宽：处于某一层的节点总数。

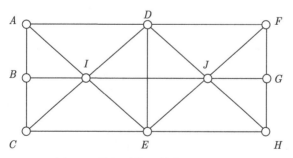

图 7-5 桁架结构及其待编号的节点

7.6.2 节点编号步骤

以图 7-5 中桁架结构为例，并进行编号，编号步骤如下：

(1) 计算结构每个节点的联结度，并将邻点按照联结度从小到大排列，见表 7-2。

(2) 找出结构中联结度最小的节点，作为出发点，此为第 0 层，层宽为 1。这里

选择 A 点作为出发点，将 A 点编号为 1。

表 7-2   图 7-5 中每个节点的联结度与邻点

节点	联结度	邻点 (按联结度从小到大)					
A	3	B	D	I			
B	3	A	C	I			
C	3	B	E	I			
D	5	A	F	E	I	J	
E	5	C	H	D	I	J	
F	3	G	D	J			
G	3	F	H	J			
H	3	G	E	J			
I	6	A	B	C	D	E	J
J	6	F	G	H	D	E	I

(3) 然后找到出发点 A 的邻点，将 B、D、I 分别编号为 2、3、4，B、D、I 三点属于第 1 层，层宽为 3。

(4) 搜索处于第 1 层的节点的邻点，将其中已经编过号的节点剔除，且按照 1 层节点顺序 (从小到大)，依次对其邻点编号 (按联结度从小到大)，可以得到处于 2 层的节点为 5、6、7、8，层宽为 4。

(5) 依次类推，将所有节点编号完毕，编号结束。具体步骤见图 7-6。

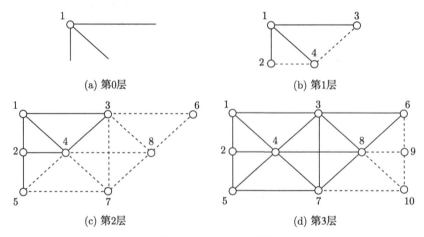

(a) 第0层   (b) 第1层

(c) 第2层   (d) 第3层

图 7-6   节点编号过程

(6) 统计每一个出发点得到的所有层宽中的最大层宽，比较不同出发点的最大层宽的大小，选择得到最大层宽中最小的出发点作为最佳出发点，将其编号方案作为最佳节点编号方案 (即带宽最小的编号方案)。统计可知，以 A 点为出发点所得的最大层宽为 4，而以 B 点为出发点所得的最大层宽为 3，因此选择 B 点为最佳出发点,B 点所得编号为最佳节点编号。

有时候以联结度最小的节点作为出发点不能得到最优的编号。为了控制出发点的联结度,一般按如下关系式选择出发点:

$$D_{\min} \leqslant D \leqslant \frac{M}{N} D_{\max} \tag{7.83}$$

其中,D 为出发点的联结度,$D_{\max}$ 与 $D_{\min}$ 分别为结构最大、最小联结度,一般选择 $M=1$,$N=2$。

CM 方法并不能保证得到结构的最优节点编号与最优半带宽,而只是在优化效率与优化精度之间得到较为实用的最小半带宽优化算法。

7.7 引入位移边界条件

对于杆单元所受载荷的进一步解释:杆单元可以承受端面均布力 $\bar{t}$,沿轴向的体力 $b(x)$,节点集中力与位移载荷 (事实上,位移约束也是载荷的一种)。对于端面均布力 $\bar{t}$ 与沿轴向的体力 $b(x)$ 可以代到 (6.22) 式进行求解;节点集中力直接对位组装叠加到载荷列向量中;由于试探函数 (4.17) 没有满足位移边界条件 (5.29),因此在有限元模型中必须引入该强制边界条件,以消除结构总体刚度矩阵的奇异性。

一般来说,常用两种方法引入位移边界条件:直接代入法和对角元素乘大数法。从变分意义上讲,最小势能原理要求场函数满足几何方程和位移边界条件,但有限元法选场函数时未考虑满足位移边界的要求,因此必须将此约束条件 ($u_j = \bar{u}_j, j = c_1, \cdots, c_l$) 引入泛函,建立适应的约束变分原理使之得到满足。如采用罚函数法引入位移边界条件并经过适当变化,就可得到对角元素乘大数法。直接代入法破坏了节点位移的顺序,不适合编制程序;对角元素乘大数法可以克服这个缺点,其实施步骤如下。

当有节点位移为给定值 $u_j = \bar{u}_j$ 时,第 j 个方程作如下修改:对角元素 k_{jj} 乘以大数 β(β 可取 10^{10} 左右量级),并将 f_j 用 $\beta k_{jj} \bar{u}_j$ 取代,即

$$\begin{bmatrix} k_{11} & k_{12} & \cdots & k_{1j} & \cdots & k_{1n} \\ k_{21} & k_{22} & \cdots & k_{2j} & \cdots & k_{2n} \\ \vdots & \vdots & & \vdots & & \vdots \\ k_{j1} & k_{j2} & \cdots & \beta k_{jj} & \cdots & k_{jn} \\ \vdots & \vdots & & \vdots & & \vdots \\ k_{n1} & k_{n2} & \cdots & k_{nj} & \cdots & k_{nn} \end{bmatrix} \begin{bmatrix} u_1 \\ u_2 \\ \vdots \\ u_j \\ \vdots \\ u_n \end{bmatrix} = \begin{bmatrix} f_1 \\ f_2 \\ \vdots \\ \beta k_{jj} \bar{u}_j \\ \vdots \\ f_n \end{bmatrix} \tag{7.84}$$

经过修改后的第 j 个方程为

$$k_{j1}u_1 + k_{j2}u_2 + \cdots + \beta k_{jj}u_j + \cdots + k_{jn}u_n = \beta k_{jj}\bar{u}_j \tag{7.85}$$

由于 $\beta k_{jj} \gg k_{ji}(i \neq j)$, 方程左端的 $\beta k_{jj}u_j$ 项较其他项要大得多, 因此近似得到

$$\beta k_{jj}u_j \approx \beta k_{jj}\bar{u}_j \tag{7.86}$$

则有

$$u_j \approx \bar{u}_j \tag{7.87}$$

对于多个给定位移 $(j = c_1, c_2, \cdots, c_l)$, 则按序将每个给定位移都作上述修正, 得到全部修正后的 k 和 f, 然后解方程即可得到包括给定位移在内的全部节点位移值。这个方法简单, 对任何给定位移 (零值或非零值) 都适用。采用这种方法引入强制边界条件时方程阶数不变, 编制程序十分方便, 因此在有限元法中经常采用。

后文的算例要给出有限元线性方程组的细节, 但是刚度矩阵元素稍多, 不便在纸面展示。但当结构的位移自由度被约束时, 可利用直接代入法在方程组中将已知结点位移的自由度消去, 得到一组修正方程, 用以求解其他待定的结点位移, 实现了刚度矩阵维数的缩减, 从而便于书写大的刚度矩阵。

首先, 按结点位移已知和待定 (未知) 重新组合方程

$$\begin{bmatrix} K_{aa} & K_{ab} \\ K_{ba} & K_{bb} \end{bmatrix} \begin{bmatrix} u_a \\ u_b \end{bmatrix} = \begin{bmatrix} f_a \\ f_b \end{bmatrix} \tag{7.88}$$

其中, u_a 为待定结点位移, u_b 为已知结点位移; 而且 K_{aa}, K_{ab}, K_{ba}, K_{bb}, f_a, f_b 为与其相应的刚度矩阵和载荷列阵的分块矩阵。由刚度矩阵的对称性可知 $K_{ba} = K_{ab}^{\mathrm{T}}$。

由 (7.88) 式的第一行可得

$$K_{aa}u_a + K_{ab}u_b = f_a \tag{7.89}$$

由于 u_b 为已知, (7.89) 式可整理为

$$K^*u^* = f^* \tag{7.90}$$

其中

$$K^* = K_{aa}, \quad u^* = u_a, \quad f^* = f_a - K_{ab}u_b \tag{7.91}$$

若总体结点位移为 n 个, 其中有已知结点位移 m 个, 则得到一组求解 $n - m$ 个待定结点位移的修正方程组 (7.90), 因此, K^* 为 $n - m$ 阶方阵。修正方程组的意义是在原来 n 个方程中, 只保留与待定节点位移相应的 $n - m$ 个方程, 并将方

程中左端的已知位移和相应刚度系数的乘积 (是已知值) 移至方程右端作为载荷修正项。

这种方法要重新组合方程，组成的新方程阶数降低了，但节点位移的顺序性已被破坏，不宜编制程序，但是可以实现方程组的降维。尤其是，当给定的位移约束都为 0 时，也就是 $u_b = 0$，(7.88) 式可写为

$$K_{aa}u_a = f_a \tag{7.92}$$

相对于将 (7.88) 式中 u_b 对应的 K_{ab}，K_{ba}，K_{bb}，f_b 全部删除。该结论在后续章节的有限元方程组的展示中要经常用到。

7.8　求解线性方程组

求解线性方程组常用的方法有直接法和迭代法。直接法是指，若不考虑计算过程中计算机的舍入误差，则经过有限步的初等运算可求得原方程组的精确解，即计算方法本身无误差。若考虑计算的舍入误差，可得到较高精度的近似解。此类方法适用于求解低阶稠密方程组及大型带状方程组。

三角分解法为直接法的一种，由于平衡方程 (7.78) 中的系数矩阵 K 是对称正定阵，因此采用基于三角分解法的改进平方根法求解。

$$K = LDL^{\mathrm{T}} = TL^{\mathrm{T}} \tag{7.93}$$

其中，L 为单位下三角矩阵，D 为对角元素为正的对角矩阵，$T = LD$ 为下三角矩阵，即

$$K = \begin{bmatrix} k_{11} & \cdots & & k_{1t} & & \\ \vdots & k_{22} & & & \ddots & \\ k_{t1} & & \ddots & & & k_{n-t+1,n} \\ & \ddots & & \ddots & & \vdots \\ & & k_{n,n-t+1} & \cdots & & k_{nn} \end{bmatrix} = \begin{bmatrix} 1 & & & & & \\ \vdots & 1 & & & & \\ l_{t1} & & \ddots & & & \\ & \ddots & & \ddots & & \\ & & l_{n,n-t+1} & \cdots & & 1 \end{bmatrix}$$

$$\begin{bmatrix} d_1 & & & & \\ & d_2 & & & \\ & & \ddots & & \\ & & & \ddots & \\ & & & & d_n \end{bmatrix} \begin{bmatrix} 1 & \cdots & l_{1t} & & \\ & 1 & & \ddots & \\ & & \ddots & & l_{n-t+1,n} \\ & & & \ddots & \vdots \\ & & & & 1 \end{bmatrix}$$

$$= \begin{bmatrix} t_{11} & & & & \\ \vdots & t_{22} & & & \\ t_{t1} & & \ddots & & \\ & \ddots & & \ddots & \\ & & t_{n,n-t+1} & \cdots & t \end{bmatrix} \begin{bmatrix} 1 & \cdots & l_{1t} & & \\ & 1 & & \ddots & \\ & & \ddots & & l_{n-t+1,n} \\ & & & \ddots & \vdots \\ & & & & 1 \end{bmatrix} \tag{7.94}$$

可以证明 $\boldsymbol{L}$ 和 $\boldsymbol{T}$ 仍保持 $\boldsymbol{K}$ 的带状结构，因此 $\boldsymbol{L}$ 与 $\boldsymbol{T}$ 的带外元素不必参与计算。由此得到

$$d_1 = K_{11}$$

$$K_{ij} = \sum_{k=1}^{n} (\boldsymbol{L}\boldsymbol{D})_{ik} (\boldsymbol{L}^{\mathrm{T}})_{kj}$$

$$= \sum_{k=k_0}^{j-1} l_{ik} d_k l_{jk} + l_{ij} d_j \quad (k_0 = \max(1, i-t), j = k_0, k_0+1, \cdots, i-1)$$

为了避免重复计算，令 $t_{ij} = l_{ij} d_j$，因此得式 $\boldsymbol{K} = \boldsymbol{L}\boldsymbol{D}\boldsymbol{L}^{\mathrm{T}} - \boldsymbol{T}\boldsymbol{L}^{\mathrm{T}}$ 三角分解的计算公式如下：

第一步：$d_1 = K_{11}$

第二步：$i = 2, 3, \cdots, n$

(1) $k_0 = \max(1, i-t)$

(2) $t_{ij} = K_{ij} - \sum_{k=k_0}^{j-1} t_{ik} l_{jk} \quad (j = k_0, k_0+1, \cdots, i-1)$

(3) $l_{ij} = t_{ij}/d_j \quad (j = k_0, k_0+1, \cdots, i-1)$

(4) $d_i = K_{ii} - \sum_{k=k_0}^{j-1} t_{ik} l_{ik}$

则求解平衡方程 (7.78) 等价于求解

$$(\boldsymbol{L}\boldsymbol{D}\boldsymbol{L}^{\mathrm{T}})\boldsymbol{u} = \boldsymbol{f} \tag{7.95}$$

令 $\boldsymbol{D}\boldsymbol{L}^{\mathrm{T}}\boldsymbol{u} = \boldsymbol{y}$，则原求解问题等价于求解两个三角形方程组

$$\boldsymbol{L}\boldsymbol{y} = \boldsymbol{f} \tag{7.96}$$

$$\boldsymbol{L}^{\mathrm{T}}\boldsymbol{u} = \boldsymbol{D}^{-1}\boldsymbol{y} \tag{7.97}$$

解下三角方程组 (7.96)，得

$$
\begin{cases}
y_1 = f_1 \\
y_i = f_i - \displaystyle\sum_{k=k_0}^{i-1} l_{ik}y_k \quad (k_0 = \max(1, i-t), i = 2, 3, \cdots, n)
\end{cases}
\tag{7.98}
$$

解上三角方程组 (7.97)，得

$$
\begin{cases}
u_n = y_n/d_n \\
u_i = y_i/d_i - \displaystyle\sum_{k=i+1}^{k_1} l_{ki}u_k \quad (k_1 = \min(i+t, n), i = n-1, \cdots, 2, 1)
\end{cases}
\tag{7.99}
$$

7.9 杆单元节点位移、轴力、轴向应变、结构约束反力的求解

求解平衡方程 (7.78) 得到所有节点在全局坐标系下的位移向量 u。如果采用乘大数法处理位移约束，计算出来的约束处的位移 $u_j(j = c_1, c_2, \cdots, c_l)$ 并不精确等于 $\bar{u}_j$。此时，需要将计算出来的 $u_j(j = c_1, c_2, \cdots, c_l)$ 替换为 $\bar{u}_j$，该步操作对于结构近似重分析非常必要 [28,29]，重分析算法对初始结构的位移精度要求较高。

对每个杆单元，通过其单元节点编号，可在位移向量 u 中找到单元两个节点在全局坐标系下的位移 $\bar{u}^e$。通过 (2.40) 式的坐标变换可求得单元两个节点在单元局部坐标系下的位移，即

$$
u^e = R^e \bar{u}^e
\tag{7.100}
$$

那么，单元的应变为

$$
\varepsilon^e = \frac{u_2^e - u_1^e}{l^e}
\tag{7.101}
$$

将单元应变代入物理方程，得到应力

$$
\sigma^e = E\varepsilon^e
\tag{7.102}
$$

最后得到单元的轴向力

$$
p^e = A\sigma^e
\tag{7.103}
$$

结构受到的约束反力为

$$
r = Ku - f
\tag{7.104}
$$

其中，K 为 (7.72) 式的结构刚度矩阵，需要注意不要对 K 进行乘大数处理。

7.10   算　　例

7.10.1   2 杆桁架解析算例

2 杆桁架如图 7-7 所示。材料弹性模量 $E = 2.1 \times 10^{11}\mathrm{Pa}$；杆 1 的横截面积为 A_1，杆 2 的横截面积为 A_2，节点 3 承受外力为 $F = -10^6\mathrm{N}$。记节点 3 沿 x 方向位移为 u，沿 y 方向位移为 v。

单元 1 在全局坐标系下的单元刚度矩阵为

$$\bar{\boldsymbol{K}}^{(1)} = \frac{EA_1}{800}\begin{bmatrix} 1 & 0 & -1 & 0 \\ 0 & 0 & 0 & 0 \\ -1 & 0 & 1 & 0 \\ 0 & 0 & 0 & 0 \end{bmatrix} \tag{7.105}$$

单元 2 在全局坐标系下的单元刚度矩阵为

$$\bar{\boldsymbol{K}}^{(2)} = \frac{EA_2}{25000}\begin{bmatrix} 16 & 12 & -16 & -12 \\ 12 & 9 & -12 & -9 \\ -16 & -12 & 16 & 12 \\ -12 & 16 & 12 & 9 \end{bmatrix} \tag{7.106}$$

组装总体刚度矩阵和载荷向量，得到结构的平衡方程为

$$E \times 10^{-4} \times \begin{bmatrix} \dfrac{A_1}{800} & 0 & 0 & 0 & -\dfrac{A_1}{800} & 0 \\ & 0 & 0 & 0 & 0 & 0 \\ & & \dfrac{16A_2}{25000} & \dfrac{12A_2}{25000} & -\dfrac{16A_2}{25000} & -\dfrac{12A_2}{25000} \\ & & & \dfrac{9A_2}{25000} & -\dfrac{12A_2}{25000} & -\dfrac{9A_2}{25000} \\ & \text{对称} & & & \dfrac{A_1}{800}+\dfrac{16A_2}{25000} & \dfrac{12A_2}{25000} \\ & & & & & \dfrac{9A_2}{25000} \end{bmatrix} \boldsymbol{u} = \begin{Bmatrix} 0 \\ 0 \\ 0 \\ 0 \\ 0 \\ -10^6 \end{Bmatrix} \tag{7.107}$$

其中，$\boldsymbol{u}$ 代表结构的节点位移向量。由于节点 1、2 位移为 0，将此约束条件代入方程 (7.107) 可以做进一步化简，得到

$$\begin{bmatrix} 26250A_1 + 13440A_2 & 10080A_2 \\ 10080A_2 & 7560A_2 \end{bmatrix} \begin{Bmatrix} u \\ v \end{Bmatrix} = \begin{Bmatrix} 0 \\ -10^6 \end{Bmatrix} \tag{7.108}$$

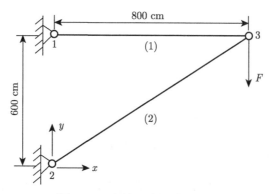

图 7-7　2 杆桁架线性静态分析

其中，u 与 v 分别为节点 3 处的水平和垂直位移。解方程 (7.108) 得 u 与 v 分别关于 A_1 与 A_2 的解析表达式

$$\left\{\begin{array}{c} u \\ v \end{array}\right\} = \left\{\begin{array}{c} \dfrac{3200}{63A_1} \\ -\dfrac{200(125A_1 + 64A_2)}{189A_1 A_2} \end{array}\right\} \tag{7.109}$$

　　从图 7-8 看到，u 与 v 分别是关于 A_1 与 A_2 的非线性函数。对于更复杂的桁架结构，其位移关于截面积函数的非线性程度更高，因此位移约束下的线性静态结构的优化设计，是一个非线性优化问题，后文会对该结构进行灵敏度分析，以便采用梯度优化算法求解该非线性优化问题。

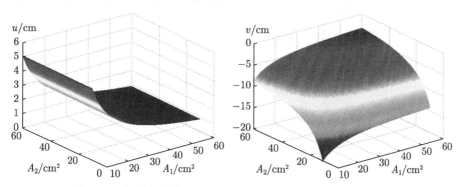

图 7-8　2 杆桁架节点位移关于杆件横截面积的非线性函数图形

7.10.2　10 杆桁架数值算例

　　结构的总体刚度矩阵 $\boldsymbol{K}$、载荷列阵 $\boldsymbol{f}$、节点位移列阵 $\boldsymbol{u}$ 与单元的轴力列阵 $\boldsymbol{p}$ 列于附录 1，读者可自行完成验证。

第8章 线性动态有限元分析

除了结构静态设计，结构的动力学分析也极其重要。最常遇到的结构动力学问题，有两类研究对象。一类是在运动状态下工作的机械或结构，如高速旋转的电机、路面行驶的汽车、离心压缩机，往复运动的内燃机、冲压机床，以及飞行器等。它们承受着本身惯性及与周围介质或结构相互作用的动力载荷，如何保证它们运行的平稳及结构的安全是极为重要的研究课题。另一类是承受动力载荷作用的工程结构，如建于地面的高层建筑和厂房、化工厂的反应塔和管道、核反应堆、海洋石油平台等，它们可能承受强风、地震、水流，以及波浪等各种动力载荷的作用。这些结构的破裂、倾覆和坍塌等破坏事故的发生，将会给人民的生命财产、国家安全造成巨大的损失。正确分析和设计这类结构，在理论和实际上都具有重要意义。

介绍本章主要内容前，先对弹性动力学问题的基本方程和动力学有限元方法的基本格式作一简要的叙述和讨论。

8.1　基　本　方　程

8.1.1　弹性动力学的基本方程

对图 8-1 所示的一维杆单元有：

平衡方程

$$A\frac{\partial \sigma}{\partial x} + b - \rho A \frac{\partial^2 u}{\partial t^2} = 0 \tag{8.1}$$

几何方程

$$\varepsilon = \frac{\partial u}{\partial x} \tag{8.2}$$

物理方程

$$\sigma = E\varepsilon = E\frac{\partial u}{\partial x} \tag{8.3}$$

边界条件

$$u(l) = \bar{u} \tag{8.4}$$

$$\sigma(0) = \left(E\frac{\partial u}{\partial x}\right) = -\bar{t} \tag{8.5}$$

初始条件

$$u(x,0) = u(x)$$

$$\frac{\partial u}{\partial t}(x,0) = v(x) \tag{8.6}$$

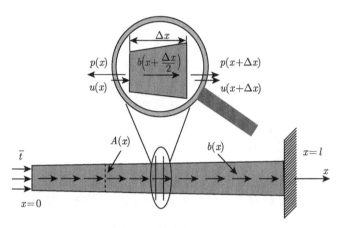

图 8-1 轴力杆示意图

(8.1) 式中，ρ 是材料密度，$\rho A \partial^2 u / \partial t^2$ 代表惯性力，其作为体力的一部分出现在平衡方程中，是弹性动力学和静力学相区别的基本特点之一。以上各式中的符号和弹性静力学方程中的符号相同，只是由于在此种情况下，载荷是时间的函数，所以位移、应变、应力也是时间的函数。也正因为如此，动力学问题的定解条件中还应包括初始条件 (8.6)。

8.1.2 杆件离散化

在动力分析中，因为引入了时间坐标，所以处理的是二维 (x,t) 问题。在有限元分析中一般采用部分离散的方法，即只对空间域进行离散，这样，此步骤和静力分析时相同。由于只对空间域进行离散，所以单元内位移 $u(x,t)$ 的插值可表示为

$$u^e(x,t) = \sum_{i=(1)}^{(n_e)} N_i^e(x) u_i^e(t) \tag{8.7}$$

其中，n_e 为单元节点总数。(8.7) 式的矩阵表达式为

$$u^e = \boldsymbol{N}^e(x)\boldsymbol{u}^e(t) = [\boldsymbol{u}^e(t)]^{\mathrm{T}} [\boldsymbol{N}^e(x)]^{\mathrm{T}} \tag{8.8}$$

那么

$$\delta u^e(x,t) = \boldsymbol{N}^e(x)\delta[\boldsymbol{u}^e(t)] = \delta[\boldsymbol{u}^e(t)]^{\mathrm{T}} [\boldsymbol{N}^e(x)]^{\mathrm{T}} \tag{8.9}$$

$$\frac{\partial^2 u^e(x,t)}{\partial x^2} = \frac{\mathrm{d}^2 \boldsymbol{N}^e(x)}{\mathrm{d}x^2} \boldsymbol{u}^e(t) \tag{8.10}$$

$$\frac{\partial^2 u^e(x,t)}{\partial t^2} = \sum_{i=(1)}^{(n_e)} N_i^e(x) \frac{\mathrm{d}^2 u_i^e(t)}{\mathrm{d}t^2} = \boldsymbol{N}(x)\ddot{\boldsymbol{u}}^e(t) \tag{8.11}$$

8.1.3　有限元格式

由 (3.20) 式可知 "强" 形式 (8.1) 式、(8.4) 式与 (8.5) 式对应的 "弱" 形式为: 在所有具有广义一阶导数的函数中, 寻找 $u(x)$ 且 $u(l)=\bar{u}$, 同时满足

$$\int_0^l \frac{\mathrm{d}w}{\mathrm{d}x} AE \frac{\mathrm{d}u}{\mathrm{d}x}\mathrm{d}x + \int_0^l w\rho A \frac{\partial^2 u}{\partial t^2}\mathrm{d}x$$

$$= \int_0^l wb\mathrm{d}x + (wA\bar{t})_{x=0} = 0, \quad \forall w \text{且} w(l)=0 \tag{8.12}$$

在图 5-1 所示的离散域内, 由伽辽金加权余量法求解 (8.12) 式。那么, 在整个杆件域 $[0,l]$ 上的积分, 转换为在每个单元域上的积分叠加, 得

$$\sum_{e=(1)}^{(n_e)} \left\{ \int_{x_1^e}^{x_2^e} \left(\frac{\mathrm{d}w^e}{\mathrm{d}x} \right)^{\mathrm{T}} AE \left(\frac{\mathrm{d}u^e}{\mathrm{d}x} \right) \mathrm{d}x \right.$$

$$\left. + \int_{x_1^e}^{x_2^e} (w^e)^{\mathrm{T}} \rho A \frac{\partial^2 u^e}{\partial t^2}\mathrm{d}x - \int_{x_1^e}^{x_2^e} (w^e)^{\mathrm{T}} b\mathrm{d}x - \left[(w^e)^{\mathrm{T}} A\bar{t} \right]_{x=0} \right\} = 0 \tag{8.13}$$

其中

$$\frac{\mathrm{d}u^e}{\mathrm{d}x} = \boldsymbol{B}^e \boldsymbol{u}^e$$

$$\left(\frac{\mathrm{d}w^e}{\mathrm{d}x} \right)^{\mathrm{T}} = (\boldsymbol{w}^e)^{\mathrm{T}} (\boldsymbol{B}^e)^{\mathrm{T}} \tag{8.14}$$

$$w^e = \boldsymbol{N}^e \boldsymbol{w}^e$$

将 (8.14) 式代入 (8.13) 式, 得到

$$\sum_{e=(1)}^{(n_e)} (w^e)^{\mathrm{T}} \left\{ \underbrace{\int_{x_1^e}^{x_2^e} (\boldsymbol{B}^e)^{\mathrm{T}} AE\boldsymbol{B}^e \mathrm{d}x}_{\boldsymbol{K}^e} \boldsymbol{u}^e + \underbrace{\int_{x_1^e}^{x_2^e} \rho A(\boldsymbol{N}^e)^{\mathrm{T}} \boldsymbol{N}^e \mathrm{d}x}_{\boldsymbol{M}^e} \ddot{\boldsymbol{u}}^e \right.$$

$$\left. - \underbrace{\int_{x_1^e}^{x_2^e} (\boldsymbol{N}^e)^{\mathrm{T}} b\mathrm{d}x}_{\boldsymbol{f}_{\Omega^e}} - \underbrace{\left[(\boldsymbol{N}^e)^{\mathrm{T}} A\bar{t} \right]_{x=0}}_{\boldsymbol{f}_{\Gamma_t^e}} \right\} = 0 \tag{8.15}$$

利用 w^e 的任意性，得到整个系统的动力学方程

$$\boldsymbol{M}\ddot{\boldsymbol{u}}(t) + \boldsymbol{K}\boldsymbol{u}(t) = \boldsymbol{f}(t) \tag{8.16}$$

其中，$\ddot{\boldsymbol{u}}(t)$ 和 $\boldsymbol{u}(t)$ 分别是系统的节点加速度向量和节点位移向量；$\boldsymbol{M}$、$\boldsymbol{K}$ 和 $\boldsymbol{f}(t)$ 分别是系统的质量矩阵、刚度矩阵和节点载荷向量，并分别由各自的单元矩阵和向量组装而成，即

$$\boldsymbol{M} = \sum_{e=(1)}^{(n_e)} \boldsymbol{M}^e, \quad \boldsymbol{K} = \sum_{e=(1)}^{(n_e)} \boldsymbol{K}^e, \quad \boldsymbol{f} = \sum_{e=(1)}^{(n_e)} \boldsymbol{f}^e(t) \tag{8.17}$$

其中

$$\boldsymbol{M}^e = \int_{x_1^e}^{x_2^e} \rho A (\boldsymbol{N}^e)^{\mathrm{T}} \boldsymbol{N}^e \mathrm{d}x$$
$$\boldsymbol{K}^e = \int_{x_1^e}^{x_2^e} (\boldsymbol{B}^e)^{\mathrm{T}} AE \boldsymbol{B}^e \mathrm{d}x \tag{8.18}$$
$$\boldsymbol{f}^e(t) = \int_{x_1^e}^{x_2^e} (\boldsymbol{N}^e)^{\mathrm{T}} b \mathrm{d}x + \left[(\boldsymbol{N}^e)^{\mathrm{T}} A \vec{t} \right]_{x=0}$$

$\boldsymbol{M}^e$、$\boldsymbol{K}^e$ 和 $\boldsymbol{f}^e(t)$ 分别是单元的质量矩阵、刚度矩阵和节点载荷向量。

如果 (8.16) 式的右端项为零，则进一步简化为

$$\boldsymbol{M}\ddot{\boldsymbol{u}}(t) + \boldsymbol{K}\boldsymbol{u}(t) = 0 \tag{8.19}$$

这是系统的自由振动方程，又称为动力特性方程。因此，从它可以解出系统的固有频率和固有振型。

从 (8.19) 式可以看出，在动力学分析中，由于惯性力出现在平衡方程中，因此引入了质量矩阵，最后得到的求解方程不是代数方程组，而是二阶常微分方程组。

关于二阶常微分方程组的解法，原则上可以利用求解常微分方程组的常用方法，如 Runge-Kutta 方法来求解，但是在有限元动力分析中，因为矩阵阶数很高，这些常用方法一般是低效的。目前有效的求解方法可分为两类：直接积分法和振型叠加法。

8.2 质量矩阵

8.2.1 协调质量矩阵

(8.18) 式所表达的单元质量矩阵为

$$\boldsymbol{M}^e = \int_{x_1^e}^{x_2^e} \rho A (\boldsymbol{N}^e)^{\mathrm{T}} \boldsymbol{N}^e \mathrm{d}x \tag{8.20}$$

称为协调质量矩阵或一致质量矩阵，这是因为导出它和导出刚度矩阵所依据的原理及所采用的插值函数是一致的。对于两节点杆单元，由 (8.20) 式计算得到

$$M^e = \frac{\rho A l}{2} \begin{bmatrix} \dfrac{2}{3} & \dfrac{1}{3} \\[2mm] \dfrac{1}{3} & \dfrac{2}{3} \end{bmatrix} \tag{8.21}$$

此外，在有限单元法中经常使用的是集中质量矩阵，该质量矩阵假定单元的质量集中在节点上，这样得到的质量矩阵是对角线矩阵。对角线矩阵可以直接求其逆矩阵，所以为了减少计算量，在显式动力学分析中基本都使用集中质量矩阵。

8.2.2　集中质量矩阵

将单元的协调质量矩阵 M^e 转换为单元的集中质量矩阵 M_l^e 一般采用

$$(M_l^e)_{ij} = \begin{cases} a(M^e)_{ii} = a \displaystyle\int_{x_1^e}^{x_2^e} \rho A (N^e)^{\mathrm{T}} N^e \mathrm{d}x & (j = i) \\[3mm] 0 & (j \neq i) \end{cases} \tag{8.22}$$

此式的力学意义是：M_l^e 中每一行的主元素等于 M^e 中该行主元素乘以缩放因子 a，而非主元素为零。因子 a 根据质量守恒原则确定，即 M_l^e 中对应每一个方向的所有自由度的元素之和应等于整个单元的质量。将 (8.21) 式代入 (8.22) 式中可以得到集中质量矩阵

$$M_l^e = \frac{\rho A l}{2} \begin{bmatrix} 1 & 0 \\ 0 & 1 \end{bmatrix} \tag{8.23}$$

此式的力学意义是：在两节点杆单元的每个节点的自由度上集中 $1/2$ 的质量。

8.3　直接积分法

直接积分法是将方程 (8.16) 对时间离散得到各离散时刻的动力学方程，然后用相邻时刻的位移分别将速度与加速度线性表示，于是，(8.16) 式就化为一个由位移组成的该离散时刻的线性代数方程组，进而通过求解代数方程组可以得到各离散时刻的位移、速度和加速度响应，通常又称为逐步积分法。线性代数方程组的解法与静力平衡方程组的解法相同。但是，速度和加速度采用不同的位移线性组合形式就会导致不同的方法，下面主要介绍中心差分法、Wilson-θ 方法和 Newmark 方法。

8.3.1　中心差分法

对于数学上的二阶常微分方程组的运动方程 (8.16)，理论上，不同的有限差分表达式都可以用来建立它的逐步积分公式。但是从计算效率考虑，这里仅介绍在求解某些问题时很有效的中心差分法。在中心差分法中，速度和加速度可以用位移表示，即

$$\dot{u}(t) = \frac{1}{2\Delta t}(u_{t+\Delta t} - u_{t-\Delta t})$$

$$\ddot{u}(t) = \frac{1}{(\Delta t)^2}(u_{t+\Delta t} - 2u_t + u_{t-\Delta t}) \tag{8.24}$$

代入 t 时刻的动力学方程并整理，得

$$\left[\frac{1}{(\Delta t)^2}M\right]u_{t+\Delta t} = f(t) - \left[K - \frac{2}{(\Delta t)^2}M\right]u_t - \left[\frac{1}{(\Delta t)^2}M\right]u_{t-\Delta t} \tag{8.25}$$

这样，就得到了 $u_{t+\Delta t}$ 关于 u_t 与 $u_{t-\Delta t}$ 之间的递推关系，上式就化为相邻时刻位移表示的代数方程组，由它可得 $u_{t+\Delta t}$。又由于它是利用 t 时刻的方程解出 $u_{t+\Delta t}$ 的，所以，它称为显式积分。假设初始时刻 $t=0$ 时的位移 u_0、速度 $\dot{u}_0$ 和加速度 $\ddot{u}_0$ 已知，代入 (8.24) 式可以反解出 $u_{-\Delta t}$，即

$$u_{-\Delta t} = \frac{(\Delta t)^2}{2}\ddot{u}_0 - (\Delta t)\dot{u}_0 + u_0 \tag{8.26}$$

中心差分法的实施步骤：

1) 初始计算

(1) 形成刚度矩阵 K 和质量矩阵 M。

(2) 给定初始条件 u_0、$\dot{u}_0$ 和 $\ddot{u}_0$。

(3) 选择时间步长 Δt，并计算 (8.25) 式与 (8.26) 式的常数：

$$a_0 = \frac{1}{(\Delta t)^2}, \quad a_1 = 2a_0, \quad a_2 = \frac{1}{a_1}$$

(4) 计算 $u_{-\Delta t} = a_2\ddot{u}_0 - (\Delta t)\dot{u}_0 + u_0$。

(5) 形成有效质量矩阵 $\hat{M} = a_0 M$。

(6) 三角分解 $\hat{M} = LDL^{\mathrm{T}}$。

2) 对每个时间步计算

(1) 计算 t 时刻的等效载荷

$$\hat{f}(t) = f(t) - (K - a_1 M)u_t - (a_0 M)u_{t-\Delta t}$$

(2) 求解 $t + \Delta t$ 时刻的位移

$$\boldsymbol{LDL}^{\mathrm{T}}\boldsymbol{u}_{t+\Delta t} = \hat{\boldsymbol{f}}(t)$$

(3) 如果需要计算 t 时刻的速度和加速度，直接代入 (8.24) 式。

当不考虑结构阻尼，并且质量矩阵是集中质量矩阵时，中心差分法将会很容易实施，因为在求 $t + \Delta t$ 时刻的位移时不必对系数矩阵进行三角分解。中心差分法是条件稳定算法，所以使用中心差分法时，所取的积分步长 Δt 必须小于由该问题求解方程性质所决定的某个临界值 Δt_{cr}，否则算法将是不稳定的

$$\Delta t \leqslant \Delta t_{\mathrm{cr}} = \frac{2}{\omega_n} = \frac{T_n}{\pi} \tag{8.27}$$

其中，ω_n 是系统的最高阶固有振动频率，T_n 是系统的最小固有振动周期。原则上说，可以利用一般矩阵特征值问题的求解方法得到 T_n。实际上只需要求解系统中最小尺寸单元的最小固有振动周期 $\min(T_n^e)$ 即可，因为理论上可以证明，系统的最小固有振动周期 T_n 总是大于或等于最小尺寸单元的最小固有振动周期 $\min(T_n^e)$ 的。所以可以将 $\min(T_n^e)$ 代入 (8.27) 式用以确定临界时间步长 Δt_{cr}。由此可见，网格中最小尺寸的单元将决定中心差分法中时间步长的选择。它的尺寸越小，Δt_{cr} 越小，从而计算量越大，这在划分有限元网格时要予以注意。应避免因个别单元尺寸过小，而使计算量不合理地增加。但是也不能为了增大 Δt_{cr}，而使单元尺寸过大，这样将使有限元的解失真。如何对 $\min(T_n^e)$ 做出估计，可以采用以下两种方法：

(1) 当网格划定以后，找出尺寸最小的单元，形成单元的特征方程 $|\boldsymbol{K}^e - \omega^2\boldsymbol{M}^e| = 0$，用正迭代法解出它最大的特征值 ω_n，从而得到 $T_n = 2\pi/\omega_n$。

(2) 当网格划定以后，找出尺寸最小单元的最小边长 L，可以近似地估计 $T_n = \pi L/C$，其中 $C = (E/\rho)^{l/2}$ 是声波传播速度。然后，由 (8.27) 式可以得到 $\Delta t_{\mathrm{cr}} = L/C$，即声波通过该单元的时间。

中心差分法比较适用于由冲击、爆炸类型载荷引起的波传播问题的求解。因为当介质的边界或内部的某个小区域受到初始扰动以后，是按一定的波速 C 逐步向介质内部和周围传播的。如果分析递推公式 (8.25) 将发现当 $\boldsymbol{M}$ 是对角矩阵时，即算式是显式时，若给定某些节点的初始扰动 (即给 $\boldsymbol{u}$ 的某些分量为非零值)，在经过一个时间步长 Δt 后，和它们相关的节点 (在 $\boldsymbol{K}$ 中处于同一带宽内的节点) 将进入运动，即 $\boldsymbol{u}$ 中和这些节点对应的分量将成为非零量。随着时间的推移，其他节点将按此规律依次进入运动。此特点正好和波传播的特点相一致。但是从算法方面考虑，为了得到正确的答案，每一时间步长 Δt 中，网格内与新进入计算的节点相应的几何区域的扩大应大于波传播范围的扩大 $(C\Delta t)$，所以时间步长需要受到限制，

即小于临界步长 Δt_{cr}。另一方面，当研究高频成分占重要作用的波传播过程时，为了得到有意义的解答，必须采用小的时间步长。这也是和中心差分法的时间步长需要受临界步长限制的要求相一致的。

反之，对于结构动力学问题，一般来说，采用中心差分法就不太合适。因为结构的动力响应中通常低频成分是主要的，从计算精度考虑，允许采用较大的时间步长，不必要因为 Δt_{cr} 的限制而使时间步长太小。同时，动力响应问题中时间域的尺度通常远大于波传播问题的时间域的尺度，如果时间步长太小，则计算工作量非常庞大。因此，对于结构动力学问题，通常采用无条件稳定的隐式算法，此时的时间步长主要取决于精度要求。以下介绍的 Wilson-θ 方法和 Newmark 方法是应用最为广泛的两种隐式算法。

8.3.2 Wilson-θ 方法

Wilson-θ 方法假设在 $t \sim t + \theta \Delta t$ 时间内，加速度是线性变化的

$$\ddot{u}_{t+\tau} = \ddot{u}_t + \tau \left(\frac{\ddot{u}_{t+\theta\Delta t} - \ddot{u}_t}{\theta \Delta t} \right) \tag{8.28}$$

其中，$\theta \geqslant 1$，t 为某一特定时刻，τ 为时间变量。若令 $\theta = 1$，Wilson-θ 方法退化为线性加速度法。对 (8.28) 式积分，得

$$\dot{u}_{t+\tau} = \dot{u}_t + \tau \ddot{u}_t + \frac{\tau^2}{2} \left(\frac{\ddot{u}_{t+\theta\Delta t} - \ddot{u}_t}{\theta \Delta t} \right) \tag{8.29}$$

$$u_{t+\tau} = u_t + \tau \dot{u}_t + \frac{\tau^2}{2} \ddot{u}_t + \frac{\tau^3}{6} \left(\frac{\ddot{u}_{t+\theta\Delta t} - \ddot{u}_t}{\theta \Delta t} \right) \tag{8.30}$$

令 (8.29) 式、(8.30) 式中的 $\tau = \theta \Delta t$，得

$$\dot{u}_{t+\theta\Delta t} = \dot{u}_t + \frac{\theta \Delta t}{2} \ddot{u}_t + \frac{\theta \Delta t}{2} \ddot{u}_{t+\theta\Delta t} \tag{8.31}$$

$$u_{t+\theta\Delta t} = u_t + \theta \Delta t \dot{u}_t + \frac{(\theta \Delta t)^2}{3} \ddot{u}_t + \frac{(\theta \Delta t)^2}{6} \ddot{u}_{t+\theta\Delta t} \tag{8.32}$$

将 (8.31) 式、(8.32) 式代入 $t + \theta \Delta t$ 时刻的动力学方程，并整理得到

$$\hat{M} \ddot{u}_{t+\theta\Delta t} = f_{t+\theta\Delta t} - K \left[u_t + \theta \Delta t \dot{u}_t + \frac{(\theta \Delta t)^2}{3} \ddot{u}_t \right] \tag{8.33}$$

其中，$\hat{M} = M + \dfrac{(\theta \Delta t)^2}{6} K$，$f_{t+\theta\Delta t} = f_t + \theta(f_{t+\Delta t} - f_t)$。根据 (8.33) 式计算出

$\ddot{u}_{t+\theta\Delta t}$，然后代入 (8.28) 式～(8.30) 式，并令 $\tau = \Delta t$，计算出 $t+\Delta t$ 时刻的加速度、速度和位移响应。

Wilson-θ 方法的实施步骤：

1) 初始计算

(1) 形成刚度矩阵 $\boldsymbol{K}$ 和质量矩阵 $\boldsymbol{M}$。

(2) 给定初始条件 $\boldsymbol{u}_0$、$\dot{\boldsymbol{u}}_0$ 和 $\ddot{\boldsymbol{u}}_0$。

(3) 选择时间步长 Δt 和参数 θ(一般取 θ=1.4)，并计算 (8.31) 式和 (8.32) 式的常数：

$$a_0 = \frac{(\theta\Delta t)^2}{6}, \quad a_1 = \theta\Delta t, \quad a_2 = 2a_0$$

(4) 形成有效质量矩阵 $\hat{\boldsymbol{M}} = \boldsymbol{M} + a_0\boldsymbol{K}$。

(5) 三角分解 $\hat{\boldsymbol{M}} = \boldsymbol{LDL}^{\mathrm{T}}$。

2) 对每个时间步计算

(1) 计算 $t+\theta\Delta t$ 时刻的等效载荷

$$\hat{\boldsymbol{f}}_{t+\theta\Delta t} = \boldsymbol{f}_t + \theta(\boldsymbol{f}_{t+\Delta t} - \boldsymbol{f}_t) - \boldsymbol{K}(\boldsymbol{u}_t + a_1\dot{\boldsymbol{u}}_t + a_2\ddot{\boldsymbol{u}}_t)$$

(2) 求解 $t+\theta\Delta t$ 时刻的加速度

$$\boldsymbol{LDL}^{\mathrm{T}}\ddot{\boldsymbol{u}}_{t+\theta\Delta t} = \hat{\boldsymbol{f}}_{t+\theta\Delta t}$$

(3) 计算 $t+\Delta t$ 时刻的位移、速度和加速度

$$\ddot{\boldsymbol{u}}_{t+\Delta t} = \ddot{\boldsymbol{u}}_t + \frac{1}{\theta}(\ddot{\boldsymbol{u}}_{t+\theta\Delta t} - \ddot{\boldsymbol{u}}_t)$$

$$\dot{\boldsymbol{u}}_{t+\Delta t} = \dot{\boldsymbol{u}}_t + (\Delta t)\ddot{\boldsymbol{u}}_t + \frac{\Delta t}{2\theta}(\ddot{\boldsymbol{u}}_{t+\theta\Delta t} - \ddot{\boldsymbol{u}}_t)$$

$$\boldsymbol{u}_{t+\Delta t} = \boldsymbol{u}_t + (\Delta t)\dot{\boldsymbol{u}}_t + \frac{(\Delta t)^2}{2}\ddot{\boldsymbol{u}}_t + \frac{(\Delta t)^2}{6\theta}(\ddot{\boldsymbol{u}}_{t+\theta\Delta t} - \ddot{\boldsymbol{u}}_t)$$

当 $\theta \geqslant 1.37$ 时 (一般取 $\theta = 1.4$)，Wilson-θ 方法是无条件稳定的，即无论时间步长取得多大，积分的结果都不会趋于无穷。

8.3.3 Newmark 方法

该方法由 Newmark 于 1959 年提出，故称 Newmark 方法。他假定

$$\dot{\boldsymbol{u}}_{t+\Delta t} = \dot{\boldsymbol{u}}_t + \Delta t\left[(1-\delta)\ddot{\boldsymbol{u}}_t + \delta\ddot{\boldsymbol{u}}_{t+\Delta t}\right] \tag{8.34}$$

$$u_{t+\Delta t} = u_t + \Delta t\dot{u}_t + (\Delta t)^2\left[\left(\frac{1}{2} - \alpha\right)\ddot{u}_t + \alpha\ddot{u}_{t+\Delta t}\right] \tag{8.35}$$

其中，参数 δ, α 与积分的精度和稳定性密切相关。当 $\delta = \dfrac{1}{2}$，$\alpha = \dfrac{1}{6}$ 时，它就是线性加速度法，所以 Newmark 方法可以看作线性加速度法的推广。将 (8.34) 式、(8.35) 式代入 $t + \Delta t$ 时刻的动力学方程，得

$$\hat{M}\ddot{u}_{t+\Delta t} = f_{t+\Delta t} - K\left[u_t + \Delta t\dot{u}_t + (\Delta t)^2\left(\frac{1}{2} - \alpha\right)\ddot{u}_t\right] \tag{8.36}$$

其中，$\hat{M} = M + (\Delta t)^2\alpha K$。解方程 (8.36) 得到 $\ddot{u}_{t+\Delta t}$，再代入 (8.34) 式、(8.35) 式得到 $t + \Delta t$ 时刻的速度和位移。

Newmark 方法的实施步骤：

1) 初始计算

(1) 形成刚度矩阵 K 和质量矩阵 M。

(2) 给定初始条件 u_0、$\dot{u}_0$ 和 $\ddot{u}_0$。

(3) 选择时间步长 Δt 和参数 α、δ，并计算 (8.34) 式和 (8.35) 式的常数：

$$\delta \geqslant 0.5, \quad \alpha \geqslant 0.25(\delta + 0.5)^2$$

$$a_0 = \delta\Delta t, \quad a_1 = \alpha(\Delta t)^2, \quad a_2 = (1 - \delta)\Delta t, \quad a_3 = \left(\frac{1}{2} - \alpha\right)(\Delta t)^2$$

(4) 形成有效质量矩阵 $\hat{M} = M + a_1 K$。

(5) 三角分解 $\hat{M} = LDL^{\mathrm{T}}$。

2) 对每个时间步计算

(1) 计算 $t + \Delta t$ 时刻的等效载荷

$$\hat{f}_{t+\Delta t} = f_{t+\Delta t} - K(u_t + \Delta t\dot{u}_t + a_3\ddot{u}_t)$$

(2) 求解 $t + \Delta t$ 时刻的加速度

$$LDL^{\mathrm{T}}\ddot{u}_{t+\Delta t} = \hat{f}_{t+\Delta t}$$

(3) 计算 $t + \Delta t$ 时刻的速度和加速度

$$\dot{u}_{t+\Delta t} = \dot{u}_t + a_2\ddot{u}_t + a_0\ddot{u}_{t+\Delta t}$$
$$u_{t+\Delta t} = u_t + \Delta t\dot{u}_t + a_3\ddot{u}_t + a_1\ddot{u}_{t+\Delta t}$$

当 $\delta \geqslant 0.5$，$\alpha \geqslant 0.25(\delta + 0.5)^2$ 时，Newmark 方法也是无条件稳定的。

8.3.4　数值算例

考虑图 8-2 所示的弹性杆–质量块模型。质量块质量均为 m_1，弹性杆质量均为 m_2，刚度均为 k，系统不计阻尼；外力 $F = 10\mathrm{N}$。

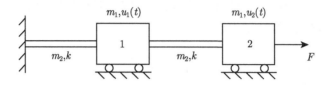

图 8-2　弹性杆–质量块模型

假设弹性杆的质量始终沿杆长均匀分布，并且弹性杆是均匀变形的。设两质量块的位移分别为 u_1, u_2，系统的总动能为

$$
\begin{aligned}
T &= \frac{m_1}{2}\dot{u}_1^2 + \frac{m_1}{2}\dot{u}_2^2 + \int_0^{l_1} \frac{m_2}{2l_1}\left(\frac{x}{l_1}\dot{u}_1\right)^2 \mathrm{d}x + \int_0^{l_2} \frac{m_2}{2l_2}\left(\frac{\dot{u}_2-\dot{u}_1}{l_2}x + \dot{u}_1\right)^2 \mathrm{d}x \\
&= \frac{m_1}{2}(\dot{u}_1^2 + \dot{u}_2^2) + \frac{m_2}{6}(2\dot{u}_1^2 + \dot{u}_1\dot{u}_2 + \dot{u}_2^2)
\end{aligned} \tag{8.37}
$$

上式在计算弹性杆的动能时，虽然用到了杆长的参数 (设两杆的杆长分别为 l_1, l_2)，但是最后的结果却与弹性杆的长度无关。系统的总势能为

$$
V = \frac{k}{2}u_1^2 + \frac{k}{2}(u_2 - u_1)^2 = \frac{k}{2}(2u_1^2 - 2u_1u_2 + u_2^2) \tag{8.38}
$$

根据拉格朗日方程可以得到系统的运动方程为 (假设各物理量单位已得到统一)

$$
\begin{aligned}
\frac{\mathrm{d}}{\mathrm{d}t}\left(\frac{\partial L}{\partial \dot{u}_1}\right) - \frac{\partial L}{\partial u_1} &= \left(m_1 + \frac{2m_2}{3}\right)\ddot{u}_1 + \frac{m_2}{6}\ddot{u}_2 + 2ku_1 - ku_2 = 0 \\
\frac{\mathrm{d}}{\mathrm{d}t}\left(\frac{\partial L}{\partial \dot{u}_2}\right) - \frac{\partial L}{\partial u_2} &= \frac{m_2}{6}\ddot{u}_1 + \left(m_1 + \frac{m_2}{3}\right)\ddot{u}_2 - ku_1 + ku_2 = 0
\end{aligned} \tag{8.39}
$$

其中，拉格朗日函数 $L = T - V$。整理成矩阵形式为

$$
\begin{bmatrix} m_1 + \dfrac{2m_2}{3} & \dfrac{m_2}{6} \\[2mm] \dfrac{m_2}{6} & m_1 + \dfrac{m_2}{3} \end{bmatrix} \begin{Bmatrix} \ddot{u}_1 \\ \ddot{u}_2 \end{Bmatrix} + \begin{bmatrix} 2k & -k \\ -k & k \end{bmatrix} \begin{Bmatrix} u_1 \\ u_2 \end{Bmatrix} = \begin{Bmatrix} 0 \\ 10 \end{Bmatrix} \tag{8.40}
$$

令 $m_1=1$, $m_2=6$, $k=1$，系统初始条件为 $\boldsymbol{u}_0 = [0\ \ 0]^{\mathrm{T}}$，$\dot{\boldsymbol{u}}_0 = [0\ \ 0]^{\mathrm{T}}$，代入 (8.40) 式求出系统初始加速度为 $\ddot{\boldsymbol{u}}_0 = [-0.7143\ \ 3.5714]^{\mathrm{T}}$。接下来，采用上文介绍的三种直接积分方法分别计算该系统的位移响应。

中心差分法：由系统的固有频率可以计算出临界时间步长 $\Delta t_{cr} = 2/\omega_2 = 2.177$，这里取时间步长为 $\Delta t = 0.2$，计算结果列于表 8-1。

表 8-1 中心差分法

t	0	0.2	0.4	0.6	0.8	1.0	1.2	1.4	1.6
u_1	0	−0.0143	−0.0560	−0.1220	−0.2068	−0.3034	−0.4029	−0.4953	−0.5695
u_2	0	0.0714	0.2842	0.6338	1.1130	1.7119	2.4181	3.2178	4.0952

Wilson-θ 方法：时间步长取 $\Delta t = 0.2$，$\theta = 1.4$，计算结果列于表 8-2。

表 8-2 Wilson-θ 方法

t	0	0.2	0.4	0.6	0.8	1.0	1.2	1.4	1.6
u_1	0	−0.0140	−0.0548	−0.1190	−0.2013	−0.2948	−0.3910	−0.4800	−0.5511
u_2	0	0.0711	0.2825	0.6297	1.1054	1.6999	2.4014	3.1960	4.0685

Newmark 方法：时间步长取 $\Delta t = 0.2$，$\delta = 0.5$，$\alpha = 0.25$，计算结果列于表 8-3。

表 8-3 Newmark 方法

t	0	0.2	0.4	0.6	0.8	1.0	1.2	1.4	1.6
u_1	0	−0.0140	−0.0550	−0.1197	−0.2029	−0.2975	−0.3950	−0.4854	−0.5580
u_2	0	0.0711	0.2827	0.6306	1.1075	1.7036	2.4070	3.2037	4.0784

采用 8.4 节所介绍的方法可以求出该系统的固有模态为

$$\boldsymbol{\Omega} = \begin{bmatrix} 0.0846 & \\ & 0.8439 \end{bmatrix}, \quad \boldsymbol{\Phi} = \begin{bmatrix} -0.2649 & -0.3796 \\ -0.3851 & 0.4570 \end{bmatrix} \tag{8.41}$$

系统的固有振动圆频率为 $\omega_1 = \sqrt{0.0846} = 0.2909, \omega_2 = \sqrt{0.8439} = 0.9186$。该系统位移响应的解析解为

$$\begin{cases} u_1(t) = -12.058\cos\omega_1 t + 2.055\cos\omega_2 t + 10.003 \\ u_2(t) = -17.530\cos\omega_1 t - 2.475\cos\omega_2 t + 20.005 \end{cases} \tag{8.42}$$

将数值积分的结果与解析解一同绘于图 8-3 与图 8-4，可见四种方法得到了一致的结果。

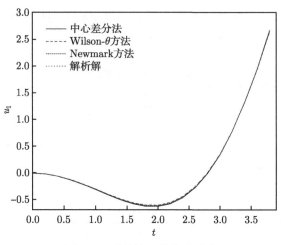

图 8-3　质量块 1 的位移响应

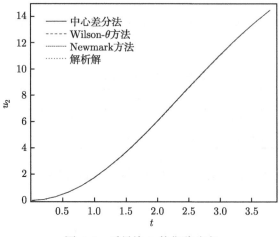

图 8-4　质量块 2 的位移响应

8.4　振型叠加法

由直接积分法的计算步骤可以看到，对于每一时间步长，其运算次数和半带宽 B 与自由度数 n 的乘积成正比。如果采用有条件稳定的中心差分法，还要求时间步长 Δt 比系统最小的固有振动周期 T_n 小得多。当 B 较大，且时间历程 $T \gg T_n$ 时，直接积分法的计算将是很费时的。而振型叠加法在一定条件下，可以取得比直接积分法高的计算效率。其要点是在积分运动方程以前，利用系统自由振动的固有振型将方程组转换为 n 个相互不耦合的方程 (即 $B = 1$)，对这种方程可以解析或数值地进行积分。当采用数值方法时，对于每个方程可以采取各自不同的时间步长，即对于低阶振型可采用较大的时间步长。这两者结合起来相对于直接积分法是很大的优点，因此当实际分析的时间历程较长，同时只需要少数较低阶振型的结果时，采用振型叠加法将是十分有利的。利用振型叠加法求解动态响应的运动方程由两个步骤组成：求解系统的固有频率和固有振型；求解系统的动态响应。

8.4.1 求解固有频率和固有振型

此计算步骤是求解不考虑阻尼影响的系统自由振动方程，即

$$\boldsymbol{M\ddot{u}}(t) + \boldsymbol{Ku}(t) = 0 \tag{8.43}$$

它的解可以假设为以下形式：

$$\boldsymbol{u} = \boldsymbol{\phi}\sin\omega(t - t_0) \tag{8.44}$$

其中，ϕ 是振型，ω 是 ϕ 对应的振动频率，t 是时间变量，t_0 是由初始条件确定的时间常数。

将 (8.44) 式代入 (8.43) 式，得到一个广义特征值问题，即

$$\boldsymbol{K\phi} - \omega^2\boldsymbol{M\phi} = 0 \tag{8.45}$$

求解以上特征值问题可得到 ϕ 和 ω，其由 n 个特征解对 $(\omega_1^2, \phi_1), (\omega_2^2, \phi_2), \cdots,$ (ω_n^2, ϕ_n) 构成，其中特征值 $\omega_1, \omega_2, \cdots, \omega_n$ 代表系统的 n 个固有频率，并有

$$0 \leqslant \omega_1 < \omega_2 < \cdots < \omega_n \tag{8.46}$$

(8.45) 式也叫模态方程，模指频率，态指振型。特征向量 $\phi_1, \phi_2, \cdots, \phi_n$ 代表系统的 n 个固有振型，它们的幅度可以按以下要求规定：

$$\boldsymbol{\phi}_i^{\mathrm{T}}\boldsymbol{M\phi}_i = 1 \quad (i = 1, 2, \cdots, n) \tag{8.47}$$

这样规定的固有振型称为正则振型。

将特征解 (ω_i^2, ϕ_i), (ω_j^2, ϕ_j) 代回方程 (8.45)，得到

$$\boldsymbol{K\phi}_i = \omega_i^2\boldsymbol{M\phi}_i, \quad \boldsymbol{K\phi}_j = \omega_j^2\boldsymbol{M\phi}_j \tag{8.48}$$

将 (8.48) 式的前一式两端前乘以 ϕ_j^{T}，后一式两端前乘以 ϕ_i^{T}，得

$$\boldsymbol{\phi}_j^{\mathrm{T}}\boldsymbol{K\phi}_i = \omega_i^2\boldsymbol{\phi}_j^{\mathrm{T}}\boldsymbol{M\phi}_i, \quad \boldsymbol{\phi}_i^{\mathrm{T}}\boldsymbol{K\phi}_j = \omega_j^2\boldsymbol{\phi}_i^{\mathrm{T}}\boldsymbol{M\phi}_j \tag{8.49}$$

并由 $\boldsymbol{K}$ 和 $\boldsymbol{M}$ 的对称性推知

$$\boldsymbol{\phi}_j^{\mathrm{T}}\boldsymbol{K\phi}_i = \boldsymbol{\phi}_i^{\mathrm{T}}\boldsymbol{K\phi}_j \tag{8.50}$$

所以可以得到

$$(\omega_i^2 - \omega_j^2)\boldsymbol{\phi}_j^{\mathrm{T}}\boldsymbol{M}\boldsymbol{\phi}_i = 0 \tag{8.51}$$

由上式可见, 当 $\omega_i \neq \omega_j$ 时, 必有

$$\boldsymbol{\phi}_j^{\mathrm{T}}\boldsymbol{M}\boldsymbol{\phi}_i = 0 \tag{8.52}$$

上式表明固有振型对于矩阵 $\boldsymbol{M}$ 是正交的。和 (8.47) 式一起, 可将固有振型对于 $\boldsymbol{M}$ 的正则正交性表示为

$$\boldsymbol{\phi}_i^{\mathrm{T}}\boldsymbol{M}\boldsymbol{\phi}_j = \begin{cases} 1, & i = j \\ 0, & i \neq j \end{cases} \tag{8.53}$$

将上式代回到 (8.49) 式, 可得

$$\boldsymbol{\phi}_i^{\mathrm{T}}\boldsymbol{K}\boldsymbol{\phi}_j = \begin{cases} \omega_i^2, & i = j \\ 0, & i \neq j \end{cases} \tag{8.54}$$

如果定义

$$\boldsymbol{\Phi} = [\ \boldsymbol{\phi}_1 \quad \boldsymbol{\phi}_2 \quad \cdots \quad \boldsymbol{\phi}_n\ ]$$

$$\boldsymbol{\Omega} = \begin{bmatrix} \omega_1^2 & & & & & \\ & \omega_2^2 & & & & \\ & & \ddots & & & \\ & & & \ddots & & \\ & & & & \ddots & \\ & & & & & \omega_n^2 \end{bmatrix} \tag{8.55}$$

则特征解的性质还可以表示为

$$\boldsymbol{\Phi}^{\mathrm{T}}\boldsymbol{M}\boldsymbol{\Phi} = \boldsymbol{I}, \quad \boldsymbol{\Phi}^{\mathrm{T}}\boldsymbol{K}\boldsymbol{\Phi} = \boldsymbol{\Omega} \tag{8.56}$$

$\boldsymbol{\Phi}$ 和 $\boldsymbol{\Omega}$ 分别为固有振型矩阵和固有频率矩阵。利用它们, 原特征值问题可以表示为广义特征值问题, 即

$$\boldsymbol{K}\boldsymbol{\Phi} = \boldsymbol{M}\boldsymbol{\Phi}\boldsymbol{\Omega} \tag{8.57}$$

　　应指出的是, 在有限元分析中, 方程的阶数, 即系统的自由度数 n 很高。但在实际工程问题需求解的特征解的个数远小于系统自由度 n。这类方程阶数很高, 而求解的特征解又相对较少的特征值问题, 称为大型特征值问题。子空间迭代法是求解大型矩阵特征值问题最常用且有效的方法之一。

另外，还需补充说明，由 (8.57) 式求解出的固有频率矩阵 $\boldsymbol{\Omega}$ 的对角元素是圆频率 ω 的平方，工程中需要的是自然频率 f，它们之间的变换关系为

$$f = \frac{\omega}{2\pi} \tag{8.58}$$

8.4.2　求解模态坐标下的动力响应

为了将方程 (8.16) 解耦，可以把位移变换到模态坐标下

$$\boldsymbol{u}(t) = \boldsymbol{\Phi}\boldsymbol{x}(t) \tag{8.59}$$

将 (8.59) 式代入 (8.16) 式

$$\boldsymbol{M}\boldsymbol{\Phi}\ddot{\boldsymbol{x}}(t) + \boldsymbol{K}\boldsymbol{\Phi}\boldsymbol{x}(t) = \boldsymbol{f}(t) \tag{8.60}$$

在方程两端左乘 $\boldsymbol{\Phi}^{\mathrm{T}}$，利用固有振型矩阵的性质 (8.56)，可以得到

$$\ddot{\boldsymbol{x}}(t) + \boldsymbol{\Omega}\boldsymbol{x}(t) = \boldsymbol{\Phi}^{\mathrm{T}}\boldsymbol{f}(t) \tag{8.61}$$

方程 (8.16) 初始条件为 $\boldsymbol{u}_0, \dot{\boldsymbol{u}}_0$。根据 (8.56) 式和 (8.59) 式得

$$\boldsymbol{x}_0 = \boldsymbol{\Phi}^{\mathrm{T}}\boldsymbol{M}\boldsymbol{u}_0, \quad \dot{\boldsymbol{x}}_0 = \boldsymbol{\Phi}^{\mathrm{T}}\boldsymbol{M}\dot{\boldsymbol{u}}_0 \tag{8.62}$$

微分方程组 (8.16) 变为 n 个单自由度系统的振动方程

$$\begin{cases} \ddot{x}_i(t) + \omega_i^2 x_i(t) = r_i(t) \\ r_i(t) = \boldsymbol{\phi}_i^{\mathrm{T}}\boldsymbol{f}(t) \end{cases}, \quad i = 1, 2, \cdots, n \tag{8.63}$$

其中 $x_i(0) = \boldsymbol{\phi}_i^{\mathrm{T}}\boldsymbol{M}\boldsymbol{u}_0, \dot{x}_i(0) = \boldsymbol{\phi}_i^{\mathrm{T}}\boldsymbol{M}\dot{\boldsymbol{u}}_0$。可以用脉冲响应，求单自由度系统对任意激励 $r_i(t)$ 的解

$$x_i(t) = \frac{1}{\omega_i} \int_0^t r_i(\tau) \sin \omega_i(t-\tau)\mathrm{d}\tau + \alpha_i \sin \omega_i t + \beta_i \cos \omega_i t \tag{8.64}$$

积分常数 α_i, β_i 由初始条件确定。求出 $\boldsymbol{x}(t)$ 后，代入 (8.59) 式就可以得到节点位移 $\boldsymbol{u}(t)$。(8.64) 式可以采用解析积分，也可以采用数值积分。

比如，对于 8.3.4 节中的算例，变换后的方程为

$$\begin{cases} \ddot{x}_1 + \omega_1^2 x_1 = \boldsymbol{\phi}_1^{\mathrm{T}}\boldsymbol{f} \\ \ddot{x}_2 + \omega_2^2 x_2 = \boldsymbol{\phi}_2^{\mathrm{T}}\boldsymbol{f} \end{cases} \tag{8.65}$$

其中

$$\omega_1 = \sqrt{0.0846} = 0.2909, \quad \omega_2 = \sqrt{0.8439} = 0.9186$$

$$\boldsymbol{\phi}_1 = [-0.2649 \quad -0.3851]^{\mathrm{T}}, \quad \boldsymbol{\phi}_2 = [-0.3796 \quad 0.4570]^{\mathrm{T}}, \quad \boldsymbol{f} = [0 \quad 10]^{\mathrm{T}}$$

$$x_1(0) = \boldsymbol{\phi}_1^{\mathrm{T}} \boldsymbol{M} \boldsymbol{u}_0 = 0, \quad \dot{x}_1(0) = \boldsymbol{\phi}_1^{\mathrm{T}} \boldsymbol{M} \dot{\boldsymbol{u}}_0 = 0$$

$$x_2(0) = \boldsymbol{\phi}_2^{\mathrm{T}} \boldsymbol{M} \boldsymbol{u}_0 = 0, \quad \dot{x}_2(0) = \boldsymbol{\phi}_2^{\mathrm{T}} \boldsymbol{M} \dot{\boldsymbol{u}}_0 = 0$$

根据 (8.64) 式得到

$$x_1(t) = \frac{-3.851}{\omega_1} \int_0^t \sin \omega_1 (t - \tau) \mathrm{d}\tau + \alpha_1 \sin \omega_1 t + \beta_1 \cos \omega_1 t$$

$$x_2(t) = \frac{4.570}{\omega_2} \int_0^t \sin \omega_2 (t - \tau) \mathrm{d}\tau + \alpha_2 \sin \omega_2 t + \beta_2 \cos \omega_2 t$$
(8.66)

化简, 代入初始条件可以求出

$$x_1(t) = 45.52 \cos \omega_1 t - 45.52$$
$$x_2(t) = -5.415 \cos \omega_2 t + 5.415$$
(8.67)

代入 (8.59) 式就可以得到 (8.42) 式。如果外载荷随时间变化并且比较复杂, 应当采用数值积分。

8.4.3   2 杆桁架模态分析的解析算例

2 杆桁架结构如图 8-5 所示。材料弹性模量 $E = 2.1 \times 10^{11} \mathrm{Pa}$, 密度为 $7.8 \times 10^3 \mathrm{kg/m^3}$。杆 1 的横截面积为 A_1, 杆 2 的横截面积为 A_2。下面用解析方法求其频率。

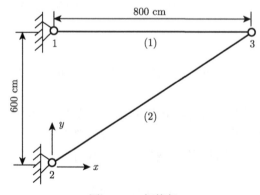

图 8-5   2 杆桁架

结构的特征方程为

$$\boldsymbol{K}\boldsymbol{\phi}_i = \lambda_i \boldsymbol{M}\boldsymbol{\phi}_i \tag{8.68}$$

完全约束自由度删除后的总体刚度矩阵和总体质量矩阵分别为

$$
\begin{aligned}
\boldsymbol{K} &= 7.0 \times 10^3 \times \begin{bmatrix} 375A_1 + 192A_2 & 144A_2 \\ 144A_2 & 108A_2 \end{bmatrix} \\
\boldsymbol{M} &= \begin{bmatrix} 3.12A_1 + 3.9A_2 & 0 \\ 0 & 3.12A_1 + 3.9A_2 \end{bmatrix}
\end{aligned} \tag{8.69}
$$

由

$$\det |\boldsymbol{K} - \lambda_i \boldsymbol{M}| = 0 \tag{8.70}$$

得到关于特征值 λ_i 的二次代数方程

$$a\lambda_i^2 + b\lambda_i + c = 0 \tag{8.71}$$

其中, 3 个系数分别为

$$
\begin{aligned}
a &= 9.734A_1^2 + 24.336A_1A_2 + 15.21A_2^2 \\
b &= -(8.190 \times 10^2 A_1^2 + 1.679 \times 10^3 A_1A_2 + 8.190 \times 10^2 A_2^2) \\
c &= 1.985 \times 10^4 A_1A_2
\end{aligned} \tag{8.72}
$$

求解方程 (8.71) 得到特征值

$$\lambda_1 = \frac{-b - \sqrt{b^2 - 4ac}}{2a} \times 10^4, \quad \lambda_2 = \frac{-b + \sqrt{b^2 - 4ac}}{2a} \times 10^4 \tag{8.73}$$

进一步可以换算为自然频率

$$f_1 = \sqrt{\lambda_1}/2\pi, \quad f_2 = \sqrt{\lambda_2}/2\pi \tag{8.74}$$

将频率关于截面积的解析式绘制于图 8-6。可以看到, f_1 与 f_2 分别是关于 A_1 与 A_2 的非线性函数。对于更复杂的桁架结构频率关于截面积的非线性程度更高, 因此频率约束下的线性结构优化设计, 是一个非线性优化问题, 后文会对该结构进行灵敏度分析。

如上所述, 当利用振型叠加法求解系统运动方程时, 首先需要求解广义特征值问题

$$\boldsymbol{K}\boldsymbol{\phi} - \omega^2 \boldsymbol{M}\boldsymbol{\phi} = 0 \tag{8.75}$$

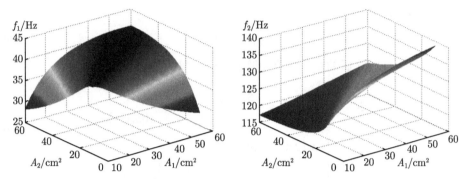

图 8-6　2 杆桁架频率关于杆件横截面积的非线性函数图形

　　在一般的有限元分析中，系统自由度很大，而在研究系统响应时往往只需要知道系统前几阶特征值和特征向量。子空间迭代法就是求解大型特征值问题前几阶特征解的常用方法，该方法由麻省理工学院教授 K. J. Bathe 提出，求解流程如图 8-7 所示。

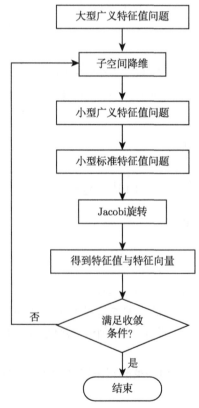

图 8-7　子空间迭代法流程图

8.5 大型特征值问题的解法

8.5.1 子空间迭代法

子空间迭代法假设 r 个起始向量同时进行迭代求得矩阵的前 $p(< r)$ 个特征值和特征向量。计算步骤如下:

(1) 初始计算:

① 形成刚度矩阵 $\boldsymbol{K}$ 和质量矩阵 $\boldsymbol{M}$;

② 按给定的边界条件修正 $\boldsymbol{K}$;

③ 三角分解 $\boldsymbol{K}$, 即 $\boldsymbol{K} = \boldsymbol{L}\boldsymbol{D}\boldsymbol{L}^{\mathrm{T}}$。

(2) 给定初始向量矩阵 $\boldsymbol{X}_0$, 即

$$\boldsymbol{X}_0 = [\ (\boldsymbol{x}_1)_0 \quad (\boldsymbol{x}_2)_0 \quad \cdots \quad (\boldsymbol{x}_r)_0 \ ]$$

(3) 对于每次迭代 $k(k = 0, 1, 2, \cdots)$ 作

① 赋值: $\boldsymbol{Y} = \boldsymbol{M}\boldsymbol{X}_k$;

② 求解方程组: $\boldsymbol{L}\boldsymbol{D}\boldsymbol{L}^{\mathrm{T}}\boldsymbol{X}_{k+1} = \boldsymbol{Y}$;

③ 赋值: $\tilde{\boldsymbol{K}} = \boldsymbol{X}_{k+1}^{\mathrm{T}}\boldsymbol{Y}$;

④ 赋值: $\boldsymbol{Y}_1 = \boldsymbol{M}\boldsymbol{X}_{k+1}$;

⑤ 赋值: $\tilde{\boldsymbol{M}} = \boldsymbol{X}_{k+1}^{\mathrm{T}}\boldsymbol{Y}_1$;

⑥ 求解广义特征值问题: $\tilde{\boldsymbol{K}}\boldsymbol{\Phi}^* = \tilde{\boldsymbol{M}}\boldsymbol{\Phi}^*\boldsymbol{\Omega}_{k+1}^*$, 此时 $\tilde{\boldsymbol{K}}$ 与 $\tilde{\boldsymbol{M}}$ 的维数从 n 降到了 r, 实现了降维, 大规模减少了计算量;

⑦ 检查 $\boldsymbol{\Omega}_{k+1}^*$ 是否满足精度要求

$$\left| \frac{(\omega_i^*)_{k+1} - (\omega_i^*)_k}{(\omega_i^*)_{k+1}} \right| \leqslant \mathrm{er} \quad (i = 1, 2, \cdots, p)$$

如果满足精度要求转到下面的步骤 (4); 如果不满足精度要求则作:

⑧ 赋值: $\boldsymbol{Y} = \boldsymbol{Y}_1\boldsymbol{\Phi}^*$;

⑨ 令: $k = k+1$ 并返回步骤②。

(4) 赋值: $\boldsymbol{\Omega}_I = \boldsymbol{\Omega}_{k+1}^*, \boldsymbol{\Phi}_I = \boldsymbol{X}_{k+1}\boldsymbol{\Phi}^*$。

(5) 输出 $\boldsymbol{\Omega}_I, \boldsymbol{\Phi}_I$。

子空间迭代法的注释如下:

1) 初始向量矩阵 $\boldsymbol{X}_0$ 的选取

对于现在的情况, $\boldsymbol{X}_0$ 表示的不是单一向量, 而是 r 个初始向量组成的矩阵, 即

$$\boldsymbol{X}_0 = [\ (\boldsymbol{x}_1)_0 \quad (\boldsymbol{x}_2)_0 \quad \cdots \quad (\boldsymbol{x}_r)_0 \ ] \tag{8.76}$$

如果需要求得系统的前 p 个特征解，则初始向量的个数 r 可取 $2 \times p$ 和 $p + 8$ 中较小的数。初始向量 $(\boldsymbol{x}_i)_0 (i = 1, 2, \cdots, r)$ 原则上可以任意选取，只要它们是相互独立的向量，且不和系统的前 p 个特征向量中的任意一个正交。例如，取 $(\boldsymbol{x}_1)_0$ 的全部元素等于 1，$(\boldsymbol{x}_i)_0 (i = 2, \cdots, r)$ 的元素依次在 $\boldsymbol{M}_{jj}/\boldsymbol{K}_{jj} (j = 1, 2, \cdots, n)$ 的最大，次大，第三大，$\cdots$ 的行号上取 1，余下的元素全部取零的单位向量 $\boldsymbol{e}$。此外 $(\boldsymbol{x}_i)_0 (i = 1, 2, \cdots, r)$ 全部取随机向量也是一种选择。

2) 线性代数方程组的求解

每次迭代中需要求解下列线性代数方程组：

$$\boldsymbol{K}\boldsymbol{X}_{k+1} = \boldsymbol{Y} \tag{8.77}$$

其中，$\boldsymbol{Y} = \boldsymbol{M}\boldsymbol{X}_k$，在现在的情况下，是 $n \times r$ 的矩阵。如果 $\boldsymbol{K}$ 的分解已经完成，则在每次迭代中要进行 r 次回代，以得到 $n \times r$ 的矩阵 $\boldsymbol{X}_{k+1}$。

8.5.2　化广义特征值问题为标准特征值问题

子空间迭代法的每一次循环都需要求解广义特征值方程

$$\boldsymbol{K}\boldsymbol{x} = \omega^2 \boldsymbol{M}\boldsymbol{x} \tag{8.78}$$

标准的特征值问题为

$$\boldsymbol{A}\boldsymbol{x} = \lambda\boldsymbol{x} \tag{8.79}$$

现有的特征值问题的解法都是针对标准特征值问题的，所以，首先将 (8.78) 式化成 (8.79) 式的形式。由于 $\boldsymbol{K}$ 对称正定，可以对其做 Cholesky 分解

$$\boldsymbol{K} = \boldsymbol{L}\boldsymbol{L}^{\mathrm{T}} \tag{8.80}$$

其中，$\boldsymbol{L}$ 为下三角阵。

将 (8.80) 式代入 (8.78) 式，两边同乘 $\boldsymbol{L}^{-1}$，得

$$\boldsymbol{L}^{-1}\boldsymbol{L}\boldsymbol{L}^{\mathrm{T}}\boldsymbol{x} = \omega^2 \boldsymbol{L}^{-1}\boldsymbol{M}\boldsymbol{x} \tag{8.81}$$

进一步得

$$\boldsymbol{L}^{\mathrm{T}}\boldsymbol{x} = \omega^2 \boldsymbol{L}^{-1}\boldsymbol{M}\boldsymbol{x} \tag{8.82}$$

令 $\boldsymbol{y} = \boldsymbol{L}^{\mathrm{T}}\boldsymbol{x}$，则 $\boldsymbol{x} = \boldsymbol{L}^{-\mathrm{T}}\boldsymbol{y}$。于是，(8.82) 式化为

$$\frac{1}{\omega^2}\boldsymbol{y} = \boldsymbol{L}^{-1}\boldsymbol{M}\boldsymbol{L}^{-\mathrm{T}}\boldsymbol{y} \tag{8.83}$$

令 $\lambda = 1/\omega^2$, $\bar{M} = L^{-1}ML^{-T}$, (8.83) 式可化为标准形式

$$\bar{M}y = \lambda y \tag{8.84}$$

可以看出, $\bar{M}$ 仍为对称矩阵。(8.84) 式的特征值是 (8.78) 式特征值的倒数, 并且特征向量相差一个矩阵变换。先解标准特征值问题 (8.84), 求出特征对 λ_i 和 y_i, 则原问题相应的特征矢量为 $x_i = L^{-T}y_i$。

8.5.3 Jacobi 旋转法求解标准特征值问题

利用 Jacobi 旋转变换求 (8.79) 式标准特征方程的全部特征值及其对应的特征向量的方法分以下几步:

(1) 对 (8.79) 式的实对称矩阵 A 进行一系列的 Jacobi 旋转变换, 其一次 Jacobi 变换如下:

设

$$A = (a_{ij})_{n \times n} \tag{8.85}$$

$$P_{pq} = \begin{bmatrix} 1 & & & & & & \\ & \ddots & & & & & \\ & & c & \cdots & s & & \\ & & \vdots & 1 & \vdots & & \\ & & -s & \cdots & c & & \\ & & & & & 1 \end{bmatrix} \begin{matrix} \\ \\ p \text{ 行} \\ \\ q \text{ 行} \\ \\ \end{matrix} \tag{8.86}$$

$$\begin{matrix} p \text{ 列} \quad q \text{ 列} \end{matrix}$$

其中, 除去 p 行 p 列, q 行 q 列的两个元素 c 外, 所有对角元素都是 1; 除去 p 行 q 列, q 行 p 列的两个元素 s 和 $-s$ 之外, 所有非对角元素都是 0, 且

$$c = \cos\varphi, \quad s = \sin\varphi, \quad c^2 + s^2 = 1 \tag{8.87}$$

$$A' = P_{pq}^{T}AP_{pq} = (a'_{ij}) \tag{8.88}$$

则

$$\begin{aligned} & a'_{rp} = ca_{rp} - sa_{rq}, r \neq p, q \\ & a'_{rq} = ca_{rq} + sa_{rp}, r \neq p, q \\ & a'_{pp} = c^2 a_{pp} + s^2 a_{qq} - 2sca_{pq} \\ & a'_{qq} = s^2 a_{pp} + c^2 a_{qq} + 2sca_{pq} \\ & a'_{pq} = a'_{qp} = (c^2 - s^2) a_{pq} + sc(a_{pp} - a_{qq}) \end{aligned} \qquad , \quad r = 1, 2, \cdots, n \tag{8.89}$$

由要求 $a'_{pq} = 0$, 得

$$\theta \equiv \cot 2\varphi \equiv \frac{c^2 - s^2}{2sc} = \frac{a_{qq} - a_{pp}}{2a_{pq}}, \quad |\varphi| \leqslant \frac{\pi}{4} \tag{8.90}$$

设 $t \equiv s/c$, 则 $t^2 + 2t\theta - 1 = 0$, 其绝对值较小的根为

$$t = \frac{\operatorname{sgn}(\theta)}{|\theta| + \sqrt{1 + \theta^2}} \tag{8.91}$$

是使 $|\varphi| \leqslant \frac{\pi}{4}$ 的根, 其中 $\operatorname{sgn}(\theta)$ 是符号函数. 于是

$$c = 1/\sqrt{1 + \theta^2}, \quad s = tc \tag{8.92}$$

注意, 在上述计算中, 当 θ 很大时, θ^2 可能会溢出, 但这时由 t 的计算式, 可取 $t = 1/2\theta$.

(2) 为使舍入误差最小, 把 a'_{ij} 写成如下形式:

$$\begin{aligned}
a'_{pq} &= 0 \\
a'_{pp} &= a_{pp} - ta_{pq} \\
a'_{qq} &= a_{qq} + ta_{pq} \qquad\qquad\qquad , \quad r = 1, 2, \cdots, n \\
a'_{rp} &= a_{rp} - s\left(a_{rq} + \tau a_{rp}\right), \quad r \neq p, q \\
a'_{rq} &= a_{rq} + s\left(a_{rp} - \tau a_{rq}\right), \quad r \neq p, q
\end{aligned} \tag{8.93}$$

其中, $\tau \equiv \tan \varphi/2 = s/(1 + c)$.

(3) 进一步, 依次变换 $p_{12}, p_{13}, \cdots, p_{1n}, p_{23}, p_{24}, \cdots, p_{2n}, \cdots$, 共进行 $\dfrac{n(n-1)}{2}$ 次变换, 称为一次扫描. 在前三次扫描中, 采用罚 Jacobi 方法, 阈值 $\varepsilon = \dfrac{S_0}{5n^2}$, $S_0 = \displaystyle\sum_{r<s} |a_{rs}|$. 在以后的扫描中, 采用循环 Jacobi 方法, 直至 $|a_{pq}| \ll |a_{pp}|$, 且 $|a_{pq}| \ll |a_{qq}|$, 其判别标准是考察 $|a_{pq}| < 10^{-(d+2)} \times a$, 其中 $a = \min\left\{|a_{pp}|, |a_{qq}|\right\}'$, d 是计算机上的有效数字的位数. Matlab 在 64 位计算机上的有效数字为 16 位.

(4) 特征向量的计算.

设 $\boldsymbol{V} = \boldsymbol{P}_1\boldsymbol{P}_2\cdots$, 其中 $\boldsymbol{P}_i$ 为每次所做的雅可比旋转矩阵, 则由

$$\boldsymbol{D} = \boldsymbol{V}^{\mathrm{T}}\boldsymbol{A}\boldsymbol{V} \tag{8.94}$$

的对角元给出 $\boldsymbol{A}$ 的特征值, $\boldsymbol{V}$ 的列即为相应的特征向量.

取初始的 $\boldsymbol{V}$ 为单位矩阵, 设

$$\boldsymbol{V}' = \boldsymbol{V} \times \boldsymbol{P}_i, \quad \boldsymbol{V} = (v_{ij}), \quad \boldsymbol{V}' = (v'_{ij}), \quad \boldsymbol{P}_i = \boldsymbol{P}_{pq} \tag{8.95}$$

则同对 $\boldsymbol{A}$ 的变换有

$$\begin{aligned}
v'_{rs} &= v_{rs}, \quad s \neq p, s \neq q \\
v'_{rp} &= v_{rp} - s(v_{rq} + \tau v_{rp}) \\
v'_{rq} &= v_{rq} + s(v_{rp} - \tau v_{rq})
\end{aligned} \tag{8.96}$$

其中, s 与 τ 的意义同前。

8.5.4　自由模态问题的移频

在求解自由模态问题时, 结构未施加约束, 刚度矩阵 $\boldsymbol{K}$ 是奇异的。在子空间迭代法的每一次迭代中, 需要求解线性方程组, 如果刚度矩阵奇异, 显然无法求解。此时可以利用移频法来处理。

移频是求解特征值问题的一个重要方法, 设原特征值问题为

$$\boldsymbol{K}\boldsymbol{\Phi} = \lambda \boldsymbol{M}\boldsymbol{\Phi} \tag{8.97}$$

由于刚度矩阵 $\boldsymbol{K}$ 为半正定矩阵, (8.97) 式会出现零特征值 $(\lambda = 0)$。在此式两端加上 $\rho \boldsymbol{M}\boldsymbol{\Phi}$, 则 (8.97) 式变为

$$(\boldsymbol{K} + \rho \boldsymbol{M})\boldsymbol{\Phi} = (\lambda + \rho)\boldsymbol{M}\boldsymbol{\Phi} \tag{8.98}$$

或写成

$$\bar{\boldsymbol{K}}\boldsymbol{\Phi} = \mu \boldsymbol{M}\boldsymbol{\Phi} \tag{8.99}$$

式中, $\bar{\boldsymbol{K}} = \boldsymbol{K} + \rho \boldsymbol{M}, \mu = \lambda + \rho$, ρ 为移频值。比较 (8.97) 式和 (8.99) 式可以看出, 两者具有相同的特征向量, 但是特征值相差移频值 ρ, 即

$$\mu_i = \lambda_i + \rho \tag{8.100}$$

因此新特征值问题 (8.99) 的特征值 μ_i 全部为正, 即 $\bar{\boldsymbol{K}}$ 为正定矩阵, (8.99) 式可以用子空间迭代法求解。以上结论说明, 今后仅需要讨论 $\boldsymbol{K}\boldsymbol{\Phi} = \lambda \boldsymbol{M}\boldsymbol{\Phi}$ 的特征值 $\lambda_i > 0$ 时的求解方法。这是因为如果出现刚体模态 $(\lambda = 0)$, 总可以对刚度矩阵进行移频, 使得所有特征值都变为正。

移频主要用来求解自由模态问题。自由模态即无约束模态的分析与约束模态分析基本一致, 但在对刚度矩阵处理时不同, 无约束时不需要用乘大数法处理, 在

求解广义特征值问题时需要移频。由于平面桁架结构的自由模态的前 3 阶是刚体模态，所以其频率都为 0。移频的另一应用，就是用来加快特征值问题的求解过程 [16]，此处不再赘述。

8.5.5　子空间迭代法的数值算例

一小型铁路桁架桥由横截面积均为 $3250mm^2$ 的钢制杆件组装而成，弹性模量 $E = 2.07 \times 10^5 MPa$，$\rho = 7.8 \times 10^{-9} t/mm^3$，如图 8-8 所示。试用子空间迭代法求解其前 3 阶约束频率与模态。

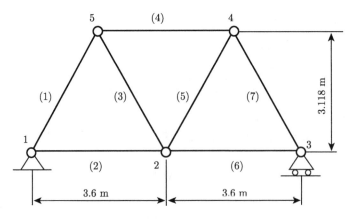

图 8-8　铁路路桥桁架结构

该结构的总体刚度矩阵和质量矩阵见附录 1，K 与 M 的维数为 10。根据 (8.76) 式，算得初始向量个数为 2×3，组成初始向量矩阵

$$
X_0 =
\begin{bmatrix}
0 & 0 & 0 & 0 & 0 & 0 \\
0 & 0 & 0 & 0 & 0 & 0 \\
1 & 0 & 0 & 0 & 0 & 0 \\
1 & 1 & 0 & 0 & 0 & 0 \\
1 & 0 & 1 & 0 & 0 & 0 \\
0 & 0 & 0 & 0 & 0 & 0 \\
1 & 0 & 0 & 1 & 0 & 0 \\
1 & 0 & 0 & 0 & 1 & 0 \\
1 & 0 & 0 & 0 & 0 & 1 \\
1 & 0 & 0 & 0 & 0 & 0
\end{bmatrix}
\tag{8.101}
$$

赋值 $Y = MX_0$，得到

$$
\boldsymbol{Y} =
\begin{bmatrix}
0 & 0 & 0 & 0 & 0 & 0 \\
0 & 0 & 0 & 0 & 0 & 0 \\
0.1833 & 0 & 0 & 0 & 0 & 0 \\
0.1833 & 0.1833 & 0 & 0 & 0 & 0 \\
0.0913 & 0 & 0.0913 & 0 & 0 & 0 \\
0 & 0 & 0 & 0 & 0 & 0 \\
0.1369 & 0 & 0 & 0.1369 & 0 & 0 \\
0.1369 & 0 & 0 & 0 & 0.1369 & 0 \\
0.1384 & 0 & 0 & 0 & 0 & 0.1384 \\
0.1384 & 0 & 0 & 0 & 0 & 0
\end{bmatrix}
\tag{8.102}
$$

求解线性方程组 $\boldsymbol{KX}_1 = \boldsymbol{Y}$，得到

$$
\boldsymbol{X}_1 = 10^{-5} \times
\begin{bmatrix}
0 & 0 & 0 & 0 & 0 & 0 \\
0 & 0 & 0 & 0 & 0 & 0 \\
0.1884 & -0.0277 & 0.0488 & 0.0553 & -0.0103 & 0.0556 \\
0.2298 & 0.1792 & -0.0279 & 0.0010 & 0.0736 & -0.0413 \\
0.2038 & -0.0560 & 0.0977 & 0.0737 & -0.0421 & 0.0745 \\
0 & 0 & 0 & 0 & 0 & 0 \\
0.3480 & 0.0013 & 0.0491 & 0.1395 & -0.0043 & 0.1042 \\
0.1606 & 0.0985 & -0.0280 & -0.0043 & 0.0950 & -0.0266 \\
0.2502 & -0.0547 & 0.0491 & 0.1030 & -0.0263 & 0.1414 \\
0.1101 & 0.0967 & -0.0277 & -0.0156 & 0.0394 & -0.0359
\end{bmatrix}
\tag{8.103}
$$

计算 $\tilde{\boldsymbol{K}} = \boldsymbol{X}_1^{\mathrm{T}} \boldsymbol{KX}_1$ 与 $\tilde{\boldsymbol{M}} = \boldsymbol{X}_1^{\mathrm{T}} \boldsymbol{MX}_1$

$$
\tilde{\boldsymbol{K}} = 10^{-5} \times
\begin{bmatrix}
0.2148 & 0.0421 & 0.0186 & 0.0476 & 0.0220 & 0.0346 \\
 & 0.0328 & -0.0051 & 0.0002 & 0.0135 & -0.0076 \\
 & & 0.0089 & 0.0067 & -0.0038 & 0.0068 \\
 & \text{对称} & & 0.0191 & -0.0006 & 0.0143 \\
 & & & & 0.0130 & -0.0036 \\
 & & & & & 0.0196
\end{bmatrix}
\tag{8.104}
$$

$$\tilde{M} = 10^{-11} \times \begin{bmatrix} 0.5044 & 0.0736 & 0.0533 & 0.1320 & 0.0353 & 0.1029 \\ & 0.0935 & -0.0278 & -0.0165 & 0.0469 & -0.0391 \\ & & 0.0233 & 0.0286 & -0.0157 & 0.0327 \\ & \text{对称} & & 0.0522 & -0.0097 & 0.0516 \\ & & & & 0.0272 & -0.0207 \\ & & & & & 0.0592 \end{bmatrix}$$

(8.105)

可以看到 $\tilde{K}$ 和 $\tilde{M}$ 的维数为 6，实现了降维。求解缩减后的特征值问题 $\tilde{K}\boldsymbol{\Phi}_1^* = \tilde{M}\boldsymbol{\Phi}_1^*\boldsymbol{\Omega}_1^*$，得到

$$\boldsymbol{\Omega}_1^* = 10^5 \times \begin{bmatrix} 2.5676 & & & & & \\ & 4.3943 & & & & \\ & & 14.617 & & & \\ & & & 21.837 & & \\ & & & & 31.300 & \\ & & & & & 39.518 \end{bmatrix}$$

(8.106)

$$\boldsymbol{\Phi}_1^* = \begin{bmatrix} 0.0197 & 0.6660 & 0.3605 & -0.0278 & 0.4744 & 0.3991 \\ -0.7287 & 1 & -0.2509 & 0.4845 & -0.4955 & -0.7723 \\ 1 & -0.3632 & 0.9518 & -0.3148 & -0.8774 & -1 \\ 0.5964 & 0.7883 & -0.6654 & 0.2168 & -1 & 0.1985 \\ -0.2841 & 0.3770 & -0.5363 & -1 & -0.6357 & -0.4432 \\ 0.7078 & 0.1171 & -1 & 0.0049 & -0.0067 & -0.9883 \end{bmatrix}$$

(8.107)

重新计算 $\boldsymbol{Y} = \boldsymbol{M}\boldsymbol{X}_1\boldsymbol{\Phi}_1^*$, $\boldsymbol{K}\boldsymbol{X}_2 = \boldsymbol{Y}$, $\tilde{K} = \boldsymbol{X}_2^{\mathrm{T}}\boldsymbol{K}\boldsymbol{X}_2$, $\tilde{M} = \boldsymbol{X}_2^{\mathrm{T}}\boldsymbol{M}\boldsymbol{X}_2$

$$\tilde{K} = 10^{-22} \times \begin{bmatrix} 154970 & -681.88 & 266.03 & -273.67 & -108.85 & -45.588 \\ & 138820 & -47.871 & 49.246 & 19.587 & 8.2033 \\ & & 864.73 & -19.213 & -7.6418 & -3.2005 \\ & \text{对称} & & 186.72 & 7.8613 & 3.2924 \\ & & & & 52.334 & 1.3095 \\ & & & & & 33.715 \end{bmatrix}$$

(8.108)

$$\tilde{M} = 10^{-28} \times \begin{bmatrix} 620500 & -4597.2 & 1370.2 & -1347.6 & -520.93 & -215.15 \\ & 316270 & -169.06 & 162.77 & 62.029 & 25.433 \\ & & 615.06 & -32.926 & -12.038 & -4.8291 \\ \text{对称} & & & 105.86 & 10.605 & 4.2229 \\ & & & & 19.506 & 1.4983 \\ & & & & & 8.9839 \end{bmatrix}$$

(8.109)

解特征值问题 $\tilde{K}\Phi_2^* = \tilde{M}\Phi_2^*\Omega_2^*$，得到

$$\Omega_2^* = 10^5 \times \begin{bmatrix} 38.866 & & & & & \\ & 29.250 & & & & \\ & & 18.217 & & & \\ & & & 13.850 & & \\ & & & & 2.4969 & \\ & & & & & 4.3898 \end{bmatrix}$$

(8.110)

$$\Phi_2^* = 10^{-5} \times \begin{bmatrix} -16.062 & 48.131 & -230 & 400 & 10^5 & -1200 \\ 3.4879 & -10.656 & 53.546 & -99.572 & -770 & -10^5 \\ -400 & 1470 & -16750 & -10^5 & 9810 & 3590 \\ 3450 & -17480 & -10^5 & 57650 & -36900 & -12630 \\ 12300 & 10^5 & -43790 & 41760 & -39210 & -12960 \\ -10^5 & 13990 & -18850 & 19900 & -21380 & -6960 \end{bmatrix}$$

(8.111)

误差限取 er= 10^{-6}，检查精度

$$\left| \frac{(\omega_i^*)_1 - (\omega_i^*)_0}{(\omega_i^*)_1} \right| > \text{er} \quad (i = 1, 2, \cdots, 6)$$

(8.112)

不满足要求，重新赋值 $Y = MX_2\Phi_2^*$ 并计算，直到满足精度要求。

最后得到特征值矩阵 Ω_I 和特征向量矩阵 Φ_I

$$\Omega_I = 10^5 \times \begin{bmatrix} 4.390 & 0 & 0 & 0 & 0 & 0 \\ 0 & 2.496 & 0 & 0 & 0 & 0 \\ 0 & 0 & 13.52 & 0 & 0 & 0 \\ 0 & 0 & 0 & 27.91 & 0 & 0 \\ 0 & 0 & 0 & 0 & 37.52 & 0 \\ 0 & 0 & 0 & 0 & 0 & 17.19 \end{bmatrix}$$

(8.113)

$$
\boldsymbol{\Phi}_I = \begin{bmatrix}
0 & 0 & 0 & 0 & 0 & 0 \\
0 & 0 & 0 & 0 & 0 & 0 \\
0.4957 & -0.8314 & -1.331 & 0.6670 & -0.1658 & 0.2911 \\
1.463 & 1.011 & -0.4181 & -0.9555 & -1.052 & -0.3040 \\
0.4037 & -1.242 & -1.694 & 0.1685 & 0.1056 & -1.280 \\
0 & 0 & 0 & 0 & 0 & 0 \\
1.379 & -1.040 & 0.7587 & -1.041 & 1.603 & -0.07142 \\
0.9751 & 0.7141 & -0.3281 & 0.9837 & 0.6785 & 1.845 \\
0.7613 & -1.287 & 1.341 & 0.7863 & -1.535 & 0.2956 \\
0.7464 & 0.8412 & 0.5300 & 1.661 & 0.6016 & -1.565
\end{bmatrix} \tag{8.114}
$$

圆频率变换为自然频率 $f = \omega/2\pi$, 得

$$
f = \begin{bmatrix}
105.4 & 0 & 0 & 0 & 0 & 0 \\
0 & 79.52 & 0 & 0 & 0 & 0 \\
0 & 0 & 185.0 & 0 & 0 & 0 \\
0 & 0 & 0 & 265.9 & 0 & 0 \\
0 & 0 & 0 & 0 & 308.3 & 0 \\
0 & 0 & 0 & 0 & 0 & 208.7
\end{bmatrix} \tag{8.115}
$$

需要注意的是: (8.115) 式中, 频率并不是沿对角线依次增大的. 于是, 从 (8.115) 式, 由小到大挑选出前三阶频率为 [79.52　105.4　185.0], 再从 (8.114) 式的相应位置找出对应的振型

$$
\phi_1 = \begin{bmatrix} 0 & 0 & -0.8314 & 1.011 & -1.242 & 0 & -1.040 & 0.7141 & -1.287 & 0.8412 \end{bmatrix}
$$

$$
\phi_2 = \begin{bmatrix} 0 & 0 & 0.4957 & 1.463 & 0.4037 & 0 & 1.379 & 0.9751 & 0.7613 & 0.7464 \end{bmatrix}
$$

$$
\phi_3 = \begin{bmatrix} 0 & 0 & -1.331 & -0.4181 & -1.694 & 0 & 0.7587 & -0.3281 & 1.341 & 0.5300 \end{bmatrix}
$$

以上 3 个振型对应的图形为图 8-9~图 8-11。由于 (8.114) 式是正则振型, 也就是与 $\boldsymbol{M}$ 规范后的振型, 所以绘制振型图的时候须对振型进行缩放, 以便于观察振型。

假设火车车轮直径为 0.8m, 可以估算出可能造成火车与铁路桥共振的行驶速度

$$
v = \pi D f = 3.14 \times 0.8 \times 79.52 \approx 199.7(\text{m/s}) \approx 719(\text{km/h}) \tag{8.116}
$$

当振动是由车轮的不平衡造成时，那么，通过该桥时行驶速度要避开 719km/h 附近。

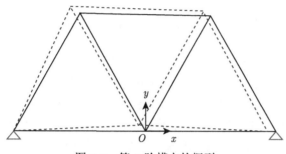

图 8-9 第 1 阶模态的振型

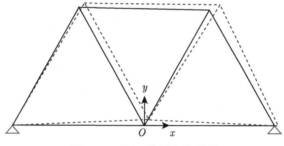

图 8-10 第 2 阶模态的振型

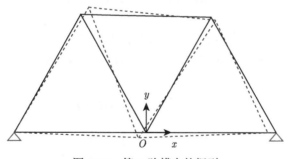

图 8-11 第 3 阶模态的振型

第9章 几何非线性有限元分析

前面各章所讨论的内容都是线性问题。线弹性力学的特点是：平衡方程是不依赖于变形状态的线性方程；几何方程的应变与位移是线性关系；物理方程的应力与应变也是线性关系；边界上的外力和位移是独立的或线性依赖于变形状态的。如果以上方程和边界条件中有任何一个不符合，则问题就是非线性的，可以分为 3 类。

(1) 几何非线性问题：该问题的特点是结构在载荷作用过程中产生大的位移和转动，如杆件和板壳结构的大挠度、屈曲和后屈曲问题。此时材料可能仍为线弹性状态，但是结构的平衡方程必须建立于变形后的状态，以便考虑变形对平衡的影响。同时，由于实际发生的大位移、大转动，几何方程不再是线性形式，即应变表达式中必须包含位移的二次项。

(2) 材料非线性问题：该问题中物理方程的应力与应变关系是非线性的，例如，当载荷达到一定值时，结构的局部区域进入塑性，其他大部分区域仍保持弹性，但在该部位线弹性的应力应变关系已不再适用。还有其他形式材料非线性，如非线性弹性、黏弹性、蠕变、断裂等。

(3) 边界非线性问题：常见的是物体之间的接触和碰撞问题。它们互相接触边界的位置和范围以及接触面上的力的大小和分布事先是不能给定的，需要整个问题的求解才能确定。

在实际问题中，可能会遇到三类非线性问题同时发生的情况，如汽车碰撞、冲压成型等。本章只研究几何非线性，不考虑和其他非线性同时发生的情况。

9.1 应变与应力的度量

几何非线性问题有两种描述格式：完全拉格朗日格式 (total-Lagrangian, TL) 和更新拉格朗日格式 (updated-Lagrangian, UL)。在完全拉格朗日格式中，所有静力学和运动学物理量总是定义于初始构型 (也叫参考构型)，即在整个分析过程中参考构型保持不变；而在更新拉格朗日格式中，所有物理量参考于每一载荷增量或时间步长开始时的构型，即在分析过程中参考构型是不断更新的。TL 描述方法应用最广，而 UL 方法主要应用在大应变和固体物质接近流动状态的行为中。

图 9-1 所示杆件发生了大变形，初始构型中长度为 L_0、初始面积为 A_0；被拉伸后的当前构型中的长度为 L、最终面积为 A。那么，应变的定义方式有常用的如下几种。

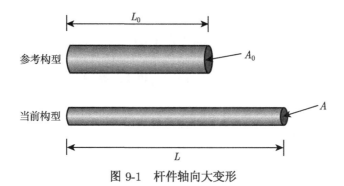

图 9-1 杆件轴向大变形

(1) 工程应变也叫 Cauchy 应变或名义应变

$$\varepsilon_{\mathrm{E}} = \frac{\mathrm{d}u}{\mathrm{d}x} = \frac{L - L_0}{L_0} \tag{9.1}$$

(2) Green 应变

$$\begin{aligned}
\varepsilon_{\mathrm{G}} &= \frac{\mathrm{d}u}{\mathrm{d}x} + \frac{1}{2}\left(\frac{\mathrm{d}u}{\mathrm{d}x}\right)^2 = \frac{L - L_0}{L_0} + \frac{1}{2}\left(\frac{L - L_0}{L_0}\right)^2 \\
&= \frac{LL_0 - L_0^2}{L_0^2} + \frac{L^2 - 2LL_0 + L_0^2}{2L_0^2} \\
&= \frac{L^2 - L_0^2}{2L_0^2}
\end{aligned} \tag{9.2}$$

Green 应变定义在初始构型下，带有非线性二次项，可以描述 TL 格式下的大变形行为，与该应变功共轭 [30] 的是第二类 Piola-Kirchhoff (PK2) 应力 σ_{P}。同时，也可得到 Green 应变与工程应变的关系

$$\varepsilon_{\mathrm{G}} = \varepsilon_{\mathrm{E}} + \frac{1}{2}\varepsilon_{\mathrm{E}}^2 \tag{9.3}$$

对于小应变情形，Green 应变退化为工程应变。

(3) Hencky 应变也叫对数或真实应变

$$\varepsilon_{\mathrm{H}} = \int_{L_0}^{L} \mathrm{d}\varepsilon = \int_{L_0}^{L} \frac{\mathrm{d}l}{l} = \ln(L/L_0) \tag{9.4}$$

通过把所有从初始长度 L_0 变化到当前长度 L 过程中产生的小应变增量叠加起来定义应变，用来描述大应变。与该应变功共轭的是 Cauchy 应力 σ_{C}，也叫真实应力。Hencky 应变并不容易使用，实际情况中，常用下文中的 (4) 和 (5) 两种应变。同时，也可得到 Hencky 应变与工程应变和 Green 应变的关系

$$\varepsilon_H = \ln(1 + \varepsilon_E) = \frac{1}{2}\ln(1 + 2\varepsilon_G) \tag{9.5}$$

对于小应变情形，这三种应变近似相等。

(4) Almansi 应变

$$\varepsilon_A = \frac{L^2 - L_0^2}{2L^2} \tag{9.6}$$

该应变定义于当前构型下。常用于更新的拉格朗日格式中，只有在此种情况下才与真实应力功共轭。

(5) 中点应变

$$\varepsilon_M = \frac{L^2 - L_0^2}{2\left[(L + L_0)/2\right]^2} \tag{9.7}$$

该应变接近 Hencky 应变，但是更容易计算，经常用于塑性或者黏塑性的大变形分析中。对于桁架结构中点应变并无优势，而对于板壳结构的大变形问题，中点应变的优势很明显，比如钣金的冲压成型。

以上涉及了 5 种应变，事实上，应变的定义很多，B. R. Seth 与 R. Hill 从应变量族的高度进行了归纳和总结 [28]。由于工程材料的变形差异很大，加之复杂的工况 (加载方式、应变大小、应变率高低)，很难用一种应变就能够很好地描述所有工程材料的变形，因为没有普遍适用的应变。要视具体的工程材料和实际工况，选择合适的应变去描述其变形。

另外，工程应力、Cauchy 应力、PK2 应力、Almansi 应力之间的关系如下：

$$\sigma_E = \sigma_C \left(\frac{A}{A_0}\right) \tag{9.8}$$

$$\sigma_P = \sigma_C \left(\frac{AL_0}{A_0 L}\right) = \sigma_E \left(\frac{L_0}{L}\right) \tag{9.9}$$

$$\sigma_A = \sigma_C \left(\frac{L_0^2}{L_n^2}\right) \tag{9.10}$$

各种应变和应力之间都可以相互转化。

接下来，通过简单结构展示这几种应力的差异。如图 9-2 桁架结构，A 端固定铰链，B 端固定在滑槽中，初始与加载后的长度、横截面积、体积分别为 L_0, A_0, V_0 和 L, A, V。假定材料是不可压缩的，因此有 $V_0 = V$ 或 $A_0 L_0 = AL$。Cauchy 应力为

$$\sigma_C = E\varepsilon_H \tag{9.11}$$

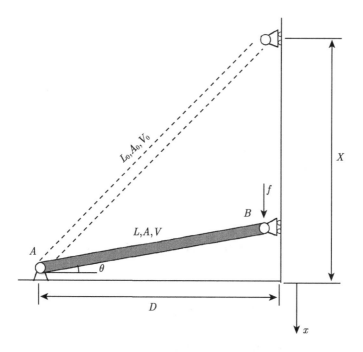

图 9-2 应变度量实例

在当前构型 B 端的竖直方向列平衡方程, 得

$$T(x) - f = 0, \quad T = \sigma_{\mathrm{C}} A \sin\theta, \quad \sin\theta = \frac{x}{l} \tag{9.12}$$

其中, $T(x)$ 是杆件内力 $\sigma_{\mathrm{C}} A$ 在 B 点的竖直分量, x 是桁架 B 端的位置。当应变度量采用 Hencky 应变, 那么外力 f 关于 x 的关系式为

$$f = \frac{EVx}{L^2} \ln\frac{L}{L_0} \tag{9.13}$$

注意, 在这个方程中 L 是 x 的函数 $L^2 = D^2 + x^2$, 因此 f 是与当前构型 x 有关, 并且是关于 x 的高度非线性函数。

令 $E=700000$, $D=2000$, $X = -2000$, $A_0=300$, 那么 $L_0^2 = D^2 + X^2$, $V = L_0 A_0$ 已知, 将其他 4 种应变直接替换 ε_{H}, 并代入 (9.11) 式, 将得到的 (9.13) 式绘制成 f 关于 x 的曲线, 如图 9-3 所示。可以看到在初始位置 $(x = -2000)$ 和 $x = 2000$ 的位置, 杆件没发生变形, 所以这 5 种应变对应的外力都相等, 以及在这两个点的周围虽然发生小变形, 但是曲线基本重合, 所以对于小应变, 这 5 种应变近似相等。在坐标 0 点附近, $\sin\theta \approx 0$, 所以由 (9.12) 式的第 (2) 式知外力 f 近似为 0。

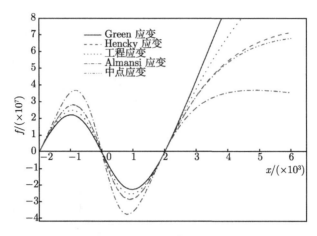

图 9-3 五种应变的比较

9.2 完全拉格朗日格式

如图 9-4 所示的平面桁架经历了大的位移和转动, 假设应变很小, 以至于材料的变形一直处于弹性阶段, 从而只考虑几何非线性的作用。

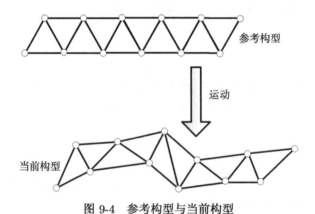

图 9-4 参考构型与当前构型

平面杆单元的节点载荷和位移分别定义为

$$\boldsymbol{u} = \begin{bmatrix} u_{X1} \\ u_{Y1} \\ u_{X2} \\ u_{Y2} \end{bmatrix} \quad \text{和} \quad \boldsymbol{f} = \begin{bmatrix} f_{X1} \\ f_{Y1} \\ f_{X2} \\ f_{Y2} \end{bmatrix} \tag{9.14}$$

图 9-5 所示的杆单元发生了变形, 其节点位移和载荷在等参变化下, 单元内部物质点在参考构型和当前构型的坐标分别为

$$\boldsymbol{X}(\xi) = \left[\begin{array}{c} X(\xi) \\ Y(\xi) \end{array}\right] = \left[\begin{array}{c} \dfrac{1}{2}(1-\xi)X_1 + \dfrac{1}{2}(1+\xi)X_2 \\ \dfrac{1}{2}(1-\xi)Y_1 + \dfrac{1}{2}(1+\xi)Y_2 \end{array}\right] \tag{9.15}$$

$$\boldsymbol{x}(\xi) = \left[\begin{array}{c} x(\xi) \\ y(\xi) \end{array}\right] = \left[\begin{array}{c} \dfrac{1}{2}(1-\xi)x_1 + \dfrac{1}{2}(1+\xi)x_2 \\ \dfrac{1}{2}(1-\xi)y_1 + \dfrac{1}{2}(1+\xi)y_2 \end{array}\right] \tag{9.16}$$

其中, 在节点 1 处 $\xi = -1$, 节点 2 处 $\xi = +1$。那么, 物质点的位移为

$$\boldsymbol{u}(\xi) = \boldsymbol{x}(\xi) - \boldsymbol{X}(\xi) = \left[\begin{array}{c} u_X(\xi) \\ u_Y(\xi) \end{array}\right] = \left[\begin{array}{c} \dfrac{1}{2}(1-\xi)u_{X1} + \dfrac{1}{2}(1+\xi)u_{X2} \\ \dfrac{1}{2}(1-\xi)u_{Y1} + \dfrac{1}{2}(1+\xi)u_{Y1} \end{array}\right] \tag{9.17}$$

矩阵形式记为

$$\boldsymbol{u}(\xi) = \left[\begin{array}{c} u_X(\xi) \\ u_Y(\xi) \end{array}\right] = \left[\begin{array}{cccc} \dfrac{1}{2}(1-\xi) & 0 & \dfrac{1}{2}(1+\xi) & 0 \\ 0 & \dfrac{1}{2}(1-\xi) & 0 & \dfrac{1}{2}(1+\xi) \end{array}\right] \left[\begin{array}{c} u_{X1} \\ u_{Y1} \\ u_{X2} \\ u_{Y2} \end{array}\right]$$

$$= \boldsymbol{N}(\xi)\boldsymbol{u} \tag{9.18}$$

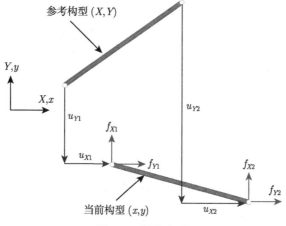

图 9-5 杆件变形

　　在完全拉格朗日格式下, 选择 Green 应变 ε_G 作为应变度量, 其中, 当前构型中的杆长 L 是未知的, 应力度量应选择与 Green 应变功共轭的 PK2 应力 σ_P。应力与应变关系为

$$\sigma_P = E\varepsilon_G \tag{9.19}$$

其中, E 是弹性模量。

　　在此应力基础上, 轴向力是

$$N = A_0\sigma_P \tag{9.20}$$

注意到这不是当前构型的真正轴向力, 而真正的轴向力是

$$N_{\text{true}} = A\sigma_C \tag{9.21}$$

其中, σ_C 是前述提到的柯西应力, A 是当前构型的横截面积。

　　为了简化推导, 还需要定义:

$$
\begin{aligned}
&X_{21} = X_2 - X_1, \quad Y_{21} = Y_2 - Y_1 \\
&a_X = X_{21}/L_0, \quad a_Y = Y_{21}/L_0 \\
&u_{X21} = u_{X2} - u_{X1}, \quad u_{Y21} = u_{Y2} - u_{Y1} \\
&u_X^m = (u_{X2} - u_{X1})/2, \quad u_Y^m = (u_{Y2} - u_{Y1})/2
\end{aligned} \tag{9.22}
$$

上述这些量的几何解释如图 9-6 所示。

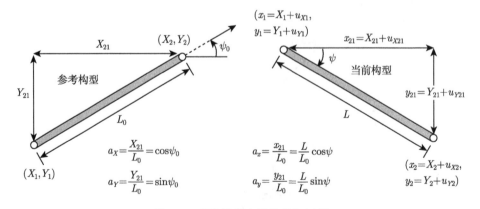

图 9-6　非线性各个量的几何解释

　　那么, 当前杆长 L 为

$$L^2 = (X_{21} + u_{X21})^2 + (Y_{21} + u_{Y21})^2 \tag{9.23}$$

于是

$$\varepsilon_{\mathrm{G}} = \frac{L^2 - L_0^2}{2L_0^2} = \frac{1}{L_0}(a_X u_{X21} + a_Y u_{Y21}) + \frac{1}{2L_0^2}(u_{X21}^2 + u_{Y21}^2)$$

$$= \frac{1}{L_0}[\ -a_X \quad -a_Y \quad a_X \quad a_Y \ ]\boldsymbol{u} + \frac{1}{L_0^2}[\ -u_X^m \quad -u_Y^m \quad u_X^m \quad u_Y^m \ ]\boldsymbol{u}$$

$$= [\boldsymbol{B}_l + \boldsymbol{B}_n(\boldsymbol{u})]\,\boldsymbol{u} \tag{9.24}$$

可观察到 Green 应变 ε_{G} 已经被分成两部分: $\varepsilon_{\mathrm{G}} = \varepsilon_{\mathrm{G}l} + \varepsilon_{\mathrm{G}n}$,

(1) $\varepsilon_{\mathrm{G}l} = \boldsymbol{B}_l\boldsymbol{u}$, $\boldsymbol{B}_l$ 是常数矩阵, 线性依赖于节点位移 $\boldsymbol{u}$。这就是所谓的应变线性部分;

(2) $\varepsilon_{\mathrm{G}n} = \boldsymbol{B}_n\boldsymbol{u}$, $\boldsymbol{B}_n$ 是节点位移的二次函数矩阵。这被称为应变的非线性部分, 并且有 $\boldsymbol{u}$ 趋于 0 时, $\boldsymbol{B}_n(\boldsymbol{u})$ 趋于 0。

ε_{G} 的变分由节点位移的变分 $\delta\boldsymbol{u}$ 得到

$$\delta\varepsilon_{\mathrm{G}} = \boldsymbol{B}_l\delta\boldsymbol{u} + \delta(\boldsymbol{B}_n\boldsymbol{u}) = \boldsymbol{B}_l\delta\boldsymbol{u} + \frac{\partial(\boldsymbol{B}_n\boldsymbol{u})}{\partial\boldsymbol{u}}\delta\boldsymbol{u}$$

$$= \boldsymbol{B}_l\delta\boldsymbol{u} + \boldsymbol{B}_n\delta\boldsymbol{u} + \frac{\partial\boldsymbol{B}_n}{\partial\boldsymbol{u}}\boldsymbol{u}\delta\boldsymbol{u} = \boldsymbol{B}\delta\boldsymbol{u} \tag{9.25}$$

其中

$$\frac{\partial\boldsymbol{B}_n}{\partial\boldsymbol{u}} = \frac{1}{L_0^2}\begin{bmatrix} \dfrac{1}{2} & 0 & -\dfrac{1}{2} & 0 \\[2mm] -\dfrac{1}{2} & 0 & \dfrac{1}{2} & 0 \\[2mm] 0 & \dfrac{1}{2} & 0 & -\dfrac{1}{2} \\[2mm] 0 & -\dfrac{1}{2} & 0 & \dfrac{1}{2} \end{bmatrix} \tag{9.26}$$

于是, 应变矩阵 $\boldsymbol{B}$ 为

$$\boldsymbol{B} = \boldsymbol{B}_l + \boldsymbol{B}_n + \frac{\partial\boldsymbol{B}_n}{\partial\boldsymbol{u}}\boldsymbol{u} = \frac{1}{L_0}[\ -a_x \quad -a_y \quad a_x \quad a_y \ ] \tag{9.27}$$

上式中

$$a_x = a_X + \frac{u_{X21}}{L_0} = \frac{x_2 - x_1}{L_0} = \frac{x_{21}}{L_0}, \quad a_y = a_Y + \frac{u_{Y21}}{L_0} = \frac{y_2 - y_1}{L_0} = \frac{y_{21}}{L_0} \tag{9.28}$$

对 a_x 和 a_y 的几何解释见图 9-6。

9.2.1　最小势能原理推导平衡方程

假设单元只受到保守节点力 $\boldsymbol{f}$ 作用，在当前构型中单元的总势能是

$$\prod = U - W = \int_{\Omega_0}\left(\frac{1}{2}E\varepsilon_G^2\right)\mathrm{d}\Omega_0 - \boldsymbol{f}^{\mathrm{T}}\boldsymbol{u} = \int_{L_0}A_0\left(\frac{1}{2}E\varepsilon_G^2\right)\mathrm{d}\bar{X} - \boldsymbol{f}^{\mathrm{T}}\boldsymbol{u} \qquad (9.29)$$

其中，$\bar{X}$ 是参考构型下沿着杆轴线的坐标系。

平衡方程通过对上述方程变分得到

$$\delta\prod = \delta U - \delta W = (\boldsymbol{p} - \boldsymbol{f})^{\mathrm{T}}\delta\boldsymbol{u} = 0 \qquad (9.30)$$

其中，第一个 U 的变分为

$$\delta U = \boldsymbol{p}^{\mathrm{T}}\delta\boldsymbol{u} = \int_{L_0}A_0(E\varepsilon_G\delta\varepsilon_G)\mathrm{d}\bar{X} = \int_{L_0}A_0\sigma_P\delta\varepsilon_G\mathrm{d}\bar{X}$$

$$= \int_{L_0}N\boldsymbol{B}\delta\boldsymbol{u}\mathrm{d}\bar{X} = NL_0\boldsymbol{B}\delta\boldsymbol{u} \qquad (9.31)$$

其中，$N - A_0\sigma_P$ 是通过参考构型得到的当前构型的 PK2 轴向力，由此可见内部力为

$$\boldsymbol{p} = NL_0\boldsymbol{B}^{\mathrm{T}} = N\begin{bmatrix} -a_x \\ -a_y \\ a_x \\ a_y \end{bmatrix} \qquad (9.32)$$

内部力的几何解释如图 9-7 所示。

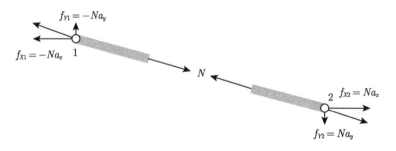

图 9-7　内部力的几何解释

9.2.2 切线刚度矩阵

切线刚度矩阵可以通过内力 $\boldsymbol{p}$ 对节点位移 $\boldsymbol{u}$ 的微分, 得到

$$\boldsymbol{K}_{\mathrm{T}} = \frac{\partial \boldsymbol{p}}{\partial \boldsymbol{u}} = \frac{\partial (NL_0\boldsymbol{B}^{\mathrm{T}})}{\partial \boldsymbol{u}} = A_0L_0\boldsymbol{B}^{\mathrm{T}}\frac{\partial \sigma_{\mathrm{P}}}{\partial \boldsymbol{u}} + A_0L_0\sigma_{\mathrm{P}}\frac{\partial \boldsymbol{B}^{\mathrm{T}}}{\partial \boldsymbol{u}} = \boldsymbol{K}_{\mathrm{M}} + \boldsymbol{K}_{\mathrm{G}} \quad (9.33)$$

其中

$$\frac{\partial \sigma_{\mathrm{P}}}{\partial \boldsymbol{u}} = \frac{\partial (E\varepsilon_{\mathrm{G}})}{\partial \boldsymbol{u}} = E\frac{\partial \varepsilon_{\mathrm{G}}}{\partial \boldsymbol{u}} = E\boldsymbol{B} \quad (9.34)$$

于是, 得到

$$\boldsymbol{K}_{\mathrm{M}} = EA_0L_0\boldsymbol{B}^{\mathrm{T}}\boldsymbol{B} \quad (9.35)$$

也即

$$\boldsymbol{K}_{\mathrm{M}} = \frac{EA_0}{L_0}\begin{bmatrix} a_x^2 & a_xa_y & -a_x^2 & -a_xa_y \\ a_xa_y & a_y^2 & -a_xa_y & -a_y^2 \\ -a_x^2 & -a_xa_y & a_x^2 & a_xa_y \\ -a_xa_y & -a_y^2 & a_xa_y & a_y^2 \end{bmatrix} \quad (9.36)$$

由于 $\boldsymbol{K}_{\mathrm{M}}$ 含有弹性模量 E, 所以 $\boldsymbol{K}_{\mathrm{M}}$ 称为材料刚度矩阵。如果 $\boldsymbol{u} = 0$, 那么 a_x、a_y 即为 $\sin\psi_0$、$\cos\psi_0$, 此时 $\boldsymbol{K}_{\mathrm{M}}$ 与线性杆单元的刚度矩阵一样。

(9.33) 式另一部分可以通过 $\boldsymbol{B}$(即 (9.27) 式) 对位移 $\boldsymbol{u}$ 的微分得到

$$\frac{\partial \boldsymbol{B}^{\mathrm{T}}}{\partial \boldsymbol{u}} = \frac{1}{L_0^2}\begin{bmatrix} 1 & 0 & -1 & 0 \\ 0 & 1 & 0 & -1 \\ -1 & 0 & 1 & 0 \\ 0 & -1 & 0 & 1 \end{bmatrix} \quad (9.37)$$

将 (9.37) 式代入 (9.33) 式, 得

$$\boldsymbol{K}_{\mathrm{G}} = \frac{N}{L_0}\begin{bmatrix} 1 & 0 & -1 & 0 \\ 0 & 1 & 0 & -1 \\ -1 & 0 & 1 & 0 \\ 0 & -1 & 0 & 1 \end{bmatrix} \quad (9.38)$$

因为 $N = A_0\sigma_{\mathrm{P}}$, 所以 $\boldsymbol{K}_{\mathrm{G}}$ 仅依赖于当前构型的应力状态, 没有材料属性出现, 所以称为几何刚度矩阵。

当得到单元的材料刚度矩阵 K_M 和几何刚度矩阵 K_G 后，可以通过对单元刚度矩阵的组装得到结构的总体刚度矩阵，其组装过程与线性问题的组装过程一致。约束处理同样采用对角元素乘大数法。由于在求解非线性方程时采用的是牛顿–拉夫逊 (Newton-Raphson(N-R))，在判断收敛时要用到内部力 p，故对于 p 同样要进行组装与约束处理。

9.3　非线性方程组的解法

在 9.2 节中，提出了几何非线性方程：

$$\delta \Pi = \delta U - \delta W = (\boldsymbol{p} - \boldsymbol{f})^{\mathrm{T}} \delta \boldsymbol{u} = 0 \tag{9.39}$$

即 $\boldsymbol{p} - \boldsymbol{f} = 0$，其中 $\boldsymbol{p}$ 是关于位移 $\boldsymbol{u}$ 的非线性表达式。为了求解这一方程，在本节中，将阐述非线性有限元方程的经典解法 N-R 法。

通常非线性代数方程组可以表示为

$$\boldsymbol{\psi}(\boldsymbol{u}) = \boldsymbol{p}(\boldsymbol{u}) - \boldsymbol{f} = 0 \tag{9.40}$$

或

$$\boldsymbol{p}(\boldsymbol{u}) = \boldsymbol{f} \tag{9.41}$$

以上方程中，$\boldsymbol{u}$ 是待求的未知量，$\boldsymbol{p}(\boldsymbol{u})$ 是 $\boldsymbol{u}$ 的非线性函数向量，$\boldsymbol{f}$ 是独立于 $\boldsymbol{u}$ 的已知向量。在以位移为未知量的有限元分析中，$\boldsymbol{u}$ 是节点位移向量，$\boldsymbol{f}$ 是节点载荷向量。

如果方程 (9.40) 的第 n 次近似解 $\boldsymbol{u}^{(n)}$ 已经得到，一般情况下 (9.40) 式不能精确地满足，即 $\boldsymbol{\psi}\left(\boldsymbol{u}^{(n)}\right) \neq 0$，为得到进一步的近似解 $\boldsymbol{u}^{(n+1)}$，可将 $\boldsymbol{\psi}\left(\boldsymbol{u}^{(n+1)}\right)$ 表示成 $\boldsymbol{u}^{(n)}$ 附近的仅保留线性项的 Taylor 展开式，即

$$\boldsymbol{\psi}\left(\boldsymbol{u}^{(n+1)}\right) \equiv \boldsymbol{\psi}\left(\boldsymbol{u}^{(n)}\right) + \left(\frac{\partial \boldsymbol{\psi}}{\partial \boldsymbol{u}}\right)_n \Delta \boldsymbol{u}^{(n)} = 0 \tag{9.42}$$

且有

$$\boldsymbol{u}^{(n+1)} = \boldsymbol{u}^{(n)} + \Delta \boldsymbol{u}^{(n)} \tag{9.43}$$

(9.42) 式中，$\partial \boldsymbol{\psi} / \partial \boldsymbol{u}$ 是切线矩阵，即

$$\frac{\partial \boldsymbol{\psi}}{\partial \boldsymbol{u}} \equiv \frac{\partial \boldsymbol{p}}{\partial \boldsymbol{u}} \equiv \boldsymbol{K}_{\mathrm{T}}(\boldsymbol{u}) \tag{9.44}$$

于是, 从 (9.42) 式可以得到

$$\Delta \boldsymbol{u}^{(n)} = -\left(\boldsymbol{K}_{\mathrm{T}}^{(n)}\right)^{-1}\boldsymbol{\psi}^{(n)} = -\left(\boldsymbol{K}_{\mathrm{T}}^{(n)}\right)^{-1}\left(\boldsymbol{p}^{(n)}-\boldsymbol{f}\right) = \left(\boldsymbol{K}_{\mathrm{T}}^{(n)}\right)^{-1}\left(\boldsymbol{f}-\boldsymbol{p}^{(n)}\right) \quad (9.45)$$

其中, $\boldsymbol{K}_{\mathrm{T}}^{(n)} = \boldsymbol{K}_{\mathrm{T}}\left(\boldsymbol{u}^{(n)}\right), \boldsymbol{p}^{(n)} = \boldsymbol{p}\left(\boldsymbol{u}^{(n)}\right)$。由于 Taylor 展开 (9.42) 式仅取线性项, 所以 $\boldsymbol{u}^{(n+1)}$ 仍是近似解, 应重复上述迭代求解过程直至满足收敛要求。

N-R 法的求解过程如图 9-8 所示。一般情形, 它具有良好的收敛性。为了度量偏差的大小和判断是否收敛, 可以使用各种范数来定义收敛准则。在本节中注意到, 在迭代方程的每一步, 得到的近似解一般不会严格满足 (9.40) 式 (除非收敛发生), 即

$$\boldsymbol{\psi}(\boldsymbol{u}) = \boldsymbol{p}(\boldsymbol{u}) - \boldsymbol{f} \neq 0 \quad (9.46)$$

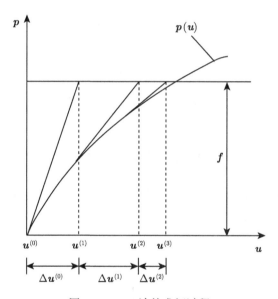

图 9-8 N-R 法的求解过程

因此, 上式可作为对平衡偏离的一种度量 (称为失衡力), 收敛准则可相应地采用

$$\|\boldsymbol{\psi}(\boldsymbol{u}^*)\| \leqslant \beta \|\boldsymbol{f}\| \quad (9.47)$$

β 是事前指定的一个很小的数, 如 5×10^{-5}。采用 N-R 方法求解前述几何非线性有限元方程, 其流程如图 9-9 所示。

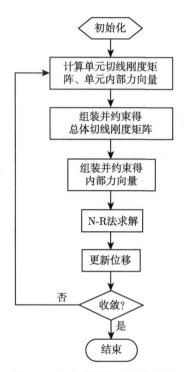

图 9-9   几何非线性求解流程图

9.4   解 析 算 例

在本节中以两杆桁架 (图 9-10) 为算例，来演示几何非线性计算的具体步骤。给定初始数据 S, H, E, A_0, 以及外力 $f_Y = \lambda$, 其中外力向上 λ 为正, 向下 λ 为负。

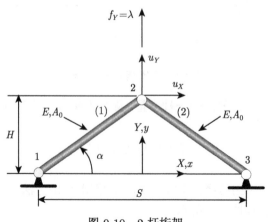

图 9-10   2 杆桁架

9.4.1 求解单元切线刚度矩阵

假设节点 2 的位移为 (u_X, u_Y), 对于单元 1, 初始杆长为

$$L_0 = \sqrt{(S/2)^2 + H^2} \tag{9.48}$$

初始构型 1 节点坐标为 $(-S/2, 0)$, 2 节点坐标为 $(0, H)$, 则当前构型的 1、2 节点坐标分别为 $(-S/2, 0)$, $(u_X, H + u_Y)$, 故由 (9.28) 式求得

$$a_x^{(1)} = \frac{x_2 - x_1}{L_0} = \frac{u_X + S/2}{L_0} \tag{9.49}$$

$$a_y^{(1)} = \frac{y_2 - y_1}{L_0} = \frac{H + u_Y}{L_0} \tag{9.50}$$

其中, 右上标 (1) 表示单元 1 所对应的量, 同理右上标 (2) 表示单元 2 所对应的量。为方便起见, 引入符号 $\varphi_1 = u_X + S, \varphi_2 = u_X + S/2, \varphi_3 = H + u_Y, \varphi_4 = 2H + u_Y, \varphi_5 = u_X - S, \varphi_6 = S/2 - u_X$。由 (9.36) 式得单元 1 的材料刚度矩阵 $\boldsymbol{K}_M^{(1)}$ 为

$$\boldsymbol{K}_M^{(1)} = \frac{EA_0}{L_0^3} \begin{bmatrix} (\varphi_2)^2 & \varphi_2\varphi_3 & -(\varphi_2)^2 & -\varphi_2\varphi_3 \\ \varphi_2\varphi_3 & (\varphi_3)^2 & -\varphi_2\varphi_3 & -(\varphi_3)^2 \\ -(\varphi_2)^2 & -\varphi_2\varphi_3 & (\varphi_2)^2 & \varphi_2\varphi_3 \\ -\varphi_2\varphi_3 & -(\varphi_3)^2 & \varphi_2\varphi_3 & (\varphi_3)^2 \end{bmatrix} \tag{9.51}$$

由当前构型的长度

$$L = \sqrt{(\varphi_2)^2 + (\varphi_3)^2} \tag{9.52}$$

得出 Green 应变

$$\varepsilon_G = \frac{L^2 - L_0^2}{2L_0^2} = \frac{u_X(\varphi_1) + u_Y(\varphi_4)}{2L_0^2} \tag{9.53}$$

那么, 得出 PK2 轴力

$$N = A_0 \sigma_P = A_0 E \varepsilon_G = \frac{EA_0}{2L_0^2} [u_X \varphi_1 + u_Y \varphi_4] \tag{9.54}$$

故由 (9.38) 式得到几何刚度矩阵 $\boldsymbol{K}_G^{(1)}$ 为

$$\boldsymbol{K}_G^{(1)} = \frac{EA_0}{2L_0^3} [u_X \varphi_1 + u_Y \varphi_4] \begin{bmatrix} 1 & 0 & -1 & 0 \\ 0 & 1 & 0 & -1 \\ -1 & 0 & 1 & 0 \\ 0 & -1 & 0 & 1 \end{bmatrix} \tag{9.55}$$

对于单元 2 两节点 2, 3 初始坐标分别为：$(0, H)$, $(S/2, 0)$，则两节点当前构型的坐标分别为：$(u_X, H + u_Y)$, $(S/2, 0)$，则同理可得到单元 2 的两个刚度矩阵，分别为

$$
\boldsymbol{K}_{\mathrm{M}}^{(2)} = \frac{EA_0}{L_0^3}
\begin{bmatrix}
(\varphi_6)^2 & -\varphi_3\varphi_6 & -(\varphi_6)^2 & \varphi_3\varphi_6 \\
-\varphi_3\varphi_6 & (\varphi_3)^2 & \varphi_3\varphi_6 & -(\varphi_3)^2 \\
-(\varphi_6)^2 & \varphi_3\varphi_6 & (\varphi_6)^2 & -\varphi_3\varphi_6 \\
\varphi_3\varphi_6 & -(\varphi_3)^2 & -\varphi_3\varphi_6 & (\varphi_3)^2
\end{bmatrix}
\tag{9.56}
$$

$$
\boldsymbol{K}_{\mathrm{G}}^{(2)} = \frac{EA_0}{2L_0^3} \left[u_X\varphi_5 + u_Y\varphi_4\right]
\begin{bmatrix}
1 & 0 & -1 & 0 \\
0 & 1 & 0 & -1 \\
-1 & 0 & 1 & 0 \\
0 & -1 & 0 & 1
\end{bmatrix}
\tag{9.57}
$$

9.4.2   组装切线刚度矩阵

首先对材料刚度矩阵进行组装，并采用直接代入法施加约束：

$$
\boldsymbol{K}_{\mathrm{M}} = \frac{EA_0}{L_0^3}
\begin{bmatrix}
(\varphi_2)^2 + (\varphi_6)^2 & 2u_X \cdot \varphi_3 \\
2u_X\varphi_3 & 2(\varphi_3)^2
\end{bmatrix}
\tag{9.58}
$$

同样，对几何刚度矩阵进行组装：

$$
\boldsymbol{K}_{\mathrm{G}} = \frac{EA_0}{2L_0^3}
\begin{bmatrix}
2u_X^2 + 2u_Y\varphi_4 & 0 \\
0 & 2u_X^2 + 2u_Y\varphi_4
\end{bmatrix}
\tag{9.59}
$$

然后，对两刚度矩阵叠加，得到总体切线刚度矩阵：

$$
\boldsymbol{K}_{\mathrm{T}} = \frac{EA_0}{2L_0^3}
\begin{bmatrix}
6u_X^2 + S^2 + 2u_Y(\varphi_4) & 4\varphi_3 u_X \\
4\varphi_3 u_X & 6u_Y(\varphi_4) + 4H^2 + 2u_X^2
\end{bmatrix}
\tag{9.60}
$$

9.4.3   求解内部力并组装

对于单元 1，相应的轴力为

$$
N = A_0\sigma_{\mathrm{P}} = A_0 E\varepsilon_{\mathrm{G}} = \frac{EA_0}{2L_0^2}\left[u_X\varphi_1 + u_Y\varphi_4\right]
\tag{9.61}
$$

应变矩阵为

$$
\boldsymbol{B} = \begin{bmatrix} -a_x & -a_y & a_x & a_y \end{bmatrix}^{\mathrm{T}}
\tag{9.62}
$$

将 (9.61) 式与 (9.62) 式代入 (9.32) 式, 得内部力向量为

$$\boldsymbol{p}^{(1)} = \frac{EA_0}{2L_0^3} \left[u_X \varphi_1 + u_Y \varphi_4 \right] \begin{bmatrix} -\varphi_2 \\ -\varphi_3 \\ \varphi_2 \\ \varphi_3 \end{bmatrix} \tag{9.63}$$

同理, 得到单元 2 的内部力向量为

$$\boldsymbol{p}^{(2)} = \frac{EA_0}{2L_0^3} \left[u_X \varphi_5 + u_Y \varphi_4 \right] \begin{bmatrix} -\varphi_6 \\ \varphi_3 \\ \varphi_6 \\ -\varphi_3 \end{bmatrix} \tag{9.64}$$

对内部进行组装, 组装原则与刚度阵相似, 得到总体内部力为

$$\boldsymbol{p} = \frac{EA_0}{2L_0^3} \begin{bmatrix} -\varphi_2(u_X \varphi_1 + u_Y \varphi_4) \\ -\varphi_3(u_X \varphi_1 + u_Y \varphi_4) \\ u_X(2u_X^2 + S^2) + 2u_X u_Y \varphi_4 \\ 2\varphi_3(u_X^2 + u_Y \varphi_4) \\ \varphi_6(u_X \varphi_5 + u_Y \varphi_4) \\ -\varphi_3(u_X \varphi_5 + u_Y \varphi_4) \end{bmatrix} \tag{9.65}$$

9.4.4 求解平衡方程

由算例知外部力为

$$\boldsymbol{f} = \begin{bmatrix} 0 & 0 & 0 & \lambda & 0 & 0 \end{bmatrix}^{\mathrm{T}} \tag{9.66}$$

对于结构的 1、3 节点, 其在 X、Y 方向的位移皆为 0, 故对总体的外部力 $\boldsymbol{f}$ 和内部力 $\boldsymbol{p}$ 进行约束处理, 将相应自由度对应的行列删除即可, 即直接代入法

$$\boldsymbol{f} = \begin{bmatrix} 0 \\ \lambda \end{bmatrix} \tag{9.67}$$

$$\boldsymbol{p} = \frac{EA_0}{2L_0^3} \begin{bmatrix} u_X(2u_X^2 + S^2) + 2u_X u_Y \varphi_4 \\ 2\varphi_3[u_X^2 + u_Y \varphi_4] \end{bmatrix} \tag{9.68}$$

故由 $p - f = 0$, 得

$$\frac{EA_0}{2L_0^3} \left[\begin{array}{c} u_X(2u_X^2 + S^2) + 2u_X u_Y \varphi_4 \\ 2\varphi_3[u_X^2 + u_Y \varphi_4] \end{array} \right] = \left[\begin{array}{c} 0 \\ \lambda \end{array} \right] \tag{9.69}$$

由 (9.69) 式的第 1 式求解, 得

$$u_X^p = 0, \quad u_X^{s1,s2} = \pm\sqrt{-S^2/2 - 2Hu_Y - u_Y^2} \tag{9.70}$$

其中, u_X^p 是基本解, 将 $u_X^p = 0$ 代入 (9.69) 式的第 2 式, 整理得到

$$u_Y^3 + 3Hu_Y^2 + 2H^2 u_Y - \frac{\lambda L_0^3}{EA_0} = 0 \tag{9.71}$$

而第二解 u_X^{s1}, u_X^{s2} 也是存在的 (称为分叉), 其发生的条件是

$$\Delta = -S^2/2 - 2Hu_Y - u_Y^2 > 0 \tag{9.72}$$

因为 S, H 是正的, 所以只有 u_Y 为负, (9.72) 式才成立。解 (9.72) 式, 得

$$-H - \sqrt{H^2 - S^2/2} < u_Y < -H + \sqrt{H^2 - S^2/2} \tag{9.73}$$

也就是只有当 $H^2 > S^2/2$ 时, (9.73) 式才成立。将 u_X^{s1}, u_X^{s2} 代入 (9.69) 式的第 2 式, 整理得到

$$-S^2(H + u_Y) = \frac{2\lambda L_0^3}{EA_0} \tag{9.74}$$

解得

$$u_Y^{s1} = u_Y^{s2} = -\frac{2\lambda L_0^3}{EA_0 S^2} - H \tag{9.75}$$

再将 (9.75) 式代入 u_X^{s1}, u_X^{s2}, 得到

$$u_X^{s1,s2} = \pm\sqrt{-\frac{S^2}{2} + \left(H + \frac{2\lambda L_0^3}{EA_0 S^2}\right)\left(H - \frac{2\lambda L_0^3}{EA_0 S^2}\right)} \tag{9.76}$$

出现分叉的临界条件为 (9.70) 式的第 2 式 $u_X^{s1,s2} = 0$, 即

$$2u_Y^2 + 4Hu_Y + S^2 = 0 \tag{9.77}$$

解得

$$u_Y^{B1} = -H + \sqrt{H^2 - S^2/2}, \quad u_Y^{B2} = -H - \sqrt{H^2 - S^2/2} \qquad (9.78)$$

将 $u_X = 0$ 和 (9.78) 式代入 (9.69) 式的第 2 式, 得到临界载荷

$$\lambda_{B1} = -\lambda_{B2} = -\frac{EA_0 S^2}{2L_0^3} \sqrt{H^2 - \frac{S^2}{2}} \qquad (9.79)$$

临界状态如图 9-11 所示。结构在受压状态下, 当 $\lambda \leqslant \lambda_{B1}$ 时 ($\lambda = \lambda_{B1}$ 对应临界状态 1), 只有基本解, 此时变形是对称的; 当 $\lambda > \lambda_{B1}$ 时, 结构失稳, 会存在三种可能的平衡状态 (即基本解和分岔解), 并且承载能力也下降 (表现为 λ 的绝对值变小); 当 $\lambda < \lambda_{B2}$ 时, 结构仍会发生失稳; 当 $\lambda \geqslant \lambda_{B2}$ 时 ($\lambda = \lambda_{B2}$ 对应临界状态 2), 结构变形再次对称。

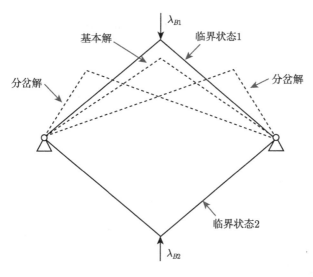

图 9-11 临界状态

9.5 数 值 算 例

9.5.1 2 杆桁架结构

对 9.4 节的 2 杆桁架结构进行数值求解。已知 $S = 400\text{mm}, H = 150\text{mm}, E = 2 \times 10^5 \text{MPa}, A_0 = 100\text{mm}^2, \lambda = 10^6 \text{N}$ 并且设定 N-R 法的残差 $\beta = 5 \times 10^{-5}$, 则初始长度为

$$L_0 = \sqrt{(S/2)^2 + H^2} = 250\text{mm} \tag{9.80}$$

1. 第一次迭代

在 N-R 法的初次迭代中, 设定初始位移 $^1\boldsymbol{u} = \begin{bmatrix} 0 & 0 & 0 & 0 & 0 & 0 \end{bmatrix}^{\mathrm{T}}$。对于单元 1 来说, 由 (9.49) 式与 (9.50) 式得

$$^1a_x^{(1)} = \frac{x_2 - x_1}{L_0} = \frac{u_X + S/2}{L_0} = 0.8, \quad ^1a_y^{(1)} = \frac{y_2 - y_1}{L_0} = \frac{H + u_Y}{L_0} = 0.6 \tag{9.81}$$

其中, 左上标 1 表示第一次迭代。把 (9.81) 式的值代入 (9.51) 式, 得到材料刚度矩阵 $^1\boldsymbol{K}_{\mathrm{M}}^{(1)}$:

$$^1\boldsymbol{K}_{\mathrm{M}}^{(1)} = 8 \times 10^4 \times \begin{bmatrix} 0.64 & 0.48 & -0.64 & -0.48 \\ 0.48 & 0.36 & -0.48 & -0.36 \\ -0.64 & -0.48 & 0.64 & 0.48 \\ -0.48 & -0.36 & 0.48 & 0.36 \end{bmatrix} \tag{9.82}$$

然后, 由 (9.52) 式, 得

$$^1L = \sqrt{(u_X + S/2)^2 + (H + u_Y)^2} = 250 = L_0 \tag{9.83}$$

由 (9.53) 式知, Green 应变 $\varepsilon_{\mathrm{G}} = 0$, 故 Kirchhoff 应力 $s = 0$, 由 (9.55) 式知几何刚度矩阵 $^1\boldsymbol{K}_{\mathrm{G}}^{(1)}$ 为 0。

对于单元 2, 同理得

$$^1a_x^{(2)} = \frac{x_2 - x_1}{L_0} = \frac{S/2 - u_X}{L_0} = 0.8, \quad ^1a_y^{(2)} = \frac{y_2 - y_1}{L_0} = -\frac{H + u_Y}{L_0} = -0.6 \tag{9.84}$$

同样, 材料刚度矩阵为

$$^1\boldsymbol{K}_{\mathrm{M}}^{(2)} = 8 \times 10^4 \times \begin{bmatrix} 0.64 & -0.48 & -0.64 & 0.48 \\ -0.48 & 0.36 & 0.48 & -0.36 \\ -0.64 & 0.48 & 0.64 & -0.48 \\ 0.48 & -0.36 & -0.48 & 0.36 \end{bmatrix} \tag{9.85}$$

同样, 单元 2 的几何刚度矩阵仍为零。

将单元 1 与 2 的材料刚度矩阵进行组装, 得到总体切线刚度矩阵 $^1\boldsymbol{K}_{\mathrm{T}}^{(\mathrm{un})}$, 其中, 右上标 (un) 表示未进行约束处理

$$
{}^1\boldsymbol{K}_{\mathrm{T}}^{(\mathrm{un})} = 8 \times 10^4 \times \begin{bmatrix} 0.64 & 0.48 & -0.64 & -0.48 & 0 & 0 \\ 0.48 & 0.36 & -0.48 & -0.36 & 0 & 0 \\ -0.64 & -0.48 & 1.28 & 0 & -0.64 & 0.48 \\ -0.48 & -0.36 & 0 & 0.72 & 0.48 & -0.36 \\ 0 & 0 & -0.64 & 0.48 & 0.64 & -0.48 \\ 0 & 0 & 0.48 & -0.36 & -0.48 & 0.36 \end{bmatrix} \tag{9.86}
$$

接下来, 求解内部力, 根据 (9.32) 式知: 内部力 $\boldsymbol{p}$ 与 Green 应变 ε_{G} 成正比, 故单元 1、单元 2 的内部力均为零, 则总体内部力表示为

$$
{}^1\boldsymbol{p}^{(\mathrm{un})} = \begin{bmatrix} 0 & 0 & 0 & 0 & 0 & 0 \end{bmatrix}^{\mathrm{T}} \tag{9.87}
$$

然后, 对刚度矩阵和内部力进行约束处理即乘大数法, 设定大数为 10^{10}:

$$
{}^1\boldsymbol{K}_{\mathrm{T}} = 8 \times 10^4 \times \begin{bmatrix} 0.64 \times 10^{10} & 0.48 & -0.64 & -0.48 & 0 & 0 \\ 0.48 & 0.36 \times 10^{10} & -0.48 & -0.36 & 0 & 0 \\ -0.64 & -0.48 & 1.28 & 0 & -0.64 & 0.48 \\ -0.48 & -0.36 & 0 & 0.72 & 0.48 & -0.36 \\ 0 & 0 & -0.64 & 0.48 & 0.64 \times 10^{10} & -0.48 \\ 0 & 0 & 0.48 & -0.36 & -0.48 & 0.36 \times 10^{10} \end{bmatrix} \tag{9.88}
$$

$$
{}^1\boldsymbol{p} = \begin{bmatrix} 0 & 0 & 0 & 0 & 0 & 0 \end{bmatrix}^{\mathrm{T}} \tag{9.89}
$$

根据 N-R 法进行第一步迭代求出 $\Delta^1\boldsymbol{u}$, 由 (9.42) 式得

$$
\Delta^1\boldsymbol{u} = ({}^1\boldsymbol{K}_{\mathrm{T}})^{-1}(\boldsymbol{f} - {}^1\boldsymbol{p}) \tag{9.90}
$$

$$
\Delta^1\boldsymbol{u} = ({}^1\boldsymbol{K}_{\mathrm{T}})^{-1}(\boldsymbol{f} - {}^1\boldsymbol{p}) = \frac{1}{8 \times 10^4} \times \begin{bmatrix} 0 & 0 & 0 & 0 & 0 & 0 \\ 0 & 0 & 0 & 0 & 0 & 0 \\ 0 & 0 & 0.7813 & 0 & 0 & 0 \\ 0 & 0 & 0 & 1.3889 & 0 & 0 \\ 0 & 0 & 0 & 0 & 0 & 0 \\ 0 & 0 & 0 & 0 & 0 & 0 \end{bmatrix} \begin{bmatrix} 0 \\ 0 \\ 0 \\ 10^6 \\ 0 \\ 0 \end{bmatrix} \tag{9.91}
$$

求得

$$\Delta^1 \boldsymbol{u} = [\ 0 \quad 0 \quad 0 \quad 17.36 \quad 0 \quad 0\ ]^{\mathrm{T}} \tag{9.92}$$

故新位移为

$$^2\boldsymbol{u} = {}^1\boldsymbol{u} + \Delta^1\boldsymbol{u} = \Delta^1\boldsymbol{u} \tag{9.93}$$

验证收敛准则: 将 (9.93) 式代入 (9.65) 式后进行约束处理, 得

$$^2\boldsymbol{p} = [\ 0 \quad 0 \quad 0 \quad 11.80221 \times 10^5 \quad 0 \quad 0\ ]^{\mathrm{T}} \tag{9.94}$$

由 (9.47) 式, 得

$$\Delta = \left\| {}^2\boldsymbol{p}(\boldsymbol{u}) - \boldsymbol{f} \right\| - \beta \left\| \boldsymbol{f} \right\| = 1.80221 \times 10^5 - 50 \geqslant 0 \tag{9.95}$$

即结果不收敛。

2. 第二次迭代

进行第二次迭代, 此时初始值为

$$^2\boldsymbol{u} = [\ 0 \quad 0 \quad 0 \quad 17.36 \quad 0 \quad 0\ ]^{\mathrm{T}} \tag{9.96}$$

对应于 (9.84) 式的单元 1 为

$$^2a_x^{(1)} = \frac{x_2 - x_1}{L_0} = \frac{S/2 + u_X}{L_0} = 0.8, \quad {}^2a_y^{(1)} = \frac{y_2 - y_1}{L_0} = \frac{H + u_Y}{L_0} = 0.669 \tag{9.97}$$

同样, 得到单元 1 的材料刚度矩阵

$$^2\boldsymbol{K}_{\mathrm{M}}^{(1)} = 8 \times 10^4 \times \begin{bmatrix} 0.64 & 0.5353 & -0.64 & -0.5353 \\ 0.5353 & 0.4475 & -0.5353 & -0.4475 \\ -0.64 & -0.5353 & 0.64 & 0.5353 \\ -0.5353 & -0.4475 & 0.5353 & 0.4475 \end{bmatrix} \tag{9.98}$$

杆的当前长度为

$$^2L = \sqrt{(u_X + S/2)^2 + (H + u_Y)^2} = 260.78 \tag{9.99}$$

故由 (9.53) 式~(9.55) 式得应变、轴力、几何刚度矩阵分别为

$$^2\varepsilon_{\mathrm{G}} = \frac{{}^2L^2 - L_0^2}{2L_0^2} = \frac{u_X(u_X + S) + u_Y(u_Y + 2H)}{2L_0^2} = 0.044 \tag{9.100}$$

$$^2N = A_0 \cdot {}^2\sigma_{\mathrm{P}} = A_0 E \cdot {}^2\varepsilon_{\mathrm{G}} = 8.8 \times 10^5 \tag{9.101}$$

$$
{}^2\boldsymbol{K}_{\mathrm{G}}^{(1)} = 0.352 \times 10^4 \begin{bmatrix} 1 & 0 & -1 & 0 \\ 0 & 1 & 0 & -1 \\ -1 & 0 & 1 & 0 \\ 0 & -1 & 0 & 1 \end{bmatrix} \tag{9.102}
$$

同理对于单元 2 有

$$
{}^2a_x^{(2)} = \frac{x_2 - x_1}{L_0} = \frac{S/2 - u_X}{L_0} = 0.8
$$

$$
{}^2a_y^{(2)} = \frac{y_2 - y_1}{L_0} = -\frac{H + u_Y}{L_0} = -0.669 \tag{9.103}
$$

材料刚度矩阵为

$$
{}^2\boldsymbol{K}_{\mathrm{M}}^{(2)} = 8 \times 10^4 \times \begin{bmatrix} 0.64 & -0.5353 & -0.64 & 0.5353 \\ -0.5353 & 0.4475 & 0.5353 & -0.4475 \\ -0.64 & 0.5353 & 0.64 & -0.5353 \\ 0.5353 & -0.4475 & -0.5353 & 0.4475 \end{bmatrix} \tag{9.104}
$$

几何刚度矩阵为

$$
{}^2\boldsymbol{K}_{\mathrm{G}}^{(2)} = 0.352 \times 10^4 \times \begin{bmatrix} 1 & 0 & -1 & 0 \\ 0 & 1 & 0 & -1 \\ -1 & 0 & 1 & 0 \\ 0 & -1 & 0 & 1 \end{bmatrix} \tag{9.105}
$$

对单元 1 与 2 进行组装

$$
{}^2\boldsymbol{K}_{\mathrm{M}} = 8 \times 10^4 \times \begin{bmatrix} 0.64 & 0.5353 & -0.64 & -0.5353 & 0 & 0 \\ 0.5353 & 0.4475 & -0.5353 & -0.4475 & 0 & 0 \\ -0.64 & -0.5353 & 1.28 & 0 & -0.64 & 0.5353 \\ -0.5353 & -0.4475 & 0 & 0.895 & 0.5353 & -0.4475 \\ 0 & 0 & -0.64 & 0.5353 & 0.64 & -0.5353 \\ 0 & 0 & 0.5353 & -0.4475 & -0.5353 & 0.4475 \end{bmatrix} \tag{9.106}
$$

$$
{}^2\boldsymbol{K}_{\mathrm{G}} = 0.352 \times 10^4 \times \begin{bmatrix} 1 & 0 & -1 & 0 & 0 & 0 \\ 0 & 1 & 0 & -1 & 0 & 0 \\ -1 & 0 & 2 & 0 & -1 & 0 \\ 0 & -1 & 0 & 2 & 0 & -1 \\ 0 & 0 & -1 & 0 & 1 & 0 \\ 0 & 0 & 0 & -1 & 0 & 1 \end{bmatrix} \tag{9.107}
$$

将 (9.106) 式与 (9.107) 式进行叠加，得到切线刚度矩阵

$$
{}^{2}\boldsymbol{K}_{\mathrm{T}}^{(\mathrm{un})}=10^{4}\times
\begin{bmatrix}
5.472 & 4.2824 & -5.472 & -4.2824 & 0 & 0 \\
4.2824 & 3.932 & -4.2824 & -3.932 & 0 & 0 \\
-5.472 & -4.2824 & 10.944 & 0 & -5.472 & 4.2824 \\
-4.2824 & -3.932 & 0 & 7.864 & 4.2824 & -3.932 \\
0 & 0 & -5.472 & 4.2824 & 5.472 & -4.2824 \\
0 & 0 & 4.2824 & -3.932 & -4.2824 & 3.932
\end{bmatrix}
$$
(9.108)

进行约束处理

$$
{}^{2}\boldsymbol{K}_{\mathrm{T}}=10^{4}\times
\begin{bmatrix}
5.472\times10^{10} & 4.2824 & -5.472 & -4.2824 & 0 & 0 \\
4.2824 & 3.932\times10^{10} & -4.2824 & -3.932 & 0 & 0 \\
-5.472 & -4.2824 & 10.944 & 0 & -5.472 & 4.2824 \\
-4.2824 & -3.932 & 0 & 7.864 & 4.2824 & -3.932 \\
0 & 0 & -5.472 & 4.2824 & 5.472\times10^{10} & -4.2824 \\
0 & 0 & 4.2824 & -3.932 & -4.2824 & 3.932\times10^{10}
\end{bmatrix}
$$
(9.109)

$$
{}^{2}\boldsymbol{p}=\begin{bmatrix} 0 & 0 & 0 & 11.80221\times10^{5} & 0 & 0 \end{bmatrix}^{\mathrm{T}}
$$
(9.110)

仍由 (9.42) 式得知

$$
\Delta^{2}\boldsymbol{u}=({}^{2}\boldsymbol{K}_{\mathrm{T}})^{-1}(\boldsymbol{f}-{}^{2}\boldsymbol{p})=\frac{1}{10^{4}}
\begin{bmatrix}
0 & 0 & 0 & 0 & 0 & 0 \\
0 & 0 & 0 & 0 & 0 & 0 \\
0 & 0 & 0.0914 & 0 & 0 & 0 \\
0 & 0 & 0 & 0.1272 & 0 & 0 \\
0 & 0 & 0 & 0 & 0 & 0 \\
0 & 0 & 0 & 0 & 0 & 0
\end{bmatrix}
\begin{bmatrix}
0 \\
0 \\
0 \\
-1.80221\times10^{5} \\
0 \\
0
\end{bmatrix}
$$
(9.111)

即

$$
\Delta^{(2)}\boldsymbol{u}=\begin{bmatrix} 0 & 0 & 0 & -2.292 & 0 & 0 \end{bmatrix}^{\mathrm{T}}
$$
(9.112)

得到新位移

$$
{}^{3}\boldsymbol{u}={}^{2}\boldsymbol{u}+\Delta^{2}\boldsymbol{u}=\begin{bmatrix} 0 & 0 & 0 & 15.078 & 0 & 0 \end{bmatrix}^{\mathrm{T}}
$$
(9.113)

将 (9.113) 式代入 (9.65) 式，得内部力且进行约束处理，即

$$
{}^{3}\boldsymbol{p}=\begin{bmatrix} 0 & 0 & 0 & 10.03898\times10^{5} & 0 & 0 \end{bmatrix}^{\mathrm{T}}
$$
(9.114)

由 (9.47) 式得

$$\Delta = \left\| {}^3\boldsymbol{p}(\boldsymbol{u}) - \boldsymbol{f} \right\| - \beta \left\| \boldsymbol{f} \right\| = 3898 - 50 \geqslant 0 \tag{9.115}$$

仍不收敛，但可以看出已经进一步接近收敛。

3. 第三次迭代

进行第三次迭代，此时的初始值为

$$ {}^3\boldsymbol{u} = \begin{bmatrix} 0 & 0 & 0 & 15.078 & 0 & 0 \end{bmatrix}^{\mathrm{T}} \tag{9.116}$$

重复第二次迭代的过程，对于单元 1：

$$ {}^3a_x^{(1)} = \frac{x_2 - x_1}{L_0} = \frac{S/2 + u_X}{L_0} = 0.8 $$

$$ {}^3a_y^{(1)} = \frac{y_2 - y_1}{L_0} = \frac{H + u_Y}{L_0} = 0.6603 \tag{9.117}$$

单元 1 的材料刚度矩阵为

$$ {}^3\boldsymbol{K}_{\mathrm{M}}^{(1)} = 8 \times 10^4 \times \begin{bmatrix} 0.64 & 0.5282 & -0.64 & -0.5282 \\ 0.5282 & 0.4360 & -0.5282 & -0.4360 \\ -0.64 & -0.5282 & 0.64 & 0.5282 \\ -0.5282 & -0.4360 & 0.5282 & 0.4360 \end{bmatrix} \tag{9.118}$$

杆的当前长度为

$$ {}^3L = \sqrt{(u_X + S/2)^2 + (H + u_Y)^2} = 259.327 \tag{9.119}$$

仍由 (9.53) 式～(9.55) 式得

$$ {}^3\varepsilon_{\mathrm{G}} = \frac{{}^3L^2 - L_0^2}{2L_0^2} = \frac{u_X(u_X + S) + u_Y(u_Y + 2H)}{2L_0^2} = 0.038 \tag{9.120}$$

$$ {}^3N = A_0 \cdot {}^3\sigma_{\mathrm{P}} = A_0 E \cdot {}^3\varepsilon_{\mathrm{G}} = 7.6 \times 10^5 \tag{9.121}$$

$$ {}^3\boldsymbol{K}_{\mathrm{G}}^{(1)} = 0.304 \times 10^4 \times \begin{bmatrix} 1 & 0 & -1 & 0 \\ 0 & 1 & 0 & -1 \\ -1 & 0 & 1 & 0 \\ 0 & -1 & 0 & 1 \end{bmatrix} \tag{9.122}$$

对于单元 2 也有

$$ {}^3a_x^{(2)} = \frac{x_2 - x_1}{L_0} = \frac{S/2 - u_X}{L_0} = 0.8 $$

$$^{3}a_{y}^{(2)} = \frac{y_2 - y_1}{L_0} = -\frac{H + u_Y}{L_0} = -0.6603 \tag{9.123}$$

$$^{3}\boldsymbol{K}_{\mathrm{M}}^{(2)} = 8 \times 10^4 \times \begin{bmatrix} 0.64 & -0.5282 & -0.64 & 0.5282 \\ -0.5282 & 0.4360 & 0.5282 & -0.4360 \\ -0.64 & 0.5282 & 0.64 & -0.5282 \\ 0.5282 & -0.4360 & -0.5282 & 0.4360 \end{bmatrix} \tag{9.124}$$

$$^{3}\boldsymbol{K}_{\mathrm{G}}^{(2)} = 0.304 \times 10^4 \times \begin{bmatrix} 1 & 0 & -1 & 0 \\ 0 & 1 & 0 & -1 \\ -1 & 0 & 1 & 0 \\ 0 & -1 & 0 & 1 \end{bmatrix} \tag{9.125}$$

对单元 1 与 2 进行组装

$$^{3}\boldsymbol{K}_{\mathrm{M}} = 8 \times 10^4 \times \begin{bmatrix} 0.64 & 0.5282 & -0.64 & -0.5282 & 0 & 0 \\ 0.5282 & 0.4360 & -0.5282 & -0.4360 & 0 & 0 \\ -0.64 & -0.5282 & 1.28 & 0 & -0.64 & 0.5282 \\ -0.5282 & -0.4360 & 0 & 0.872 & 0.5282 & -0.4360 \\ 0 & 0 & -0.64 & 0.5282 & 0.64 & -0.5282 \\ 0 & 0 & 0.5282 & -0.4360 & -0.5282 & 0.4360 \end{bmatrix} \tag{9.126}$$

$$^{3}\boldsymbol{K}_{\mathrm{G}} = 0.304 \times 10^4 \times \begin{bmatrix} 1 & 0 & -1 & 0 & 0 & 0 \\ 0 & 1 & 0 & -1 & 0 & 0 \\ -1 & 0 & 2 & 0 & -1 & 0 \\ 0 & -1 & 0 & 2 & 0 & -1 \\ 0 & 0 & -1 & 0 & 1 & 0 \\ 0 & 0 & 0 & -1 & 0 & 1 \end{bmatrix} \tag{9.127}$$

合并得切线刚度矩阵：

$$^{3}\boldsymbol{K}_{\mathrm{T}}^{(\mathrm{un})} = 10^4 \times \begin{bmatrix} 5.424 & 4.2256 & -5.424 & -4.2256 & 0 & 0 \\ 4.2256 & 3.792 & -4.2256 & -3.792 & 0 & 0 \\ -5.424 & -4.2256 & 10.848 & 0 & -5.424 & 4.2256 \\ -4.2256 & -3.792 & 0 & 7.584 & 4.2256 & -3.792 \\ 0 & 0 & -5.424 & 4.2256 & 5.424 & -4.2256 \\ 0 & 0 & 4.2256 & -3.792 & -4.2256 & 3.792 \end{bmatrix} \tag{9.128}$$

处理约束后的内部力为

$$^{3}\boldsymbol{p} = \begin{bmatrix} 0 & 0 & 0 & 10.03898 \times 10^5 & 0 & 0 \end{bmatrix}^{\mathrm{T}} \tag{9.129}$$

处理约束后的切线刚度矩阵为

$$
{}^{3}\boldsymbol{K}_{\mathrm{T}} = 10^4 \times
\begin{bmatrix}
5.424 \times 10^{10} & 4.2256 & -5.424 & -4.2256 & 0 & 0 \\
4.2256 & 3.792 \times 10^{10} & -4.2256 & -3.792 & 0 & 0 \\
-5.424 & -4.2256 & 10.848 & 0 & -5.424 & 4.2256 \\
-4.2256 & -3.792 & 0 & 7.584 & 4.2256 & -3.792 \\
0 & 0 & -5.424 & 4.2256 & 5.424 \times 10^{10} & -4.2256 \\
0 & 0 & 4.2256 & -3.792 & -4.2256 & 3.792 \times 10^{10}
\end{bmatrix}
\tag{9.130}
$$

仍由 (9.42) 式得

$$
\Delta^3 \boldsymbol{u} = ({}^{3}\boldsymbol{K}_{\mathrm{T}})^{-1}(\boldsymbol{f} - {}^{3}\boldsymbol{p})
\tag{9.131}
$$

$$
\Delta^3 \boldsymbol{u} = ({}^{3}\boldsymbol{K}_{\mathrm{T}})^{-1}(\boldsymbol{f} - {}^{3}\boldsymbol{p}) = \frac{1}{10^4}
\begin{bmatrix}
0 & 0 & 0 & 0 & 0 & 0 \\
0 & 0 & 0 & 0 & 0 & 0 \\
0 & 0 & 0.0922 & 0 & 0 & 0 \\
0 & 0 & 0 & 0.1319 & 0 & 0 \\
0 & 0 & 0 & 0 & 0 & 0 \\
0 & 0 & 0 & 0 & 0 & 0
\end{bmatrix}
\begin{bmatrix}
0 \\ 0 \\ 0 \\ -3898 \\ 0 \\ 0
\end{bmatrix}
\tag{9.132}
$$

求得

$$
\Delta^3 \boldsymbol{u} = \begin{bmatrix} 0 & 0 & 0 & -0.0514 & 0 & 0 \end{bmatrix}^{\mathrm{T}}
\tag{9.133}
$$

故

$$
{}^{4}\boldsymbol{u} = {}^{3}\boldsymbol{u} + \Delta^3 \boldsymbol{u} = \begin{bmatrix} 0 & 0 & 0 & 15.027 & 0 & 0 \end{bmatrix}^{\mathrm{T}}
\tag{9.134}
$$

将 (9.134) 式代入 (9.65) 式, 得内部力且进行约束处理, 即

$$
{}^{4}\boldsymbol{p} = \begin{bmatrix} 0 & 0 & 0 & 999965.2 & 0 & 0 \end{bmatrix}^{\mathrm{T}}
\tag{9.135}
$$

根据收敛准则, 得

$$
\Delta = \left\| {}^{4}\boldsymbol{p}(\boldsymbol{u}) - \boldsymbol{f} \right\| - \beta \left\| \boldsymbol{f} \right\| = 34.8 - 50 < 0
\tag{9.136}
$$

故收敛, 即

$$
\boldsymbol{u} = \begin{bmatrix} 0 & 0 & 0 & 15.027 & 0 & 0 \end{bmatrix}^{\mathrm{T}}
\tag{9.137}
$$

为非线性方程的解。利用 Matlab 求解 (9.71) 式的结果与本节计算结果一致。

9.5.2   19 杆桁架结构

本节将对 19 杆桁架结构进行计算, 如图 9-12 所示。结构左右对称, 最下面为跨度 40mm 的六根杆, 9 杆长度为 56mm, 节点 9 与底部垂直相差 70mm, 节点 8 与节点 1 水平相差 36mm, 垂直相差 40mm。(7)～(13)、(18) 和 (19) 杆的横截面积为 5mm^2, 其余杆的横截面积为 4.5mm^2, 各杆弹性模量 $E = 10^4$MPa, 在 2、3、4、5、6 上施加 400 N 的力。

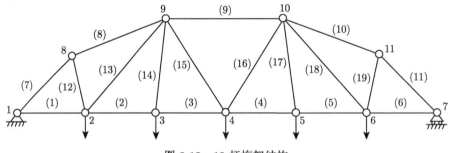

图 9-12   19 杆桁架结构

计算结果例于表 9-1, 每个节点第一行为 x 向位移, 第二行为 y 向位移。

表 9-1   19 杆桁架结构关键节点位移

节点编号	几何非线性求解 (Abaqus) 位移/mm	几何非线性求解 (EFESTS) 位移/mm	相对误差/%	线性求解 (EFESTS) 位移/mm	相对误差/%
2	0.5257	0.6218	18.3	0.8000	52.2
	−5.525	−5.529	0.07	−5.539	0.3
3	1.412	1.477	4.6	1.704	20.7
	−7.795	−7.819	0.3	−7.919	1.6
4	2.294	2.306	0.5	2.547	15.4
	−8.078	−8.075	0	−8.132	0.7
5	3.177	3.134	1.4	3.390	6.7
	−7.795	−7.819	0.3	−7.919	1.6
6	4.063	3.989	1.8	4.295	5.7
	−5.525	−5.529	0.07	−5.539	0.3
7	4.589	4.611	0.5	5.095	11.0
	0	0	0	0	0

总体来看, EFESTS 软件几何非线性分析结果与 Abaqus 软件相比, 相差较小, 说明算例的几何非线性求解是正确的; EFESTS 软件线性分析结果与非线性分析

结果相差较大。可见当结构变形较大时, 线性分析结果与非线性分析结果有较大的误差, 静态小变形分析已经不再适用。几何非线性分析所得变形如图 9-13 所示。

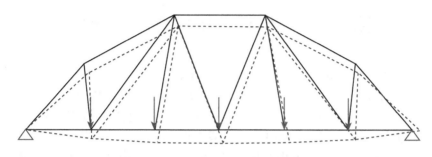

图 9-13 几何非线性 (大变形) 求解结果

第 10 章　材料非线性有限元分析

许多金属材料 (如低碳钢) 的单向拉伸试验表明 (图 10-1)，在拉伸的初始阶段，材料的应力与应变关系是线弹性的，直线段 Oa 最高点对应的应力 σ_p 称为比例极限。超过比例极限后，应力应变关系不再是线性但仍然是弹性，b 点对应的应力 σ_e 称为弹性极限。在应力应变曲线上，a、b 两点非常接近，所以工程上对弹性极限和比例极限并不严格区分。因而也经常说，应力低于弹性极限时，应力与应变成正比，材料服从胡克定律。

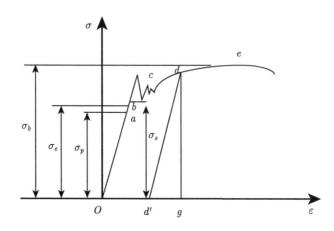

图 10-1　一般塑性材料单向拉伸的应力应变关系

当应力超过 b 点并增加到某一数值时，应变显著增加而应力先下降后作微小波动，这种现象称为屈服 (到 c 点之前)，σ_s 叫做屈服应力。过 c 点后，材料又恢复了抵抗变形的能力，虽然要使材料产生进一步的变形需要增大外力，但材料抵抗变形的能力明显不如弹性阶段，这个阶段称为强化阶段 (c 点至 e 点)。当撤去外力时材料仍会保留一部分变形 (d-d' 代表卸载过程，Od' 对应残余应变) 而不会完全恢复原状，即产生了塑性变形。当材料发生塑性变形时，其应力–应变关系一般不再是线性关系。e 点之后，在试件局部范围内其横向尺寸急剧缩小，随后试件断裂。因此，e 点所对应的应力 σ_b 称为强度极限。

需要特别说明的是，本章只考虑材料本构关系的非线性。虽然材料发生了塑性变形，但整体结构的位移仍远小于自身的几何尺度，即小变形问题。本章主要介绍单向应力状态的弹塑性本构方程、弹塑性状态的决定、弹塑性分析的增量有限元格式以及算法基本流程。

10.1 各向同性强化模型与随动强化模型

如上所述，一般塑性材料在应力超过屈服应力时会产生塑性变形，并且其屈服极限将会提高 (如图 10-1 中 d-d' 表示由 d 点完全卸载至 d' 点，若再施加载荷，则材料将在 d 点发生屈服)，这称为材料的强化现象。为了模拟这种现象，首先提出了各向同性强化模型，即假设：材料进入塑性变形以后，其后继屈服曲面 (即后继屈服函数在应力空间中所代表的曲面) 在各方向均匀地向外扩张，但其形状、中心及其在应力空间中的方位保持不变。为简单起见，在二维应力空间中表示各向同性强化模型，如图 10-2 所示。

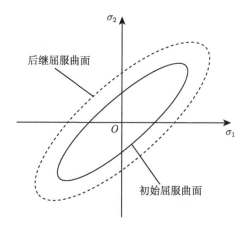

图 10-2 各向同性强化模型

但是德国数学家兼力学家鲍辛格 (Bauschinger) 于 1886 年在金属材料的力学性能实验中发现，正向加载引起的塑性应变强化导致金属材料在随后的反向加载过程中呈现塑性应变软化 (屈服极限降低) 现象，如图 10-3 中 $|\sigma_s| > |\bar{\sigma}_s|$，这被称为 Bauschinger 效应。

为了描述材料的这种性质，人们又提出随动强化模型。假设材料进入塑性变形以后，其后继屈服曲面的中心沿着当前屈服曲面在当前应力点的法线方向做刚体运动 (如果材料从未发生塑性变形，则为初始屈服曲面)，其形状、大小和方位均不变，如图 10-4 所示。

在单调加载的情况下，应用各向同性强化模型的分析结果与随动强化模型相同。本章只介绍各向同性强化模型。

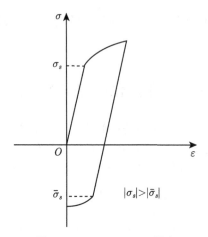

图 10-3　Bauschinger 效应

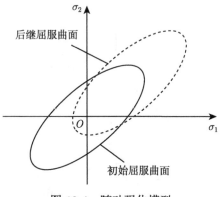

图 10-4　随动强化模型

10.2　单向应力状态的弹塑性本构方程

物质的弹塑性本构方程，是建立在塑性力学增量理论的四个基本法则之上的。

10.2.1　屈服准则

研究材料发生塑性变形时的规律，首先需要确定材料发生塑性变形的条件，这就是屈服准则。对于轴力杆，屈服函数为

$$f(\sigma) = |\sigma| - \sigma_s \tag{10.1}$$

σ_s 是由拉伸试验确定的材料屈服应力，实际上 (10.1) 式是 Mises 屈服函数的一维情形。

10.2.2 强化法则

某些材料产生塑性变形后, 屈服应力提高, 强化法则就是描述材料的后继屈服函数的, 对于各向同性强化材料

$$\phi(\sigma, \bar{\varepsilon}^p) = |\sigma| - G(\bar{\varepsilon}^p) \tag{10.2}$$

$G(\bar{\varepsilon}^p)$ 是材料的后继屈服应力, 与等效塑性应变 $\bar{\varepsilon}^p$ 有关

$$\bar{\varepsilon}^p = \int \mathrm{d}\bar{\varepsilon}^p = \int \sqrt{2/3(\mathrm{d}\varepsilon_{ij}^p \mathrm{d}\varepsilon_{ij}^p)} \tag{10.3}$$

其中, $\mathrm{d}\varepsilon_{ij}^p$ 是应变张量的塑性增量。

10.2.3 流动法则

根据德鲁克 (D. C. Drucker, 于 1951 年提出) 公设 [31], 材料体元在经受加载时塑性应变增量沿着该点处屈服面的法向

$$\mathrm{d}\varepsilon_{ij}^p = \mathrm{d}\lambda \frac{\partial J_2}{\partial \sigma_{ij}} = s_{ij}\mathrm{d}\lambda \tag{10.4}$$

$\mathrm{d}\lambda$ 是一个待定的正数, J_2 是应力偏量的第二不变量。对于轴力杆, 记轴线方向的应力为 σ, 轴线方向的应变为 ε。其应力偏量 s_{ij} 为

$$s_{ij} = \frac{1}{3} \begin{bmatrix} 2\sigma & 0 & 0 \\ 0 & -\sigma & 0 \\ 0 & 0 & -\sigma \end{bmatrix} \tag{10.5}$$

由德鲁克公设 (10.4), 有 $\mathrm{d}\varepsilon_{11}^p = \frac{2}{3}\mathrm{d}\lambda \cdot \sigma$ 与 $\mathrm{d}\varepsilon_{22}^p = \mathrm{d}\varepsilon_{33}^p = -\frac{1}{3}\mathrm{d}\lambda \cdot \sigma$, 即 $\mathrm{d}\varepsilon_{22}^p = \mathrm{d}\varepsilon_{33}^p = -\frac{1}{2}\mathrm{d}\varepsilon_{11}^p$。于是有

$$\mathrm{d}\bar{\varepsilon}^p = \sqrt{2/3(\mathrm{d}\varepsilon_{ij}^p \mathrm{d}\varepsilon_{ij}^p)} = \mathrm{sgn}(\sigma)\mathrm{d}\varepsilon_{11}^p = \mathrm{sgn}(\sigma)\mathrm{d}\varepsilon^p \tag{10.6}$$

其中, ε^p 是轴向塑性应变, 上式表明轴力杆的等效塑性应变增量等于轴线方向塑性应变增量的绝对值, sgn( ) 为符号函数。

10.2.4 一致性准则

一致性准则是指, 经过塑性加载后, 材料体元的应力状态正好处于后继屈服曲面上

$$\phi(\sigma + \mathrm{d}\sigma, \bar{\varepsilon}^p + \mathrm{d}\bar{\varepsilon}^p) = |\sigma + \mathrm{d}\sigma| - G(\bar{\varepsilon}^p + \mathrm{d}\bar{\varepsilon}^p) = 0 \tag{10.7}$$

假设是完全塑性加载, 即加载之前材料体元也处于前一时刻的屈服曲面上, 则有

$$\mathrm{d}\phi = \frac{\partial \phi}{\partial \sigma}\mathrm{d}\sigma + \frac{\partial \phi}{\partial \bar{\varepsilon}^p}\mathrm{d}\bar{\varepsilon}^p = 0 \tag{10.8}$$

有了上面的四个准则, 就可以推导出轴力杆的弹塑性本构方程。由 (10.1) 式及 (10.8) 式得

$$\mathrm{sgn}(\sigma)\mathrm{d}\sigma - \frac{\mathrm{d}G}{\mathrm{d}\bar{\varepsilon}^p}\mathrm{d}\bar{\varepsilon}^p = 0 \tag{10.9}$$

又因为

$$\mathrm{d}\sigma = E\mathrm{d}\varepsilon^e = E(\mathrm{d}\varepsilon - \mathrm{d}\varepsilon^p) \tag{10.10}$$

其中, E 是弹性模量, ε^e 是弹性应变, ε^p 是塑性应变, ε 是总应变。将 (10.6) 式、(10.10) 式代入 (10.9) 式, 得

$$\mathrm{d}\varepsilon^p = \frac{E}{E + \dfrac{\mathrm{d}G}{\mathrm{d}\bar{\varepsilon}^p}}\mathrm{d}\varepsilon \tag{10.11}$$

$$\mathrm{d}\sigma = \frac{E\dfrac{\mathrm{d}G}{\mathrm{d}\bar{\varepsilon}^p}}{E + \dfrac{\mathrm{d}G}{\mathrm{d}\bar{\varepsilon}^p}}\mathrm{d}\varepsilon \tag{10.12}$$

(10.12) 式就是材料在塑性加载阶段的本构关系。

10.3　弹塑性状态的决定

每一个增量步中, 首先得到总应变的增量 $\Delta\varepsilon$。然后根据 $\Delta\varepsilon$ 进一步确定应力增量 $\Delta\sigma$、塑性应变增量 $\Delta\varepsilon^p$ 和等效塑性应变增量 $\Delta\bar{\varepsilon}^p$, 这个步骤称为弹塑性状态的确定。记加载前 t 时刻的弹塑性状态为 ${}^t\sigma, {}^t\varepsilon^p, {}^t\bar{\varepsilon}^p$, 加载后 $t + \Delta t$ 时刻为 ${}^{t+\Delta t}\sigma, {}^{t+\Delta t}\varepsilon^p, {}^{t+\Delta t}\bar{\varepsilon}^p$。首先试算应力 $\tilde{\sigma} = {}^t\sigma + E\Delta\varepsilon$, 然后根据材料体元加载前后应力状态的变化, 可以分为以下两种情况:

(1) 若 $\phi(\tilde{\sigma}, {}^t\bar{\varepsilon}^p) \leqslant 0$, 可以确定此增量步为完全弹性加载, 因此

$$^{t+\Delta t}\sigma = \tilde{\sigma}, \quad {}^{t+\Delta t}\varepsilon^p = {}^t\varepsilon^p, \quad {}^{t+\Delta t}\bar{\varepsilon}^p = {}^t\bar{\varepsilon}^p \tag{10.13}$$

(2) 若 $\phi(\tilde{\sigma}, {}^t\bar{\varepsilon}^p) > 0$, 可以确定此增量步中产生了新的塑性变形

$$^{t+\Delta t}\sigma = E({}^{t+\Delta t}\varepsilon - {}^{t+\Delta t}\varepsilon^p)$$

$$= E\left({}^{t+\Delta t}\varepsilon - {}^{t}\varepsilon^{p}\right) - E\left({}^{t+\Delta t}\varepsilon^{p} - {}^{t}\varepsilon^{p}\right)$$

$$= \tilde{\sigma} - E\Delta\varepsilon^{p}$$

$$= \tilde{\sigma} - \mathrm{sgn}\left({}^{t+\Delta t}\sigma\right)E\Delta\bar{\varepsilon}^{p} \tag{10.14}$$

而 $\left|{}^{t+\Delta t}\sigma\right| = \mathrm{sgn}\left({}^{t+\Delta t}\sigma\right)\cdot{}^{t+\Delta t}\sigma, |\tilde{\sigma}| = \mathrm{sgn}(\tilde{\sigma})\tilde{\sigma}$，因此有

$$\left|{}^{t+\Delta t}\sigma\right| = |\tilde{\sigma}| - E\Delta\bar{\varepsilon}^{p} \tag{10.15}$$

仍利用一致性准则 (10.7)，得

$$\phi\left({}^{t+\Delta t}\sigma, {}^{t+\Delta t}\bar{\varepsilon}^{p}\right) = \left|{}^{t+\Delta t}\sigma\right| - G\left({}^{t+\Delta t}\bar{\varepsilon}^{p}\right)$$

$$= |\tilde{\sigma}| - G\left({}^{t}\bar{\varepsilon}^{p}\right) - E\Delta\bar{\varepsilon}^{p} + G\left({}^{t}\bar{\varepsilon}^{p}\right) - G\left({}^{t+\Delta t}\bar{\varepsilon}^{p}\right)$$

$$= \phi\left(\tilde{\sigma}, {}^{t}\bar{\varepsilon}^{p}\right) - E\Delta\bar{\varepsilon}^{p} + G\left({}^{t}\bar{\varepsilon}^{p}\right) - G\left({}^{t+\Delta t}\bar{\varepsilon}^{p}\right)$$

$$= \phi\left(\tilde{\sigma}, {}^{t}\bar{\varepsilon}^{p}\right) - E\Delta\bar{\varepsilon}^{p} + G\left({}^{t}\bar{\varepsilon}^{p}\right) - G\left({}^{t}\bar{\varepsilon}^{p} + \Delta\bar{\varepsilon}^{p}\right) = 0 \tag{10.16}$$

利用 (10.16) 式，解出 $\Delta\bar{\varepsilon}^{p}$，就可以确定加载之后的弹塑性状态

$$\begin{aligned}{}^{t+\Delta t}\varepsilon^{p} &= {}^{t}\varepsilon^{p} + \mathrm{sgn}\left({}^{t+\Delta t}\sigma\right)\Delta\bar{\varepsilon}^{p} \\ {}^{t+\Delta t}\bar{\varepsilon}^{p} &= {}^{t}\bar{\varepsilon}^{p} + \Delta\bar{\varepsilon}^{p}\end{aligned} \tag{10.17}$$

加载之后的应力由 (10.14) 式给出。

这里所说的弹塑性状态的决定，其实包含了对 (10.11) 式和 (10.12) 式的积分过程，即假设是完全塑性变形

$$\Delta\varepsilon^{p} = \int_{t}^{t+\Delta t}\mathrm{d}\varepsilon^{p} = \int_{{}^{t}\varepsilon}^{{}^{t+\Delta t}\varepsilon} \frac{E}{E + \dfrac{\mathrm{d}G}{\mathrm{d}\bar{\varepsilon}^{p}}}\mathrm{d}\varepsilon \tag{10.18}$$

以及

$$\Delta\sigma = \int_{t}^{t+\Delta t}\mathrm{d}\sigma = \int_{{}^{t}\varepsilon}^{{}^{t+\Delta t}\varepsilon} \frac{E\dfrac{\mathrm{d}G}{\mathrm{d}\bar{\varepsilon}^{p}}}{E + \dfrac{\mathrm{d}G}{\mathrm{d}\bar{\varepsilon}^{p}}}\mathrm{d}\varepsilon \tag{10.19}$$

求解 (10.16) 式替代了积分过程，而能够导出 (10.16) 式是因为对于单向应力状态，有

$$\Delta\bar{\varepsilon}^{p} = \mathrm{sgn}(\sigma)\Delta\varepsilon^{p} \tag{10.20}$$

(10.20) 式可以从 (10.6) 式导出，这是单向应力状态的特殊之处。但是对于复杂应力状态，需要另外对本构方程进行数值积分。

10.4   弹塑性分析的增量有限元格式

材料在弹塑性阶段的变形与加载过程有关，应力与应变一般情况下不再具有一一对应的关系。因此只能将材料力学状态的变化过程分为许多微小的单向加载 (或卸载，关键是 "单向") 阶段，这样材料的应力–应变关系是唯一的并且可求的，可以通过求解增量平衡方程得到应力与应变增量，进而唯一确定下一时刻的力学状态。若某个加载阶段并非单向加载，此时本构关系无法确定，因此也无法确定加载之后的力学状态。从这里可以看出，增量步越小，越能确定该增量步的单向加载性质，但是计算效率低。弹塑性分析采用增量形式的根源，在于本构关系依赖加载过程。

假设已知 t 时刻的载荷 (体力 ^tb，面力 $^t\bar{t}$)、位移 ^tu、应变 $^t\varepsilon$ 和应力 $^t\sigma$，下一时刻 $t+\Delta t$ 的载荷同样已知 $(^{t+\Delta t}b=^t b+\Delta b,\ ^{t+\Delta t}\bar{t}=^t \bar{t}+\Delta\bar{t})$，$t+\Delta t$ 时刻的位移、应变与应力可以用各个量的增量来表示

$$
\begin{aligned}
^{t+\Delta t}u &=^t u+\Delta u\\
^{t+\Delta t}\varepsilon &=^t \varepsilon+\Delta\varepsilon\\
^{t+\Delta t}\sigma &=^t \sigma+\Delta\sigma
\end{aligned}
\tag{10.21}
$$

仍以虚位移原理导出增量形式有限元方程。$t+\Delta t$ 时刻的平衡方程和应力边界条件与下面的虚位移方程是等价的：

$$
\int_\Omega \delta(^{t+\Delta t}\varepsilon)^{t+\Delta t}\sigma\mathrm{d}\Omega = \int_\Omega \delta(^{t+\Delta t}u)^{t+\Delta t}b\mathrm{d}\Omega
$$
$$
+ \int_{\Gamma_t} \delta(^{t+\Delta t}u)^{t+\Delta t}\bar{t}\mathrm{d}\Gamma
\tag{10.22}
$$

由 (10.21) 式得到 (因为 $^tu,^t\varepsilon,^t\sigma$ 是已知常数)

$$
\begin{aligned}
\delta(^{t+\Delta t}u) &= \delta(\Delta u)\\
\delta(^{t+\Delta t}\varepsilon) &= \delta(\Delta\varepsilon)
\end{aligned}
\tag{10.23}
$$

将 (10.21) 式和 (10.23) 式代入 (10.22) 式，并且表示为矩阵形式

$$\int_{\Omega} \delta(\Delta\boldsymbol{\varepsilon})^{\mathrm{T}} \boldsymbol{D}_{\mathrm{ep}} \Delta\boldsymbol{\varepsilon} \mathrm{d}\Omega = \int_{\Omega} \delta\boldsymbol{u}^{\mathrm{T}} ({}^{t+\Delta t}\boldsymbol{b}) \mathrm{d}\Omega$$

$$+ \int_{\Gamma_t} \delta\boldsymbol{u}^{\mathrm{T}} ({}^{t+\Delta t}\overline{\boldsymbol{t}}) \mathrm{d}\Gamma - \int_{\Omega} \delta(\Delta\boldsymbol{\varepsilon})^{\mathrm{T}} ({}^{t}\boldsymbol{\sigma}) \mathrm{d}\Omega \quad (10.24)$$

其中 $\boldsymbol{D}_{\mathrm{ep}}$ 为弹塑性应力应变矩阵。对于轴力杆，当发生弹性变形时，$D_{\mathrm{ep}} = E$，当发生塑性变形时，D_{ep} 由 (10.12) 式得到。

接下来，将单元内位移增量表示为单元节点位移增量的插值形式

$$\Delta\boldsymbol{u} = \boldsymbol{N}\Delta\boldsymbol{u}^e \quad (10.25)$$

由几何方程得到应变

$$\Delta\boldsymbol{\varepsilon} = \boldsymbol{B}\Delta\boldsymbol{u}^e \quad (10.26)$$

将以上两式代入 (10.24) 式，整理得到

$$\boldsymbol{K}_{\mathrm{ep}}\Delta\boldsymbol{u} = \Delta\boldsymbol{f} \quad (10.27)$$

其中

$$\boldsymbol{K}_{\mathrm{ep}} = \sum \boldsymbol{K}_{\mathrm{ep}}^e, \quad \Delta\boldsymbol{u} = \sum \Delta\boldsymbol{u}^e$$

$$\Delta\boldsymbol{f} = {}^{t+\Delta t}\boldsymbol{f} - {}^{t}\boldsymbol{p} = \sum {}^{t+\Delta t}\boldsymbol{f}^e - \sum {}^{t}\boldsymbol{p}^e$$

$$\boldsymbol{K}_{\mathrm{ep}}^e = \int_{\Omega^e} \boldsymbol{B}^{\mathrm{T}} \boldsymbol{D}_{\mathrm{ep}} \boldsymbol{B} \mathrm{d}\Omega \quad (10.28)$$

$${}^{t+\Delta t}\boldsymbol{f}^e = \int_{\Omega^e} \boldsymbol{N}^{\mathrm{T}} ({}^{t+\Delta t}\boldsymbol{b}) \mathrm{d}\Omega + \int_{\Gamma_t^e} \boldsymbol{N}^{\mathrm{T}} ({}^{t+\Delta t}\overline{\boldsymbol{t}}) \mathrm{d}\Gamma$$

$${}^{t}\boldsymbol{p}^e = \int_{\Omega^e} \boldsymbol{B}^{\mathrm{T}} ({}^{t}\boldsymbol{\sigma}) \mathrm{d}\Omega$$

要得到 (10.27) 式中的 $\boldsymbol{K}_{\mathrm{ep}}$，首先需要对本构关系做线性化处理。(10.12) 式虽然是微分方程，却给出了应力对于应变的导数，采用 N-R 方法

$$\Delta\sigma = \frac{\mathrm{d}\sigma}{\mathrm{d}\varepsilon} \Delta\varepsilon \quad (10.29)$$

由 (10.27) 式计算出节点位移增量 $\Delta\boldsymbol{u}$，代入 (10.26) 式计算应变增量 $\Delta\boldsymbol{\varepsilon}$。至于应力增量的确定，已在 10.3 节弹塑性状态的决定中详细说明。然后计算 $t + \Delta t$ 时刻的内力向量 ${}^{t+\Delta t}\tilde{\boldsymbol{p}} = \sum {}^{t+\Delta t}\tilde{\boldsymbol{p}}^e = \sum \int_{\Omega^e} \boldsymbol{B}^{\mathrm{T}} ({}^{t+\Delta t}\boldsymbol{\sigma}) \mathrm{d}\Omega$，判断与外力向量 ${}^{t+\Delta t}\boldsymbol{f}$ 是否平衡。若满足平衡条件，完成本增量步的计算；若不满足，进行下一步的迭代。

10.5   弹塑性有限元分析的基本流程

图 10-5 为弹塑性分析的流程图，首先要把整个加载过程分为若干单向加载的增量步，每一个增量步通常需要多次迭代得到平衡解。每个增量步的一次迭代过程包括以下三个步骤：

(1) 线性化本构方程 (10.12)，得到单元切线刚度矩阵。

(2) 求解增量有限元方程 (10.27)。

(3) 确定新的弹塑性状态，检查平衡条件，决定是否继续迭代。

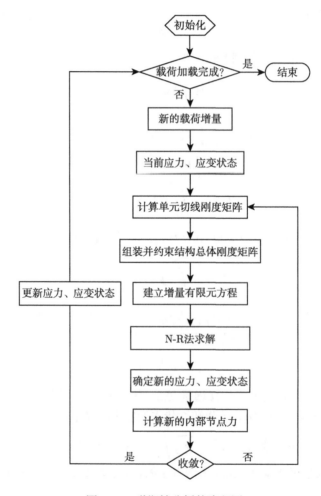

图 10-5   弹塑性分析的流程图

10.6 几种常见的等向强化模型

材料后继屈服函数 (10.2) 的具体形式与所采用的强化模型相关, 本节介绍几种常见的等向强化模型。

10.6.1 线性强化模型

线性强化是一种比较简单的模型 (图 10-6), 这种模型将材料屈服之后的应力应变关系简化为线性关系, 但是斜率远小于弹性模量 (即弹性阶段的斜率)。其后继屈服应力为

$$G(\bar{\varepsilon}^p) = \sigma_s + K\bar{\varepsilon}^p \tag{10.30}$$

K 是材料常数。将上式代入 (10.16) 式便可以直接解出

$$\Delta\bar{\varepsilon}^p = \frac{\phi(\tilde{\sigma},{}^t\,\bar{\varepsilon}^p)}{E+K} \tag{10.31}$$

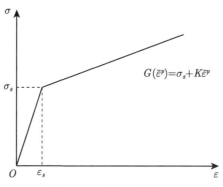

图 10-6 线性强化模型

当 $K = 0$ 时, 就成为理想弹塑性模型, 如图 10-7 所示。

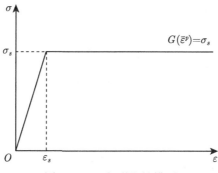

图 10-7 理想弹塑性模型

10.6.2　二次强化模型

二次强化模型 (图 10-8) 在实际中应用并不广泛, 但对于教学来说不失为一个很好的例子。二次强化模型的后继屈服应力为

$$G(\bar{\varepsilon}^p) = \sigma_s + E\left[\bar{\varepsilon}^p - Q\left(\bar{\varepsilon}^p\right)^2\right] \tag{10.32}$$

Q 是常数。同样, 代入 (10.16) 式, 得到一个二次方程, 整理后得到

$$\Delta\bar{\varepsilon}^p = \frac{E(1 - Q\cdot{}^t\bar{\varepsilon}^p) \pm \sqrt{E^2(Q\cdot{}^t\bar{\varepsilon}^p - 1)^2 - EQ\phi(\tilde{\sigma},{}^t\bar{\varepsilon}^p)}}{EQ} \tag{10.33}$$

应当选择一个正根作为最后的解。

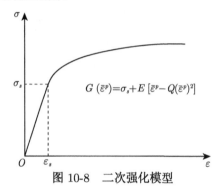

图 10-8　二次强化模型

10.6.3　指数强化模型

指数强化模型 (图 10-9) 假设材料最终达到一种饱和应力 σ_u, 此时后继屈服应力取为

$$G(\bar{\varepsilon}^p) = \sigma_s + (\sigma_u - \sigma_s)(1 - \mathrm{e}^{-\delta\bar{\varepsilon}^p}) \tag{10.34}$$

对于这种模型要求解 (10.16) 式, 可以采用一些数值解法, 如 N-R 方法。

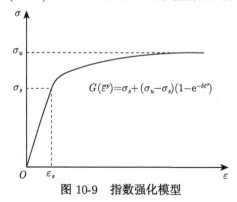

图 10-9　指数强化模型

10.6.4　Ramberg-Osgood 强化模型

Ramberg-Osgood 模型是金属材料常用的简化模型 (图 10-10)，其后继屈服应力形式为

$$G(\bar{\varepsilon}^p) = \sigma_s + C(\bar{\varepsilon}^p)^m \tag{10.35}$$

要求解 (10.16) 式，同样需要采用数值解法。

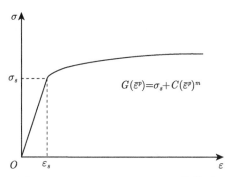

图 10-10　Ramberg-Osgood 强化模型

10.7　算　　例

10.7.1　3 杆桁架解析算例

该例常被用作讲授弹塑性分析方法的典型例子。桁架由 3 杆构成 (图 10-11)，横截面积均为 A，材料相同 (理想弹塑性材料，屈服应力 σ_s，弹性模量 E)，节点 C 处受到竖直向下载荷 F 的作用。试根据给定的载荷过程分析桁架各杆的变形和应力情况。

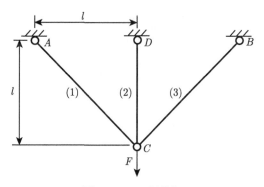

图 10-11　3 杆桁架

问题一　已知载荷 F 自零开始不断增大, 试给出桁架中各杆应力以及节点 C 位移的发展情况。

解　按照图中标号, 各杆应力记为 $\sigma_1, \sigma_2, \sigma_3$, 应变 $\varepsilon_1, \varepsilon_2, \varepsilon_3$, 节点 C 的位移为 u。首先可以确定几何方程

$$\varepsilon_1 = \varepsilon_3 = \frac{u}{2l}, \quad \varepsilon_2 = \frac{u}{l} \tag{10.36}$$

3 个杆的材料相同, 因此 2 杆最先屈服 (因其应变最大)。所以, 弹性阶段 (即 3 杆均为弹性变形) 的本构方程为

$$\sigma_1 = \sigma_3 = E\varepsilon_1, \quad \sigma_2 = E\varepsilon_2 \tag{10.37}$$

加上平衡方程

$$\frac{\sqrt{2}}{2}(\sigma_1 + \sigma_3) + \sigma_2 = \frac{F}{A} \tag{10.38}$$

解得

$$\sigma_1 = \sigma_3 = \frac{F}{(2 + \sqrt{2})A}$$

$$\sigma_2 = \frac{(2 - \sqrt{2})F}{A} \tag{10.39}$$

$$u = \frac{(2 - \sqrt{2})Fl}{EA}$$

令 $\sigma_2 = \sigma_s$, 代入 (10.39) 式, 得到临界力 $F = F_1 = \dfrac{(2 + \sqrt{2})\sigma_s A}{2}$。因此当 $0 \leqslant F \leqslant F_1$ 时, (10.39) 式就是弹性阶段的解。

若 F 继续增大, 最终 3 个杆均进入塑性阶段, 变形会无限发展, 因此有一个极限载荷。设外载荷从 F_1 加载至极限载荷, 其增量为 ΔF, 有几何方程

$$\Delta\varepsilon_1 = \Delta\varepsilon_3 = \frac{\Delta u}{2l} \tag{10.40}$$

本构方程

$$\Delta\sigma_1 = \Delta\sigma_3 = E\Delta\varepsilon_1, \quad \Delta\sigma_2 = 0 \tag{10.41}$$

平衡方程

$$\frac{\sqrt{2}}{2}(\Delta\sigma_1 + \Delta\sigma_3) + \Delta\sigma_2 = \frac{\Delta F}{A} \tag{10.42}$$

解得

$$\Delta\sigma_1 = \Delta\sigma_3 = \frac{\Delta F}{\sqrt{2}A}$$

$$\Delta\sigma_2 = 0 \qquad\qquad (10.43)$$

$$\Delta u = \frac{\sqrt{2}\Delta F l}{EA}$$

令 $\Delta\sigma_1 = \dfrac{\sigma_s}{2}$，得到 $\Delta F = \dfrac{\sqrt{2}}{2}\sigma_s A$，故极限载荷为 $F = F_2 = F_1 + \Delta F = (1+\sqrt{2})\sigma_s A$。
若 $F_1 < F \leqslant F_2$，将 (10.43) 式叠加到 (10.39) 式就是问题的解。

问题二　若问题一中载荷到达极限值时再完全卸去外力，试求出载荷完全卸载后桁架中的残余应力和残余变形。

解　各个量的增量仍如前所记，只是对于新的问题含义完全不同。几何方程为

$$\Delta\varepsilon_1 = \Delta\varepsilon_3 = \frac{\Delta u}{2l}, \quad \Delta\varepsilon_2 = \frac{\Delta u}{l} \qquad\qquad (10.44)$$

卸载时为弹性变形，所以本构方程为

$$\Delta\sigma_1 = \Delta\sigma_3 = E\Delta\varepsilon_1, \quad \Delta\sigma_2 = E\Delta\varepsilon_2 \qquad\qquad (10.45)$$

平衡方程为

$$\frac{\sqrt{2}}{2}(\Delta\sigma_1 + \Delta\sigma_3) + \Delta\sigma_2 = \frac{\Delta F}{A} \qquad\qquad (10.46)$$

又 $\Delta F = -(1+\sqrt{2})\sigma_s A$，解得

$$\Delta\sigma_1 = \Delta\sigma_3 = \frac{-\sqrt{2}\sigma_s}{2}$$

$$\Delta\sigma_2 = -\sqrt{2}\sigma_s \qquad\qquad (10.47)$$

$$\Delta u = \frac{-\sqrt{2}\sigma_s l}{E}$$

将 (10.47) 式叠加到问题一的最终解上，便得到问题二的解，并且可以验证此时各杆均未屈服，因此采用本构方程 (10.45) 是正确的。

上例虽然简单却不失启发性。首先，问题一与问题二均为单向加载情况，即加载过程中各杆的塑性变形向同一个方向发展。若把两个问题的加载过程看成一个整体 (即 F 先加载，然后卸载)，则上面对每个问题的分析均可以看成是独立的增量步，整个过程分成了两个单向加载步。对于第一个增量步 (即问题一)，进行了两步迭代得到平衡解，这是因为该过程中材料的本构方程虽然是确定的，但却是非线

性的，进行两步迭代不可避免。同时，也看到采用增量形式进行弹塑性分析的必要性，因为若不把问题一与问题二分开，那整个外载荷就是从 $F=0$ 到 $F=0$，所以下面的解 (即未变形) 也是可能的：

$$\sigma_2 = 0$$
$$\sigma_1 = \sigma_3 = 0 \tag{10.48}$$
$$u = 0$$

(10.48) 式与真实解相差甚远，这是因为两个增量步合在一起并非单向加载，它们塑性变形的方向 (或趋势) 正好相反。解 (10.48) 式与真实解之所以有所区别，是因为它们采用了不同的本构方程。解 (10.48) 式采用了线弹性本构关系，而求真实解则需要采用先加载屈服然后卸载的本构关系，两者完全不同。因此对于给定的载荷 (如 $F=0$)，若不能确定本构关系，就无法得到真正的解。要求增量步的单向加载性质，就是为了保证该过程中本构关系的唯一性。

另外，问题一可以看成是一个完整的过程，而对这个问题的分析则可以看成是一种全量分析的方法。正如前面所说，这是因为该过程中本构关系是唯一确定的。可以说增量分析方法中的每一个增量步，均相当于一次全量分析。

最后需要说明的是，虽然对上例的分析并没有用标准的增量有限元形式，但是它们的规律是相同的，上面的讨论对于理解增量有限元方法同样有益，两者有神似之处。

10.7.2　3 杆桁架数值算例

3 杆桁架如图 10-12 所示。材料为各向同性线性强化材料，弹性模量 $E = 10^5$MPa，弹塑性模量 $E_T = 10^3$MPa，泊松比 $\mu = 0.3$，初始屈服应力 $\sigma_s = 200$MPa；杆的横截面积 $A=10$mm^2；外力为 $F = 5000$ N。接下来，用有限元数值解法分析结构的应力应变。

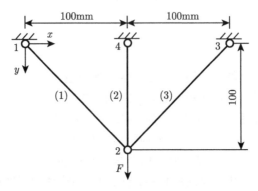

图 10-12　数值算例的 3 杆桁架

解　材料后继屈服应力为 $G(\bar{\varepsilon}^p) = \sigma_s + K \cdot \bar{\varepsilon}^p$，由 (10.12) 式可知

$$E_{\mathrm{T}} = \frac{EK}{E+K} \tag{10.49}$$

解得 $K = (10^5/99)$MPa。

外力由 0 增加至 5000N，结构可能发生塑性变形，因此采用增量方法求解。将整个载荷分为两个相等的增量步 $\Delta F = 2500$N。初始时刻结构处于未变形状态，$^0\varepsilon_1 = {}^0\varepsilon_2 = {}^0\varepsilon_3 = 0$，$^0\varepsilon_1^p = {}^0\varepsilon_2^p = {}^0\varepsilon_3^p = 0$，$^0\bar{\varepsilon}_1^p = {}^0\bar{\varepsilon}_2^p = {}^0\bar{\varepsilon}_3^p = 0$，$^0\sigma_1 = {}^0\sigma_2 = {}^0\sigma_3 = 0$；第 2 个节点的位移 $^0u_2 = 0, {}^0v_2 = 0$。

第一个增量步：先计算各单元切线刚度矩阵 (各杆处于弹性阶段，因此用弹性模量 E 计算刚度矩阵)。

单元 1：

$$(\boldsymbol{K}_{\mathrm{T}})_1 = \frac{EA}{l_1} \begin{bmatrix} \dfrac{\sqrt{2}}{2} & 0 \\[2mm] \dfrac{\sqrt{2}}{2} & 0 \\[2mm] 0 & \dfrac{\sqrt{2}}{2} \\[2mm] 0 & \dfrac{\sqrt{2}}{2} \end{bmatrix} \begin{bmatrix} 1 & -1 \\ -1 & 1 \end{bmatrix} \begin{bmatrix} \dfrac{\sqrt{2}}{2} & \dfrac{\sqrt{2}}{2} & 0 & 0 \\[2mm] 0 & 0 & \dfrac{\sqrt{2}}{2} & \dfrac{\sqrt{2}}{2} \end{bmatrix}$$

$$= 3535.5 \begin{bmatrix} 1 & 1 & -1 & -1 \\ 1 & 1 & -1 & -1 \\ -1 & -1 & 1 & 1 \\ -1 & -1 & 1 & 1 \end{bmatrix} \tag{10.50}$$

单元 2：

$$(\boldsymbol{K}_{\mathrm{T}})_2 = \frac{EA}{l_2} \begin{bmatrix} 0 & 0 \\ 1 & 0 \\ 0 & 0 \\ 0 & 1 \end{bmatrix} \begin{bmatrix} 1 & -1 \\ -1 & 1 \end{bmatrix} \begin{bmatrix} 0 & 1 & 0 & 0 \\ 0 & 0 & 0 & 1 \end{bmatrix}$$

$$= 10000 \begin{bmatrix} 0 & 0 & 0 & 0 \\ 0 & 1 & 0 & -1 \\ 0 & 0 & 0 & 0 \\ 0 & -1 & 0 & 1 \end{bmatrix} \tag{10.51}$$

单元 3:

$$(K_T)_3 = \frac{EA}{l_3} \begin{bmatrix} -\dfrac{\sqrt{2}}{2} & 0 \\[2mm] \dfrac{\sqrt{2}}{2} & 0 \\[2mm] 0 & -\dfrac{\sqrt{2}}{2} \\[2mm] 0 & \dfrac{\sqrt{2}}{2} \end{bmatrix} \begin{bmatrix} 1 & -1 \\ -1 & 1 \end{bmatrix} \begin{bmatrix} -\dfrac{\sqrt{2}}{2} & \dfrac{\sqrt{2}}{2} & 0 & 0 \\[2mm] 0 & 0 & -\dfrac{\sqrt{2}}{2} & \dfrac{\sqrt{2}}{2} \end{bmatrix}$$

$$= 3535.5 \begin{bmatrix} 1 & -1 & -1 & 1 \\ -1 & 1 & 1 & -1 \\ -1 & 1 & 1 & -1 \\ 1 & -1 & -1 & 1 \end{bmatrix} \tag{10.52}$$

组装并采用直接代入法约束刚度矩阵和载荷列阵, 得到整体平衡方程

$$\begin{bmatrix} 7071.1 & 0 \\ 0 & 17071 \end{bmatrix} \begin{bmatrix} \Delta u_2 \\ \Delta v_2 \end{bmatrix} = \begin{bmatrix} 0 \\ 2500 \end{bmatrix} \tag{10.53}$$

解得 $^1(\Delta u_2) = 0, {}^1(\Delta v_2) = 0.14645$, 因此 $\Delta u_2 = {}^1(\Delta u_2) = 0$, $\Delta v_2 = {}^1(\Delta v_2) = 0.14645$。

计算应变增量。

单元 1:

$$\Delta \varepsilon_1 = \frac{1}{l_1} \begin{bmatrix} -1 & 1 \end{bmatrix} \begin{bmatrix} \dfrac{\sqrt{2}}{2} & \dfrac{\sqrt{2}}{2} & 0 & 0 \\[2mm] 0 & 0 & \dfrac{\sqrt{2}}{2} & \dfrac{\sqrt{2}}{2} \end{bmatrix} \begin{bmatrix} 0 \\ 0 \\ 0 \\ 0.14645 \end{bmatrix} = 0.00073223 \tag{10.54}$$

单元 2:

$$\Delta \varepsilon_2 = \frac{1}{l_2} \begin{bmatrix} -1 & 1 \end{bmatrix} \begin{bmatrix} 0 & 1 & 0 & 0 \\ 0 & 0 & 0 & 1 \end{bmatrix} \begin{bmatrix} 0 \\ 0 \\ 0 \\ 0.14645 \end{bmatrix} = 0.0014645 \tag{10.55}$$

单元 3:

$$\Delta\varepsilon_3 = \frac{1}{l_3}\begin{bmatrix} -1 & 1 \end{bmatrix}\begin{bmatrix} -\dfrac{\sqrt{2}}{2} & \dfrac{\sqrt{2}}{2} & 0 & 0 \\ 0 & 0 & -\dfrac{\sqrt{2}}{2} & \dfrac{\sqrt{2}}{2} \end{bmatrix}\begin{bmatrix} 0 \\ 0 \\ 0 \\ 0.14645 \end{bmatrix}$$

$$= 0.00073223 \tag{10.56}$$

求出各单元的试验应力值为

$$\tilde{\sigma}_1 = {}^0\sigma_1 + E\Delta\varepsilon_1 = 73.223\text{MPa}$$
$$\tilde{\sigma}_2 = {}^0\sigma_2 + E\Delta\varepsilon_2 = 146.45\text{MPa} \tag{10.57}$$
$$\tilde{\sigma}_3 = {}^0\sigma_3 + E\Delta\varepsilon_3 = 73.223\text{MPa}$$

代入后继屈服函数 (10.2) 中，$\phi(\tilde{\sigma}_1, {}^0\bar{\varepsilon}_1^p) < 0$，$\phi(\tilde{\sigma}_2, {}^0\bar{\varepsilon}_2^p) < 0$，$\phi(\tilde{\sigma}_3, {}^0\bar{\varepsilon}_3^p) < 0$，可知结构只发生了弹性变形，因此有

$$\begin{gathered}
{}^{\Delta}\varepsilon_1 = {}^0\varepsilon_1 + \Delta\varepsilon_1 = 0.00073223 \\
{}^{\Delta}\varepsilon_2 = {}^0\varepsilon_2 + \Delta\varepsilon_2 = 0.0014645 \\
{}^{\Delta}\varepsilon_3 = {}^0\varepsilon_3 + \Delta\varepsilon_3 = 0.00073223 \\
{}^{\Delta}\varepsilon_1^p = {}^0\varepsilon_1^p = 0, \quad {}^{\Delta}\varepsilon_2^p = {}^0\varepsilon_2^p = 0, \quad {}^{\Delta}\varepsilon_3^p = {}^0\varepsilon_3^p = 0 \\
{}^{\Delta}\bar{\varepsilon}_1^p = {}^0\bar{\varepsilon}_1^p = 0, \quad {}^{\Delta}\bar{\varepsilon}_2^p = {}^0\bar{\varepsilon}_2^p = 0, \quad {}^{\Delta}\bar{\varepsilon}_3^p = {}^0\bar{\varepsilon}_3^p = 0 \\
{}^{\Delta}\sigma_1 = \tilde{\sigma}_1 = 73.223\text{MPa} \\
{}^{\Delta}\sigma_2 = \tilde{\sigma}_2 = 146.45\text{MPa}, \quad {}^{\Delta}\sigma_3 = \tilde{\sigma}_3 = 73.223\text{MPa} \\
{}^{\Delta}u_2 = {}^0u_2 + \Delta u_2 = 0, \quad {}^{\Delta}v_2 = {}^0v_2 + \Delta v_2 = 0.14645
\end{gathered} \tag{10.58}$$

第二个增量步：先计算各单元切线刚度矩阵 (各杆仍处于弹性阶段，因此用弹性模量 E 计算刚度矩阵)。

单元 1:

$$(\boldsymbol{K}_T)_1 = \frac{EA}{l_1}\begin{bmatrix} \dfrac{\sqrt{2}}{2} & 0 \\ \dfrac{\sqrt{2}}{2} & 0 \\ 0 & \dfrac{\sqrt{2}}{2} \\ 0 & \dfrac{\sqrt{2}}{2} \end{bmatrix}\begin{bmatrix} 1 & -1 \\ -1 & 1 \end{bmatrix}\begin{bmatrix} \dfrac{\sqrt{2}}{2} & \dfrac{\sqrt{2}}{2} & 0 & 0 \\ 0 & 0 & \dfrac{\sqrt{2}}{2} & \dfrac{\sqrt{2}}{2} \end{bmatrix}$$

$$
=3535.5 \begin{bmatrix} 1 & 1 & -1 & -1 \\ 1 & 1 & -1 & -1 \\ -1 & -1 & 1 & 1 \\ -1 & -1 & 1 & 1 \end{bmatrix} \tag{10.59}
$$

单元 2:

$$
(\boldsymbol{K}_{\mathrm{T}})_2 = \frac{EA}{l_2} \begin{bmatrix} 0 & 0 \\ 1 & 0 \\ 0 & 0 \\ 0 & 1 \end{bmatrix} \begin{bmatrix} 1 & -1 \\ -1 & 1 \end{bmatrix} \begin{bmatrix} 0 & 1 & 0 & 0 \\ 0 & 0 & 0 & 1 \end{bmatrix}
$$

$$
=10000 \begin{bmatrix} 0 & 0 & 0 & 0 \\ 0 & 1 & 0 & -1 \\ 0 & 0 & 0 & 0 \\ 0 & -1 & 0 & 1 \end{bmatrix} \tag{10.60}
$$

单元 3:

$$
(\boldsymbol{K}_{\mathrm{T}})_3 = \frac{EA}{l_3} \begin{bmatrix} -\dfrac{\sqrt{2}}{2} & 0 \\[2mm] \dfrac{\sqrt{2}}{2} & 0 \\[2mm] 0 & -\dfrac{\sqrt{2}}{2} \\[2mm] 0 & \dfrac{\sqrt{2}}{2} \end{bmatrix} \begin{bmatrix} 1 & -1 \\ -1 & 1 \end{bmatrix} \begin{bmatrix} -\dfrac{\sqrt{2}}{2} & \dfrac{\sqrt{2}}{2} & 0 & 0 \\[2mm] 0 & 0 & -\dfrac{\sqrt{2}}{2} & \dfrac{\sqrt{2}}{2} \end{bmatrix}
$$

$$
=3535.5 \begin{bmatrix} 1 & -1 & -1 & 1 \\ -1 & 1 & 1 & -1 \\ -1 & 1 & 1 & -1 \\ 1 & -1 & -1 & 1 \end{bmatrix} \tag{10.61}
$$

根据增量平衡方程 (10.27)，有

$$
\begin{bmatrix} 7071.1 & 0 \\ 0 & 17071 \end{bmatrix} \begin{bmatrix} \Delta u_2 \\ \Delta v_2 \end{bmatrix} = \begin{bmatrix} 0 \\ 5000 \end{bmatrix} - \begin{bmatrix} 0 \\ 2500 \end{bmatrix} \tag{10.62}
$$

解得 $^1(\Delta u_2) = 0$ 与 $^1(\Delta v_2) = 0.14645$，因此 $\Delta u_2 = ^1(\Delta u_2) = 0$，$\Delta v_2 = ^1(\Delta v_2) = 0.14645$。

计算应变增量。

单元 1:

$$\Delta\varepsilon_1 = \frac{1}{l_1} \begin{bmatrix} -1 & 1 \end{bmatrix} \begin{bmatrix} \frac{\sqrt{2}}{2} & \frac{\sqrt{2}}{2} & 0 & 0 \\ 0 & 0 & \frac{\sqrt{2}}{2} & \frac{\sqrt{2}}{2} \end{bmatrix} \begin{bmatrix} 0 \\ 0 \\ 0 \\ 0.14645 \end{bmatrix} = 0.00073223 \quad (10.63)$$

单元 2:

$$\Delta\varepsilon_2 = \frac{1}{l_2} \begin{bmatrix} -1 & 1 \end{bmatrix} \begin{bmatrix} 0 & 1 & 0 & 0 \\ 0 & 0 & 0 & 1 \end{bmatrix} \begin{bmatrix} 0 \\ 0 \\ 0 \\ 0.14645 \end{bmatrix} = 0.0014645 \quad (10.64)$$

单元 3:

$$\Delta\varepsilon_3 = \frac{1}{l_3} \begin{bmatrix} -1 & 1 \end{bmatrix} \begin{bmatrix} -\frac{\sqrt{2}}{2} & \frac{\sqrt{2}}{2} & 0 & 0 \\ 0 & 0 & -\frac{\sqrt{2}}{2} & \frac{\sqrt{2}}{2} \end{bmatrix} \begin{bmatrix} 0 \\ 0 \\ 0 \\ 0.14645 \end{bmatrix} = 0.00073223$$

$$(10.65)$$

求出各单元的试验应力为

$$\tilde{\sigma}_1 = {}^{\Delta}\sigma_1 + E \cdot \Delta\varepsilon_1 = 146.45\text{MPa}$$
$$\tilde{\sigma}_2 = {}^{\Delta}\sigma_2 + E \cdot \Delta\varepsilon_2 = 292.89\text{MPa} \quad (10.66)$$
$$\tilde{\sigma}_3 = {}^{\Delta}\sigma_3 + E \cdot \Delta\varepsilon_3 = 146.45\text{MPa}$$

代入后继屈服函数 (10.2) 中，$\phi(\tilde{\sigma}_1, {}^0\bar{\varepsilon}_1^p) < 0$，$\phi(\tilde{\sigma}_2, {}^0\bar{\varepsilon}_2^p) = 92.893\text{MPa} > 0$，$\phi(\tilde{\sigma}_3, {}^0\bar{\varepsilon}_3^p) < 0$，显然杆 2 发生了塑性变形。代入 (10.31) 式中, 得到

$$\Delta\bar{\varepsilon}_2^p = 0.00091964 \quad (10.67)$$

再代入 (10.15) 式, 得到 ${}^{2\Delta}\sigma_1 = {}^{2\Delta}\sigma_3 = 146.45\text{MPa}$, ${}^{2\Delta}\sigma_2 = 200.93\text{MPa}$, 计算内部节点力为 $[\ 0\ \ 0\ \ 0\ \ 4080.4\ \ 0\ \ 0\ \ 0\ \ 0\ ]^{\text{T}}$, 取误差限为 10^{-4}, 检查精度要求

$$\text{er} = \frac{919.64}{5000} = 0.18393 > 10^{-4} \quad (10.68)$$

不满足要求，因此进入第二步迭代，先计算各单元切线刚度矩阵:

单元 1(处于弹性阶段, 因此用弹性模量 E 计算刚度矩阵):

$$
(\boldsymbol{K}_{\mathrm{T}})_1 = \frac{EA}{l_1}
\begin{bmatrix}
\dfrac{\sqrt{2}}{2} & 0 \\[2mm]
\dfrac{\sqrt{2}}{2} & 0 \\[2mm]
0 & \dfrac{\sqrt{2}}{2} \\[2mm]
0 & \dfrac{\sqrt{2}}{2}
\end{bmatrix}
\begin{bmatrix}
1 & -1 \\
-1 & 1
\end{bmatrix}
\begin{bmatrix}
\dfrac{\sqrt{2}}{2} & \dfrac{\sqrt{2}}{2} & 0 & 0 \\[2mm]
0 & 0 & \dfrac{\sqrt{2}}{2} & \dfrac{\sqrt{2}}{2}
\end{bmatrix}
$$

$$
= 3535.5
\begin{bmatrix}
1 & 1 & -1 & -1 \\
1 & 1 & -1 & -1 \\
-1 & -1 & 1 & 1 \\
-1 & -1 & 1 & 1
\end{bmatrix}
\tag{10.69}
$$

单元 2(处于塑性阶段, 因此用弹塑性模量 E_{T} 计算刚度矩阵):

$$
(\boldsymbol{K}_{\mathrm{T}})_2 = \frac{E_{\mathrm{T}}A}{l_2}
\begin{bmatrix}
0 & 0 \\
1 & 0 \\
0 & 0 \\
0 & 1
\end{bmatrix}
\begin{bmatrix}
1 & -1 \\
-1 & 1
\end{bmatrix}
\begin{bmatrix}
0 & 1 & 0 & 0 \\
0 & 0 & 0 & 1
\end{bmatrix}
$$

$$
= 100
\begin{bmatrix}
0 & 0 & 0 & 0 \\
0 & 1 & 0 & -1 \\
0 & 0 & 0 & 0 \\
0 & -1 & 0 & 1
\end{bmatrix}
\tag{10.70}
$$

单元 3(处于弹性阶段, 因此用弹性模量 E 计算刚度矩阵):

$$
(\boldsymbol{K}_{\mathrm{T}})_3 = \frac{EA}{l_3}
\begin{bmatrix}
-\dfrac{\sqrt{2}}{2} & 0 \\[2mm]
\dfrac{\sqrt{2}}{2} & 0 \\[2mm]
0 & -\dfrac{\sqrt{2}}{2} \\[2mm]
0 & \dfrac{\sqrt{2}}{2}
\end{bmatrix}
\begin{bmatrix}
1 & -1 \\
-1 & 1
\end{bmatrix}
\begin{bmatrix}
-\dfrac{\sqrt{2}}{2} & \dfrac{\sqrt{2}}{2} & 0 & 0 \\[2mm]
0 & 0 & -\dfrac{\sqrt{2}}{2} & \dfrac{\sqrt{2}}{2}
\end{bmatrix}
$$

$$=3535.5 \begin{bmatrix} 1 & -1 & -1 & 1 \\ -1 & 1 & 1 & -1 \\ -1 & 1 & 1 & -1 \\ 1 & -1 & -1 & 1 \end{bmatrix} \tag{10.71}$$

增量平衡方程为

$$\begin{bmatrix} 7071.1 & 0 \\ 0 & 7071.1 \end{bmatrix} \begin{bmatrix} \Delta u_2 \\ \Delta v_2 \end{bmatrix} = \begin{bmatrix} 0 \\ 5000 \end{bmatrix} - \begin{bmatrix} 0 \\ 4080.4 \end{bmatrix} \tag{10.72}$$

解得 $^2(\Delta u_2) = 0$, $^2(\Delta v_2) = 0.13271$。因此 $\Delta u_2 = {}^1(\Delta u_2) + {}^2(\Delta u_2) = 0$, $\Delta v_2 = {}^1(\Delta v_2) + {}^2(\Delta v_2) = 0.27915$。

计算应变增量。

单元 1:

$$\Delta \varepsilon_1 = \frac{1}{l_1} \begin{bmatrix} -1 & 1 \end{bmatrix} \begin{bmatrix} \frac{\sqrt{2}}{2} & \frac{\sqrt{2}}{2} & 0 & 0 \\ 0 & 0 & \frac{\sqrt{2}}{2} & \frac{\sqrt{2}}{2} \end{bmatrix} \begin{bmatrix} 0 \\ 0 \\ 0 \\ 0.27915 \end{bmatrix} = 0.0013958 \tag{10.73}$$

单元 2:

$$\Delta \varepsilon_2 = \frac{1}{l_2} \begin{bmatrix} -1 & 1 \end{bmatrix} \begin{bmatrix} 0 & 1 & 0 & 0 \\ 0 & 0 & 0 & 1 \end{bmatrix} \begin{bmatrix} 0 \\ 0 \\ 0 \\ 0.27915 \end{bmatrix} = 0.0027915 \tag{10.74}$$

单元 3:

$$\Delta \varepsilon_3 = \frac{1}{l_3} \begin{bmatrix} -1 & 1 \end{bmatrix} \begin{bmatrix} \frac{\sqrt{2}}{2} & \frac{\sqrt{2}}{2} & 0 & 0 \\ 0 & 0 & \frac{\sqrt{2}}{2} & \frac{\sqrt{2}}{2} \end{bmatrix} \begin{bmatrix} 0 \\ 0 \\ 0 \\ 0.27915 \end{bmatrix} = 0.0013958 \tag{10.75}$$

求出各单元的试验应力值为

$$\begin{aligned} \tilde{\sigma}_1 &= {}^\Delta\sigma_1 + E\Delta\varepsilon_1 = 212.80\text{MPa} \\ \tilde{\sigma}_2 &= {}^\Delta\sigma_2 + E\Delta\varepsilon_2 = 425.60\text{MPa} \\ \tilde{\sigma}_3 &= {}^\Delta\sigma_3 + E\Delta\varepsilon_3 = 212.80\text{MPa} \end{aligned} \tag{10.76}$$

代入后继屈服函数 (10.2) 中，$\phi(\tilde{\sigma}_1, {}^0\bar{\varepsilon}_1^p) > 0$，$\phi(\tilde{\sigma}_2, {}^0\bar{\varepsilon}_2^p) > 0$，$\phi(\tilde{\sigma}_3, {}^0\bar{\varepsilon}_3^p) > 0$，显然杆 1、2、3 均发生了塑性变形。代入 (10.31) 式中，得到

$$\Delta\bar{\varepsilon}_1^p = \Delta\bar{\varepsilon}_3^p = 0.00012672$$
$$\Delta\bar{\varepsilon}_2^p = 0.0022334 \tag{10.77}$$

代入 (10.15) 式有 ${}^{2\Delta}\sigma_1 = {}^{2\Delta}\sigma_3 = 200.13\text{MPa}$，${}^{2\Delta}\sigma_2 = 202.26\text{MPa}$，计算内部节点力为 $\begin{bmatrix} 0 & 0 & 0 & 4852.8 & 0 & 0 & 0 & 0 \end{bmatrix}^\mathrm{T}$，检查精度要求

$$\text{er} = \frac{147.20}{5000} = 0.029441 > 10^{-4} \tag{10.78}$$

不满足要求，因此进入第三步迭代，先计算各单元切线刚度矩阵。

单元 1(处于塑性阶段，因此用弹塑性模量 E_T 计算刚度矩阵):

$$(\boldsymbol{K}_\mathrm{T})_1 = \frac{E_\mathrm{T}A}{l_1} \begin{bmatrix} \dfrac{\sqrt{2}}{2} & 0 \\[2mm] \dfrac{\sqrt{2}}{2} & 0 \\[2mm] 0 & \dfrac{\sqrt{2}}{2} \\[2mm] 0 & \dfrac{\sqrt{2}}{2} \end{bmatrix} \begin{bmatrix} 1 & -1 \\ -1 & 1 \end{bmatrix} \begin{bmatrix} \dfrac{\sqrt{2}}{2} & \dfrac{\sqrt{2}}{2} & 0 & 0 \\[2mm] 0 & 0 & \dfrac{\sqrt{2}}{2} & \dfrac{\sqrt{2}}{2} \end{bmatrix}$$

$$= 35.355 \begin{bmatrix} 1 & 1 & -1 & -1 \\ 1 & 1 & -1 & -1 \\ -1 & -1 & 1 & 1 \\ -1 & -1 & 1 & 1 \end{bmatrix} \tag{10.79}$$

单元 2(处于塑性阶段，因此用弹塑性模量 E_T 计算刚度矩阵):

$$(\boldsymbol{K}_\mathrm{T})_2 = \frac{E_\mathrm{T}A}{l_2} \begin{bmatrix} 0 & 0 \\ 1 & 0 \\ 0 & 0 \\ 0 & 1 \end{bmatrix} \begin{bmatrix} 1 & -1 \\ -1 & 1 \end{bmatrix} \begin{bmatrix} 0 & 1 & 0 & 0 \\ 0 & 0 & 0 & 1 \end{bmatrix}$$

$$= 100 \begin{bmatrix} 0 & 0 & 0 & 0 \\ 0 & 1 & 0 & -1 \\ 0 & 0 & 0 & 0 \\ 0 & -1 & 0 & 1 \end{bmatrix} \tag{10.80}$$

单元 3(处于塑性阶段，因此用弹塑性模量 E_T 计算刚度矩阵)：

$$(\boldsymbol{K}_T)_3 = \frac{E_T A}{l_3} \begin{bmatrix} \dfrac{\sqrt{2}}{2} & 0 \\[2mm] \dfrac{\sqrt{2}}{2} & 0 \\[2mm] 0 & \dfrac{\sqrt{2}}{2} \\[2mm] 0 & \dfrac{\sqrt{2}}{2} \end{bmatrix} \begin{bmatrix} 1 & -1 \\ -1 & 1 \end{bmatrix} \begin{bmatrix} \dfrac{\sqrt{2}}{2} & \dfrac{\sqrt{2}}{2} & 0 & 0 \\[2mm] 0 & 0 & \dfrac{\sqrt{2}}{2} & \dfrac{\sqrt{2}}{2} \end{bmatrix}$$

$$= 35.355 \begin{bmatrix} 1 & 1 & -1 & -1 \\ 1 & 1 & -1 & -1 \\ -1 & -1 & 1 & 1 \\ -1 & -1 & 1 & 1 \end{bmatrix} \tag{10.81}$$

增量平衡方程为

$$\begin{bmatrix} 70.711 & 0 \\ 0 & 170.71 \end{bmatrix} \begin{bmatrix} \Delta u_2 \\ \Delta v_2 \end{bmatrix} = \begin{bmatrix} 0 \\ 5000 \end{bmatrix} - \begin{bmatrix} 0 \\ 4852.8 \end{bmatrix} \tag{10.82}$$

解得 $^3(\Delta u_2) = 0$ 与 $^3(\Delta v_2) = 0.86229$。与之前的结果叠加，有 $\Delta u_2 = {}^1(\Delta u_2) + {}^2(\Delta u_2) + {}^3(\Delta u_2) = 0$, $\Delta v_2 = {}^1(\Delta v_2) + {}^2(\Delta v_2) + {}^3(\Delta v_2) = 1.1414$。

计算应变增量。

单元 1：

$$\Delta\varepsilon_1 = \frac{1}{l_1} \begin{bmatrix} -1 & 1 \end{bmatrix} \begin{bmatrix} \dfrac{\sqrt{2}}{2} & \dfrac{\sqrt{2}}{2} & 0 & 0 \\[2mm] 0 & 0 & \dfrac{\sqrt{2}}{2} & \dfrac{\sqrt{2}}{2} \end{bmatrix} \begin{bmatrix} 0 \\ 0 \\ 0 \\ 1.1414 \end{bmatrix} = 0.0057072 \tag{10.83}$$

单元 2：

$$\Delta\varepsilon_2 = \frac{1}{l_2} \begin{bmatrix} -1 & 1 \end{bmatrix} \begin{bmatrix} 0 & 1 & 0 & 0 \\ 0 & 0 & 0 & 1 \end{bmatrix} \begin{bmatrix} 0 \\ 0 \\ 0 \\ 1.1414 \end{bmatrix} = 0.011414 \tag{10.84}$$

单元 3:

$$\Delta\varepsilon_3 = \frac{1}{l_3} \begin{bmatrix} -1 & 1 \end{bmatrix} \begin{bmatrix} \frac{\sqrt{2}}{2} & \frac{\sqrt{2}}{2} & 0 & 0 \\ 0 & 0 & \frac{\sqrt{2}}{2} & \frac{\sqrt{2}}{2} \end{bmatrix} \begin{bmatrix} 0 \\ 0 \\ 0 \\ 1.1414 \end{bmatrix} = 0.0057072 \quad (10.85)$$

求出各单元的试验应力值为

$$\begin{aligned}
\tilde{\sigma}_1 &= {}^{\Delta}\sigma_1 + E\Delta\varepsilon_1 = 643.95\text{MPa} \\
\tilde{\sigma}_2 &= {}^{\Delta}\sigma_2 + E\Delta\varepsilon_2 = 1287.9\text{MPa} \\
\tilde{\sigma}_3 &= {}^{\Delta}\sigma_3 + E\Delta\varepsilon_3 = 643.95\text{MPa}
\end{aligned} \quad (10.86)$$

代入后继屈服函数 (10.2) 中，$\phi(\tilde{\sigma}_1, {}^0\bar{\varepsilon}_1^p) > 0$，$\phi(\tilde{\sigma}_2, {}^0\bar{\varepsilon}_2^p) > 0$，$\phi(\tilde{\sigma}_3, {}^0\bar{\varepsilon}_3^p) > 0$，显然杆 1、2、3 均发生了塑性变形。代入 (10.31) 式中，得到

$$\begin{aligned}
\Delta\bar{\varepsilon}_1^p &= \Delta\bar{\varepsilon}_3^p = 0.0043951 \\
\Delta\bar{\varepsilon}_2^p &= 0.010770
\end{aligned} \quad (10.87)$$

代入 (10.15) 式，得到 ${}^{2\Delta}\sigma_1 = {}^{2\Delta}\sigma_3 = 204.44\text{MPa}$，${}^{2\Delta}\sigma_2 = 210.88\text{MPa}$，计算内部节点力为 $\begin{bmatrix} 0 & 0 & 0 & 5000.1 & 0 & 0 & 0 & 0 \end{bmatrix}^{\text{T}}$，检查精度要求

$$\text{er} = \frac{0.1}{5000} = 2 \times 10^{-5} < 10^{-4} \quad (10.88)$$

满足精度要求，停止迭代。最终得到

$$\begin{aligned}
{}^{2\Delta}\varepsilon_1 &= {}^{\Delta}\varepsilon_1 + \Delta\varepsilon_1 = 0.0064395, & {}^{2\Delta}\varepsilon_2 &= {}^{\Delta}\varepsilon_2 + \Delta\varepsilon_2 = 0.012879 \\
{}^{2\Delta}\varepsilon_3 &= {}^{\Delta}\varepsilon_3 + \Delta\varepsilon_3 = 0.0064395, & {}^{2\Delta}\varepsilon_1^p &= {}^{\Delta}\varepsilon_1^p + \Delta\bar{\varepsilon}_1^p = 0.0043951 \\
{}^{2\Delta}\varepsilon_2^p &= {}^{\Delta}\varepsilon_2^p + \Delta\bar{\varepsilon}_2^p = 0.010770, & {}^{2\Delta}\varepsilon_3^p &= {}^{\Delta}\varepsilon_3^p + \Delta\bar{\varepsilon}_3^p = 0.0043951 \\
{}^{2\Delta}\bar{\varepsilon}_1^p &= {}^{\Delta}\bar{\varepsilon}_1^p + \Delta\bar{\varepsilon}_1^p = 0.0043951, & {}^{2\Delta}\bar{\varepsilon}_2^p &= {}^{\Delta}\bar{\varepsilon}_2^p + \Delta\bar{\varepsilon}_2^p = 0.010770 \\
{}^{3\Delta}\bar{\varepsilon}_3^p &= {}^{\Delta}\bar{\varepsilon}_3^p + \Delta\bar{\varepsilon}_3^p = 0.0043951, & {}^{2\Delta}\sigma_1 &= 204.44\text{MPa} \\
{}^{2\Delta}\sigma_2 &= 210.88\text{MPa}, & {}^{2\Delta}\sigma_3 &= 204.44\text{MPa} \\
{}^{2\Delta}u_2 &= {}^{\Delta}u_2 + \Delta u_2 = 0, & {}^{2\Delta}v_2 &= {}^{\Delta}v_2 + \Delta v_2 = 1.2879
\end{aligned} \quad (10.89)$$

10.7.3　10 杆桁架循环加载算例

　　10 杆桁架结构如图 10-13 所示。材料为等向线性强化材料，弹性模量 $E = 10^5\text{MPa}$，弹塑性模量 $E_\text{T} = 10^3\text{MPa}$，泊松比 $\mu = 0.3$，初始屈服应力 $\sigma_s = 200\text{MPa}$；杆的横截面积 $A = 10\text{mm}^2$，$l = 36\text{cm}$。外载荷循环变化，加载顺序为 $f = -1200\text{N} \rightarrow$

$0 \rightarrow +1600\text{N} \rightarrow -2000\text{N}$。对应各个载荷的结构变形如图 10-14~图 10-17；其中，杆 1 与杆 2 承载最大，因而最先发生塑性变形。以应变为横轴，应力为纵轴，将两杆的应力–应变过程绘成图 10-18 与图 10-19。

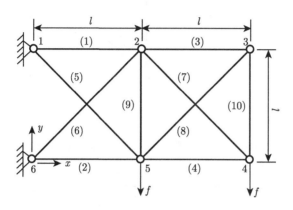

图 10-13 10 杆桁架结构

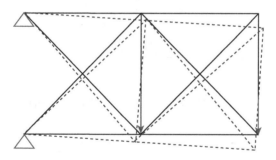

图 10-14 加载至 $f = -1200\text{N}$ 时的结构变形

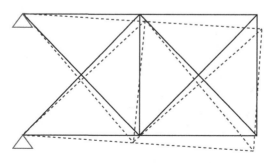

图 10-15 卸载至 $f = 0$ 时结构的残余变形

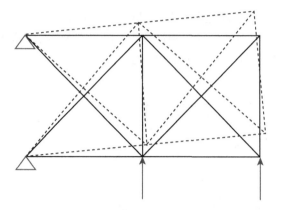

图 10-16   反向加载至 $f = 1600\text{N}$ 时的结构变形

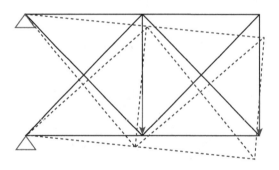

图 10-17   再次反向加载至 $f = -2000\text{N}$ 时的结构变形

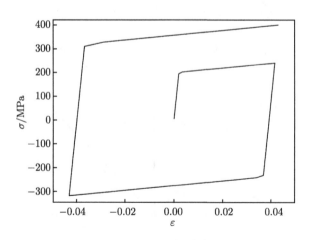

图 10-18   杆 1 应力–应变过程

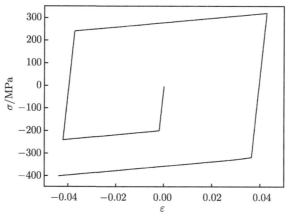

图 10-19　杆 2 应力–应变过程

10.7.4　桁架桥梁结构算例

　　桁架桥梁结构如图 10-20 所示。材料为各向同性线性强化材料，弹性模量 $E =$ 10^5MPa，弹塑性模量 $E_T = 10^3$MPa，泊松比 $\mu = 0.3$，初始屈服应力 $\sigma_s = 200$MPa；杆的横截面积 $A = 10$mm^2；外载荷 $f = -1800$N。其中，水平方向的 5 根杆，杆长均为 50cm，节点 7 与节点 1 水平距离为 25cm，垂直距离为 40cm。单向加载，并且将 EFESTS 的计算结果与商业软件 Abaqus 比较，结构变形见图 10-21，计算结果的比较见表 10-1 与表 10-2。与 Abaqus 比较，误差小于 3%。

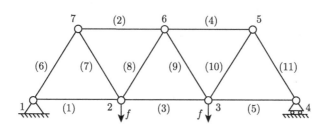

图 10-20　桁架桥梁结构

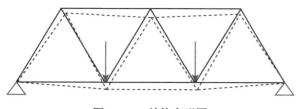

图 10-21　结构变形图

表 10-1　各单元应力、应变与塑性应变

单元编号	应力/MPa			应变			塑性应变		
	EFESTS	Abaqus	相对误差/%	EFESTS	Abaqus	相对误差/%	EFESTS	Abaqus	相对误差/%
1	112.5	112.5	0	1.125×10^{-3}	1.125×10^{-3}	0	0	0	0
2	-225	-225	0	-2.7×10^{-2}	-2.75×10^{-2}	1.8	-2.475×10^{-2}	-2.525×10^{-2}	2
3	225	225	0	2.7×10^{-2}	2.75×10^{-2}	1.8	2.475×10^{-2}	2.525×10^{-2}	2
4	-225	-225	0	-2.7×10^{-2}	-2.75×10^{-2}	1.8	-2.475×10^{-2}	-2.525×10^{-2}	2
5	112.5	112.5	0	1.125×10^{-3}	1.125×10^{-3}	0	0	0	0
6	-212.3	-212.27	0.014	-1.426×10^{-2}	-1.451×10^{-2}	1.7	-1.214×10^{-2}	-1.239×10^{-2}	2
7	212.3	212.27	0.014	1.426×10^{-2}	1.451×10^{-2}	1.7	1.214×10^{-2}	1.239×10^{-2}	2
8	0	0	0	0	0	0	0	0	0
9	0	0	0	0	0	0	0	0	0
10	212.3	212.27	0.014	1.426×10^{-2}	1.451×10^{-2}	1.7	1.214×10^{-2}	1.239×10^{-2}	2
11	-212.3	-212.27	0.014	-1.426×10^{-2}	-1.451×10^{-2}	1.7	-1.214×10^{-2}	-1.239×10^{-2}	2

表 10-2　节点位移

节点编号	位移/cm		相对误差/%
	EFESTS	Abaqus	
2	5.625×10^{-2}	5.625×10^{-2}	0
	-4.153	-4.228	1.8
3	1.406	1.431	1.7
	-4.153	-4.228	1.8
4	1.462	1.488	1.7
	0	0	0
5	-6.188×10^{-1}	-6.313×10^{-1}	2.0
	-2.094	-2.132	1.8
6	7.312×10^{-1}	7.438×10^{-1}	1.7
	-4.575	-4.658	1.8
7	2.081	2.119	1.8
	-2.094	-2.132	1.8

第11章 复合材料多尺度分析

复合材料是指由有机高分子、无机非金属或金属等几类不同材料通过复合工艺组合而成的新型材料，与一般材料的简单混合有本质的区别，它既能保留原有组分材料的主要特色，又通过材料设计使各组分的性能互相补充并彼此关联，从而获得新的优越性能。这类材料有两个特点：①微观上，具有细微且不可忽略的几何特征，呈周期性排列；②宏观上，又表现出均匀的特性；如图 11-1 所示的碳纤维复合材料。

图 11-1　不同尺度下的碳纤维复合材料结构

复合材料的应力应变特性可通过宏观实验直接测得，进而得到等效弹性模量。还可利用有限元进行分析，有以下两种求解方案 [32]：①对研究对象整体进行细节网格划分，利用常规有限元方法直接求解；以图 11-2 的周期性复合材料杆件为例，说明利用该方法需要划分有限元网格的数量：杆件长度为 x，单个周期胞元（单胞）的长度为 ε，单胞数量为 $n = x/\varepsilon$，分析单胞结构所需划分的有限元单元数量为 ψ，那么对整个杆件，需要划分 $\psi n = \psi x/\varepsilon$ 个有限元单元。因为单胞属于细微特征，所以 $0 < \varepsilon \ll 1$，$\lim\limits_{\varepsilon \to 0} \psi(x/\varepsilon) \to \infty$。可以看出，该方法计算量大，甚至还可能会因为计算量过于庞大而使该方法失效。②建立微观结构与宏观结构的联系，得到均匀化的"新材料"，进而利用常规有限元方法对这个"新材料"进行求解。在这个过程中，主要对一个单胞进行有限元分析，其网格数量为 ψ。因此，该方法计算量小，更适用于有限元求解。我们把这种宏微观一体化过程叫做多尺度分析。

本章选取一维的复合材料杆件，用均匀化方法实现其多尺度分析，得到材料的等效弹性模量。均匀化方法通过引入小参数 ε 来连接宏微观尺度，把微观尺度的性质反映在宏观表现上，其数学基础是渐进小参数展开的摄动方法。

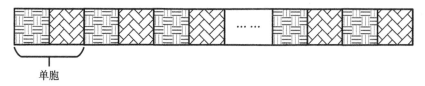

图 11-2 周期性复合材料杆件

11.1 摄 动 法

在解决力学问题、物理问题或其他工程问题时，经常会遇到带小参数的问题 P_ϵ，小参数 ϵ 可以包含在方程中，也可包括在边界条件中。早在十九世纪末期，天文学家 Lindestedt 等就利用小参数幂级数的表示方式得出了多种天体现象的正确结论，但不能从数学的角度证明为何通过这种不收敛的级数也可以得到近似解。直到 1892 年，数学家兼力学家 Poincaré 才在他的著作《天体力学的新方法》中用严格的数学方法证明了小参数展开的多项式虽然是发散的，但却是一种 "渐进级数"。换言之，虽然该级数的部分和当 $n \to \infty$ 时不趋于有限值，但它的前几项之和当 $|\epsilon|$ 充分小时，可任意接近原问题的解，因此能够精确地表达各种自然现象。小参数幂级数展开就是摄动法之一，下面通过一个例子简要地介绍摄动法 [33]。

设含有小参数 ϵ 的代数方程

$$w = 1 + \epsilon w^3 \tag{11.1}$$

明显有当 $\epsilon = 0$ 时，$w = 1$。因为 ϵ 是小参数，有 $0 < \epsilon \ll 1$。设

$$w = 1 + \epsilon w_1 + \epsilon^2 w_2 + \epsilon^3 w_3 + \cdots \tag{11.2}$$

将该式代入原式后，可得

$$1 + \epsilon w_1 + \epsilon^2 w_2 + \epsilon^3 w_3 + \cdots = 1 + \epsilon(1 + \epsilon w_1 + \epsilon^2 w_2 + \epsilon^3 w_3 + \cdots)^3 \tag{11.3}$$

随后将此式进行展开，若要将结果保留在 ϵ^3 精度，则可舍弃高阶项，得

$$1 + \epsilon w_1 + \epsilon^2 w_2 + \epsilon^3 w_3 \approx 1 + \epsilon + 3\epsilon^2 w_1 + 3\epsilon^3(w_1^2 + w_2) \tag{11.4}$$

合并 ϵ 的同次项系数，有

$$\epsilon(w_1 - 1) + \epsilon^2(w_2 - 3w_1) + \epsilon^3(w_3 - 3w_2 - 3w_1^2) \approx 0 \tag{11.5}$$

若要使上式中，无论 ϵ 的取值为多少均成立，只能使 ϵ 的各次幂的系数为零，又由于各次幂系数所组成的方程互相独立，互不矛盾，即

$$
\begin{aligned}
O(\epsilon^1): & \ w_1 - 1 = 0 \\
O(\epsilon^2): & \ w_2 - 3w_1 = 0 \\
O(\epsilon^3): & \ w_3 - 3w_2 - 3w_1^2 = 0
\end{aligned}
\tag{11.6}
$$

由上式解得

$$
\left\{
\begin{aligned}
w_1 &= 1 \\
w_2 &= 3 \\
w_3 &= 12
\end{aligned}
\right.
\tag{11.7}
$$

至此便得到了 ϵ^3 级近似解

$$
w_{\epsilon^3} = 1 + \epsilon + 3\epsilon^2 + 12\epsilon^3
\tag{11.8}
$$

若取 $\epsilon = 0.01$，代入 (11.8) 式中，解得 $w_{\epsilon^3} = 1.010312$，将此值及 $\epsilon = 0.01$ 代入 (11.1) 式右端，有

$$
w = 1 + 0.01 \times (1.010312)^3 = 1.010312561
\tag{11.9}
$$

可知通过 (11.8) 式求得的解是原方程 (11.1) 的近似解。

接下来，考虑该近似求解方法的精度。将例中的小参数看作自变量，求得 (11.1) 式中 w 关于 ϵ 的解析表达：

$$
w = C + \frac{1}{3\epsilon C}
\tag{11.10}
$$

其中

$$
C = \sqrt[3]{\sqrt{\frac{1}{4\epsilon^2} - \frac{1}{27\epsilon^3}} - \frac{1}{2\epsilon}}
\tag{11.11}
$$

(1) 当小参数相同，保留级别不同时，设 $\epsilon = 0.01$，将其代入 (11.10) 式，得解析解 1.010312578810。由 (11.8) 式得到的近似解，取不同的保留级时，与解析解的精度比较见表 11-1。

表 11-1　不同保留级别的精度比较

保留级	结果	精确级别
ϵ^0	1	1
ϵ^1	1.01	10^{-2}
ϵ^2	1.0103	10^{-4}
ϵ^3	1.010312	10^{-6}

(2) 当小参数不同, 保留级别相同时, 设保留级均取 ϵ^1 级, 不同的 ϵ 取值的精度比较见表 11-2。

表 11-2   不同小参数取值的精度比较

ϵ	结果	解析解	精确级别
10^{-2}	1.01	1.010312578810$\cdots$	10^{-2}
10^{-4}	1.0001	1.000100030012$\cdots$	10^{-4}
10^{-6}	1.000001	1.000001000003$\cdots$	10^{-6}

由上述两表可以发现, 更高的保留级或更小的小参数取值都可以使近似解达到目标精度。

11.2   均匀化方法

对于复合材料杆件, 将某一微小部分放大, 要运用均匀化方法 [34], 需要假设其在微观结构上具有周期性, 利用函数的小参数渐进展开方法可以计算出等效的弹性模量。

图 11-3 是一根长为 l 的复合材料杆, 其局部放大的微观结构 A 如图 11-3 所示, 结构的特征尺度为 Y。这样的一个复合材料杆件可以看作是许多个单胞的周期排列 (图 11-2)。现将任意一个单胞取出, 如图 11-4 所示。

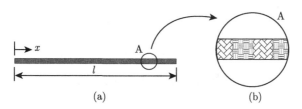

(a) (b)

图 11-3   复合材料杆件

图 11-4   单胞示意图

显然单胞结构一方面需要用宏观尺度 x 来描述它在杆上的位置; 另一方面需要将其宏观尺度放大, 用其微观尺度 y 来进行表达。因此, 在研究微观尺度的单胞时，其各个参数是由宏、微观尺度共同决定的，其对应的微分方程如下所述。

平衡方程

$$\frac{\partial \sigma^\epsilon}{\partial x} + \gamma^\epsilon = 0 \tag{11.12}$$

其中，$\gamma^\epsilon = \dfrac{b^\epsilon(x)}{E^\epsilon A^\epsilon}$。

几何方程

$$\varepsilon^\epsilon = \frac{\partial u^\epsilon}{\partial x} \tag{11.13}$$

物理方程

$$\sigma^\epsilon = E^\epsilon \varepsilon^\epsilon \tag{11.14}$$

将 (11.13) 式代入 (11.14) 式，得到

$$\sigma^\epsilon = E^\epsilon \frac{\partial u^\epsilon}{\partial x} \tag{11.15}$$

其中，ϵ 由单胞尺度大小确定，即 $\epsilon = x/y$。对于这个一维杆结构，假设体力 γ^ϵ 和弹性模量 E^ϵ 是宏观均匀的，它们仅在微观尺度 y 上不同，即

$$\begin{aligned} E^\epsilon(x, x/\epsilon) &= E^\epsilon(x/\epsilon) = E(y) \\ \gamma^\epsilon(x, x/\epsilon) &= \gamma^\epsilon(x/\epsilon) = \gamma(y) \end{aligned} \tag{11.16}$$

位移和应力函数可以用小参数展开为如下形式:

$$u^\epsilon(x) = u^0(x, y) + \epsilon u^1(x, y) + \epsilon^2 u^2(x, y) + \cdots \tag{11.17}$$

$$\sigma^\epsilon(x) = \sigma^0(x, y) + \epsilon \sigma^1(x, y) + \epsilon^2 \sigma^2(x, y) + \cdots \tag{11.18}$$

令 $u^i(x, y)$、$\sigma^i(x, y)$ 为微观尺度 y 上周期为 Y 的周期函数。

将 (11.18) 式代入 (11.12) 式，应用复合函数求导的相关法则，可得

$$\frac{\partial \sigma^0}{\partial x} + \frac{1}{\epsilon}\frac{\partial \sigma^0}{\partial y} + \epsilon\frac{\partial \sigma^1}{\partial x} + \frac{\partial \sigma^1}{\partial y} + \epsilon^2\frac{\partial \sigma^2}{\partial x} + \epsilon\frac{\partial \sigma^2}{\partial y} + \cdots + \gamma(y) = 0 \tag{11.19}$$

将 (11.17) 式和 (11.18) 式代入 (11.15) 式，可得

$$\begin{aligned} & \sigma^0(x, y) + \epsilon \sigma^1(x, y) + \epsilon^2 \sigma^2(x, y) + \cdots \\ & = E(y)\left(\frac{\partial u^0}{\partial x} + \frac{1}{\epsilon}\frac{\partial u^0}{\partial y} + \epsilon\frac{\partial u^1}{\partial x} + \frac{\partial u^1}{\partial y} + \epsilon^2\frac{\partial u^2}{\partial x} + \epsilon\frac{\partial u^2}{\partial y} + \cdots\right) \end{aligned} \tag{11.20}$$

无论 ϵ 取何值，两式总能够成立，因此需要每一阶的 ϵ 所对应的系数均为零，同时忽略高阶项 (ϵ^2)，由此可将 (11.19) 式展开为

$$O(\epsilon^{-1}):\ \frac{\partial \sigma^0}{\partial y} = 0 \tag{11.21}$$

$$O(\epsilon^0): \ \frac{\partial \sigma^0}{\partial x} + \frac{\partial \sigma^1}{\partial y} + \gamma(y) = 0 \tag{11.22}$$

$$O(\epsilon^1): \ \frac{\partial \sigma^1}{\partial x} + \frac{\partial \sigma^2}{\partial y} = 0 \tag{11.23}$$

注意到 $E(y) \neq 0$，(11.20) 式可展开为

$$O(\epsilon^{-1}): \ \frac{\partial u^0}{\partial y} = 0 \tag{11.24}$$

$$O(\epsilon^0): \ \sigma^0(x,y) = E(y)\left(\frac{\partial u^0}{\partial x} + \frac{\partial u^1}{\partial y}\right) \tag{11.25}$$

$$O(\epsilon^1): \ \sigma^1(x,y) = E(y)\left(\frac{\partial u^1}{\partial x} + \frac{\partial u^2}{\partial y}\right) \tag{11.26}$$

显然，由 (11.21) 式和 (11.24) 式可知函数 σ^0 和 u^0 与 y 无关，即

$$\sigma^0(x,y) = \sigma^0(x) \tag{11.27}$$

$$u^0(x,y) = u^0(x) \tag{11.28}$$

因此 (11.25) 式可变为

$$\sigma^0(x) = E(y)\left(\frac{\mathrm{d}u^0}{\mathrm{d}x} + \frac{\partial u^1}{\partial y}\right) \tag{11.29}$$

将 (11.29) 式中的 $E(y)$ 移至左端后对两边同时在单胞 Y 上积分，可得

$$\int_Y \frac{\sigma^0(x)}{E(y)}\mathrm{d}y = \int_Y \frac{\mathrm{d}u^0}{\mathrm{d}x}\mathrm{d}y + \int_Y \frac{\partial u^1}{\partial y}\mathrm{d}y \tag{11.30}$$

注意到周期函数的导数在一个周期上的积分为零，由此可将 (11.30) 式整理为

$$\sigma^0(x) = \left[Y \bigg/ \int_Y \frac{\mathrm{d}y}{E(y)}\right] \frac{\mathrm{d}u^0}{\mathrm{d}x} \tag{11.31}$$

将 (11.31) 式代入 (11.29) 式，并整理，得

$$\frac{\partial u^1}{\partial y} = \left[Y \bigg/ \left(E(y)\int_Y \frac{\mathrm{d}y}{E(y)}\right) - 1\right] \frac{\mathrm{d}u^0}{\mathrm{d}x} \tag{11.32}$$

将上式对 y 积分，可得

$$u^1(x,y) = \chi(y)\frac{\mathrm{d}u^0}{\mathrm{d}x} + \xi(x) \tag{11.33}$$

其中

$$\frac{\mathrm{d}\chi}{\mathrm{d}y} = Y \bigg/ \left(E(y)\int_Y \frac{\mathrm{d}y}{E(y)}\right) - 1 \tag{11.34}$$

将 (11.33) 式代入 (11.29) 式, 得

$$\sigma^0(x) = E(y)\left(1 + \frac{\mathrm{d}\chi}{\mathrm{d}y}\right)\frac{\mathrm{d}u^0}{\mathrm{d}x} \tag{11.35}$$

将上式对 y 求导, 得

$$\frac{\mathrm{d}\sigma^0}{\mathrm{d}y} = \frac{\mathrm{d}}{\mathrm{d}y}\left[E(y)\left(1 + \frac{\mathrm{d}\chi}{\mathrm{d}y}\right)\right]\frac{\mathrm{d}u^0}{\mathrm{d}x} \tag{11.36}$$

由于 $\frac{\mathrm{d}\sigma^0}{\mathrm{d}y} = 0$, 又因为 u^0 是 x 的函数, $\frac{\mathrm{d}u^0}{\mathrm{d}x}$ 不能恒等于 0, 因此要使其恒成立, 只能 $\frac{\mathrm{d}}{\mathrm{d}y}\left[E(y)\left(1 + \frac{\mathrm{d}\chi}{\mathrm{d}y}\right)\right] \equiv 0$, 因此可记

$$E(y)\left(1 + \frac{\mathrm{d}\chi}{\mathrm{d}y}\right) = a \tag{11.37}$$

整理, 得

$$\chi(y) = \int_0^y \left[\frac{a}{E(\eta)} - 1\right]\mathrm{d}\eta + b \tag{11.38}$$

由于 y 具有周期性, 显然有 $\chi(0) = \chi(Y)$, 即

$$\int_Y \frac{a}{E(\eta)}\mathrm{d}\eta - Y = 0 \tag{11.39}$$

容易求得

$$a = Y \Big/ \int_Y \frac{\mathrm{d}\eta}{E(\eta)} \tag{11.40}$$

观察 (11.35) 式与 (11.37) 式, 并将 a 的值代入, 可将 (11.35) 式写成

$$\sigma^0(x) = \left[Y \Big/ \int_Y \frac{\mathrm{d}\eta}{E(\eta)}\right]\frac{\mathrm{d}u^0}{\mathrm{d}x} \tag{11.41}$$

将 (11.22) 式对 y 积分

$$Y\frac{\mathrm{d}\sigma^0}{\mathrm{d}x} + \int_Y \frac{\partial\sigma^1}{\partial y}\mathrm{d}y + \int_Y \gamma(y)\mathrm{d}y = 0 \tag{11.42}$$

类似于 (11.30) 式的运算, 该式中间项同样为零, 因此上式可整理为

$$\frac{\mathrm{d}\sigma^0}{\mathrm{d}x} + \bar{\gamma} = 0 \tag{11.43}$$

其中, $\bar{\gamma}$ 为一个单胞上的平均体力, 其表达式为

$$\bar{\gamma}(y) = \frac{\displaystyle\int_Y \gamma(y)\mathrm{d}y}{Y} \tag{11.44}$$

观察 (11.12) 式与 (11.43) 式，以及 (11.15) 式与 (11.41) 式，原问题的等效模型可记为

$$\frac{\mathrm{d}\sigma^0}{\mathrm{d}x} + \bar{\gamma} = 0 \tag{11.45}$$

$$\sigma^0(x) = E^{\mathrm{H}} \frac{\mathrm{d}u^0}{\mathrm{d}x} \tag{11.46}$$

其中，E^{H} 被称为等效均质弹性模量，其大小为

$$E^{\mathrm{H}} = Y \bigg/ \int_Y \frac{\mathrm{d}\eta}{E(\eta)} \tag{11.47}$$

若要求得位移，只需合并 (11.45) 式与 (11.46) 式，得到

$$\frac{\partial^2 u^0(x)}{\partial x^2} = -\frac{\bar{\gamma}}{E^{\mathrm{H}}} \tag{11.48}$$

进行两次积分，再利用该结构的边界条件

$$\begin{cases} x = 0, & u = 0 \\ x = l, & \dfrac{\mathrm{d}u}{\mathrm{d}x} = 0 \end{cases} \tag{11.49}$$

容易得到

$$u(x) = -\frac{\bar{\gamma}}{E^{\mathrm{H}}}\frac{x^2}{2} + \frac{\bar{\gamma}}{E^{\mathrm{H}}}lx \tag{11.50}$$

当然，也可以采用前述章节内容对 (11.48) 式进行宏观有限元求解。所以均匀化分析的关键是得到等效均质弹性模量，也就是 (11.47) 式。

11.3　算　例

在 11.2 节中，已经推导出了周期性复合材料杆单元等效弹性模量的解析表达，为进一步阐述均匀化方法的实际运用，现给出两个案例，相应的弹性模量为 $E_{\mathrm{St}} = 207\mathrm{GPa}$、$E_{\mathrm{Al}} = 71.7\mathrm{GPa}$、$E_{\mathrm{Mn}} = 120\mathrm{GPa}$，如图 11-5 所示，作详细计算说明。

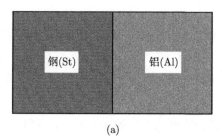
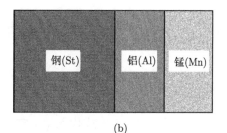

(a)　　　　　　　　　　　　　　(b)

图 11-5　两种单胞

　　如图 11-5(a) 所示，杆件的材料属性已知，按钢、铝体积比 1:1 复合而成，利用 (11.47) 式，容易得到

$$
\begin{aligned}
E_{\mathrm{a}}^{H} &= Y \Big/ \left[\int_{0}^{\frac{Y}{2}} \frac{\mathrm{d}\eta}{E_{\mathrm{St}}(\eta)} + \int_{\frac{Y}{2}}^{Y} \frac{\mathrm{d}\eta}{E_{\mathrm{Al}}(\eta)} \right] \\
&= Y \Big/ \left(\frac{Y}{2} \frac{1}{E_{\mathrm{St}}} + \frac{Y}{2} \frac{1}{E_{\mathrm{Al}}} \right)
\end{aligned}
\tag{11.51}
$$

整理即得

$$
E_{\mathrm{a}}^{H} = \frac{2 E_{\mathrm{St}} E_{\mathrm{Al}}}{E_{\mathrm{St}} + E_{\mathrm{Al}}} = 106.51 \mathrm{GPa}
\tag{11.52}
$$

　　又如图 11-5(b)，杆件按图示材料以钢、铝、锰体积比 2:1:1 复合而成，利用 (11.47) 式，容易得到

$$
\begin{aligned}
E_{\mathrm{b}}^{\mathrm{H}} &= Y \Big/ \left[\int_{0}^{\frac{Y}{2}} \frac{\mathrm{d}\eta}{E_{\mathrm{St}}(\eta)} + \int_{\frac{Y}{2}}^{\frac{3Y}{4}} \frac{\mathrm{d}\eta}{E_{\mathrm{Al}}(\eta)} + \int_{\frac{3Y}{4}}^{Y} \frac{\mathrm{d}\eta}{E_{\mathrm{Mn}}(\eta)} \right] \\
&= Y \Big/ \left(\frac{Y}{2} \frac{1}{E_{\mathrm{St}}} + \frac{Y}{4} \frac{1}{E_{\mathrm{Al}}} + \frac{Y}{4} \frac{1}{E_{\mathrm{Mn}}} \right)
\end{aligned}
\tag{11.53}
$$

整理可得

$$
E_{\mathrm{b}}^{\mathrm{H}} = \frac{4 E_{\mathrm{St}} E_{\mathrm{Al}} E_{\mathrm{Mn}}}{E_{\mathrm{St}} E_{\mathrm{Al}} + 2 E_{\mathrm{Al}} E_{\mathrm{Mn}} + E_{\mathrm{St}} E_{\mathrm{Mn}}} = 125.23 \mathrm{GPa}
\tag{11.54}
$$

　　由于该例子是规则求解域，因此也可采用材料力学的方法对其进行求解。设复合材料杆件总长为 l，且由 n 个单胞构成，那么，每个单胞长度为 l/n，在外力作用下，该杆件的总变形量为

$$
\Delta l = \frac{Fl}{AE^{\mathrm{H}}}
\tag{11.55}
$$

　　对于每个单胞的每个组分 (比如图 11-5(a) 的钢)，其变形量为

$$
\Delta l_i = \frac{Fl}{2nAE_i}
\tag{11.56}
$$

其中，E_i 为第 i 个均匀部分的弹性模量。总变形量由所有小块的变形所贡献，即

$$
\Delta l = \sum_{i=(1)}^{(2n)} \Delta l_i
\tag{11.57}
$$

　　将 (11.55) 式与 (11.56) 式代入 (11.57) 式，结合案例 (a) 中的 1:1 配比，可得到等式

$$
\frac{Fl}{AE^{\mathrm{H}}} = \frac{Fl}{2AE_{\mathrm{St}}} + \frac{Fl}{2AE_{\mathrm{Al}}}
\tag{11.58}
$$

得到等效弹性模量

$$E^{\mathrm{H}} = \frac{2E_{\mathrm{St}}E_{\mathrm{Al}}}{E_{\mathrm{St}} + E_{\mathrm{Al}}} \tag{11.59}$$

该结果与 (11.52) 式一致。

　　采用材料力学的简化求解方法仅仅适用于均质材料的一维问题。如果是对于复杂域的二维或三维单胞，只能用均匀化方法进行求解，此时等效模量的积分需要进行有限元计算。有了这些等效的均质弹性模量，就可以用于宏观有限元分析了。

第 12 章　结构灵敏度分析

结构优化的一般数学模型为

$$
\begin{aligned}
\min \quad & f(\boldsymbol{x}) \\
\text{s.t.} \quad & h_j(\boldsymbol{x}) \leqslant 0 \quad (j=1,2,\cdots,m) \\
& \underline{\boldsymbol{x}} \leqslant \boldsymbol{x} \leqslant \bar{\boldsymbol{x}}
\end{aligned}
\tag{12.1}
$$

其中，$\boldsymbol{x}=[x_1,x_2,\cdots,x_n]$，$f$ 一般为结构的质量或应变能，h_j 为结构的响应，如位移、频率、应力等。结构优化与一般优化问题的主要区别就是响应是设计变量 x_i 的隐式非线性函数，需求解有限元方程而得到。对于 (12.1) 式有常用的两种解法：准则法与近似规划法。

应用库恩–塔克条件 (Karush-Kuhn-Tucker, KKT)，可得到 (12.1) 式最优解存在的必要条件 [35]：

$$
\nabla f(\boldsymbol{x}^*) + \sum_{j=1}^{m} \lambda_j \nabla h_j(\boldsymbol{x}^*)
\begin{cases}
= 0, & \underline{x}_i < x_i^* < \bar{x}_i \\
\geqslant 0, & x_i^* = \underline{x}_i \qquad (i=1,2,\cdots,n) \\
\leqslant 0, & x_i^* = \bar{x}_i
\end{cases}
\tag{12.2}
$$

$$
\lambda_j h_j = 0
$$
$$
\lambda_j \geqslant 0, \ h_j \leqslant 0 \quad (j=1,2,\cdots,m)
$$

其中，∇ 为梯度符号 (读 Nabla)，$\boldsymbol{x}^*$ 为极小值点。上式广泛地用来构造寻求最优解的迭代格式，比如经典结构拓扑优化的 SIMP 准则法就是 (12.2) 式的具体化。可以看到，通过 KKT 条件将非线性优化问题 (12.1) 转化为非线性方程组求解问题 (12.2)，后者的求解需要判断主动约束、被动约束、主动变量、被动变量，如果约束的数量稍多，(12.2) 式很难求解。

所以，对于多约束问题，一般采用序列近似规划求解 (12.1) 式，常用的有序列线性规划 (sequential linear programming, SLP) 和序列二次规划 (sequential quadratic programming, SQP)。序列线性规划的求解步骤是，在给定点 $\boldsymbol{x}^{(k)}$ 处，对目标函数与约束函数分别做 Taylor 级数展开，取其线性项，得到 (12.1) 式的线性优化子问题：

$$
\begin{aligned}
\min \quad & f(\boldsymbol{x}) \approx f(\boldsymbol{x}^{(k)}) + \nabla^{\mathrm{T}} f(\boldsymbol{x}^{(k)})(\boldsymbol{x} - \boldsymbol{x}^{(k)}) \\
\text{s.t.} \quad & h_j(\boldsymbol{x}) \approx h_j(\boldsymbol{x}^{(k)}) + \nabla^{\mathrm{T}} h_j(\boldsymbol{x}^{(k)})(\boldsymbol{x} - \boldsymbol{x}^{(k)}) \leqslant 0 \quad (j=1,2,\cdots,m) \\
& \underline{\boldsymbol{x}} \leqslant \boldsymbol{x} \leqslant \bar{\boldsymbol{x}}
\end{aligned}
\tag{12.3}
$$

采用单纯形法或者内点法在给定初始解 $x^{(0)}$ 处求得线性优化子问题的最优解后，再在最优解处重复以上步骤，直至满足收敛条件。序列二次规划是对目标函数作 Taylor 级数展开，取其二次项；对约束函数作 Taylor 级数展开，取其线性项。序列二次规划的求解方法有拉格朗日方法、Lemke 方法、内点法、有效集法、椭球算法等。

事实上，准则法与序列近似规划已经被证明是等价的 [29,36]，但是在算法的实现上，序列近似规划要容易许多。

总之，可以看到在 (12.2) 式与 (12.3) 式中，都需要求解目标函数与约束函数关于设计变量的导数，对于结构优化问题，也称为灵敏度。接下来，对于常见的结构响应，如位移、应力、频率、振型、应变能，分别推导关于尺寸、形状、拓扑变量的灵敏度。

灵敏度分析的重要意义在于指导结构修改。另外，结构优化问题的数学模型都是非线性优化模型，高效的求解方法都需要求解响应关于设计变量的导数，从而构造迭代格式。因此结构优化的每一次迭代，都需要灵敏度信息。

12.1　静态位移灵敏度分析

结构静态位移灵敏度分析的方法大致可分为以下 5 种：差分法、解析法 [37−39]、伴随变量法、半解析法 [40] 与复数法 [41,42]。位移灵敏度分析是其他响应灵敏度分析的基础，在灵敏度分析的过程中需要求解线性静态方程组，不同灵敏度分析方法所需求解方程组的次数不一样，这样就使得不同灵敏度分析方法具有不同的计算量。另外，不同位移灵敏度分析方法的精度也不一样。

静力学有限元平衡方程为

$$Ku = f \tag{12.4}$$

三角分解法求解 (12.4) 式，分为如下 2 步：第 1 步，三角分解

$$K = LDL^{\mathrm{T}} \tag{12.5}$$

该步乘除法操作的计算量为 $n^3/6$，其中 n 为结构自由度数量。第 2 步，回代计算求解 u，即

$$LDL^{\mathrm{T}}u = f \tag{12.6}$$

该步计算量为 n^2。

12.1.1　差分法

位移向量 u 对第 i 个设计变量 x_i 的导数可由差分法近似计算为

$$\frac{\partial \boldsymbol{u}}{\partial x_i} \approx \frac{\boldsymbol{u}(x_i + \Delta x_i) - \boldsymbol{u}(x_i)}{\Delta x_i} \tag{12.7}$$

步长 Δx_i 是在设计变量 x_i 附近的一个小的扰动，该值越小，差分法的近似精度越高。当对 N_v 个设计变量分别求其灵敏度时，须对 (12.7) 式求解 N_v 次，也就是分别需要 $N_v + 1$ 次三角分解与回代计算。此外，还有其他差分格式，如中心差分法等，此处不再赘述。差分法求解灵敏度具有概念简单且易于编制通用程序的优点，缺点是计算量大，精度不稳定。

当对所求解问题的内部机理不清楚时，可采用该方法求解灵敏度信息。对于结构线性静态分析没必要采用该方法，一般采用如下几种计算量更小且精度更高的方法。

12.1.2　解析法

将 (12.4) 式两边分别关于设计变量 x_i 求导数，得到位移灵敏度的解析公式

$$\frac{\partial \boldsymbol{K}}{\partial x_i} \boldsymbol{u} + \boldsymbol{K} \frac{\partial \boldsymbol{u}}{\partial x_i} = \frac{\partial \boldsymbol{f}}{\partial x_i} \tag{12.8}$$

外载荷 $\boldsymbol{f}$ 一般为常数，与设计变量无关。于是，(12.8) 式可进一步整理为

$$\boldsymbol{K} \frac{\partial \boldsymbol{u}}{\partial x_i} = -\frac{\partial \boldsymbol{K}}{\partial x_i} \boldsymbol{u} \tag{12.9}$$

也即

$$\frac{\partial \boldsymbol{u}}{\partial x_i} = -\boldsymbol{K}^{-1} \frac{\partial \boldsymbol{K}}{\partial x_i} \boldsymbol{u} \tag{12.10}$$

当对 N_v 个设计变量分别求其灵敏度时，(12.9) 式只需要三角分解 1 次，回代计算 $N_v + 1$ 次。(12.9) 式适合求解结构的所有节点位移对设计变量的灵敏度。

12.1.3　伴随变量法

当只需要求解少量节点位移关于设计变量的灵敏度时，就应该采用伴随变量灵敏度分析方法。在静力学分析中，位移的第 j 个分量 u_j 可以表达为位移向量 $\boldsymbol{u}$ 的函数

$$u_j = \boldsymbol{Q}_j^{\mathrm{T}} \boldsymbol{u} \tag{12.11}$$

其中，$\boldsymbol{Q}_j$ 定义为伴随载荷向量，其第 j 个分量为 1，其余分量都为 0。

u_j 对设计变量 x_i 的偏导数为

$$\frac{\partial u_j}{\partial x_i} = \frac{\partial \boldsymbol{Q}_j^{\mathrm{T}}}{\partial x_i} \boldsymbol{u} + \boldsymbol{Q}_j^{\mathrm{T}} \frac{\partial \boldsymbol{u}}{\partial x_i} \tag{12.12}$$

将 (12.10) 式代入 (12.12) 式，得到

$$\frac{\partial u_j}{\partial x_i} = \frac{\partial \boldsymbol{Q}_j^{\mathrm{T}}}{\partial x_i}\boldsymbol{u} - \hat{\boldsymbol{u}}_j^{\mathrm{T}}\frac{\partial \boldsymbol{K}}{\partial x_i}\boldsymbol{u} \tag{12.13}$$

其中

$$\boldsymbol{K}\hat{\boldsymbol{u}}_j = \boldsymbol{Q}_j \tag{12.14}$$

向量 $\hat{\boldsymbol{u}}_j$ 定义为伴随位移, 由于 $\boldsymbol{K}$ 已提前分解, 所以只需回代即可得到 $\hat{\boldsymbol{u}}_j$。一个位移分量对多个设计变量的偏导数只需求解一次伴随向量。如果有 N_r 个位移响应, 那么伴随载荷的数量也为 N_r, 与设计变量的个数 N_v 无关。

由 $\boldsymbol{Q}_j$ 定义可知

$$\frac{\partial \boldsymbol{Q}_j^{\mathrm{T}}}{\partial x_i} = 0 \tag{12.15}$$

代入 (12.13) 式, 得

$$\frac{\partial u_j}{\partial x_i} = -\hat{\boldsymbol{u}}_j^{\mathrm{T}}\frac{\partial \boldsymbol{K}}{\partial x_i}\boldsymbol{u} \tag{12.16}$$

所以, 伴随变量法的计算量为三角分解 1 次、回代计算 $N_r + 1$ 次, 与设计变量个数 N_v 无关。该方法适合求解少量位移对大量设计变量的灵敏度。

12.1.4 半解析法

在解析法和伴随变量灵敏度分析中都需要求解结构总体刚度矩阵对设计变量的灵敏度 $\partial \boldsymbol{K}/\partial x_i$。对于某些设计变量, 尤其是表达结构形状的节点坐标变量, $\partial \boldsymbol{K}/\partial x_i$ 不容易解析推导。所以, $\partial \boldsymbol{K}/\partial x_i$ 的求解采用差分法来近似求解, 即

$$\frac{\partial \boldsymbol{K}}{\partial x_i} = \frac{\boldsymbol{K}(x_i + \Delta x_i) - \boldsymbol{K}(x_i)}{\Delta x_i} \tag{12.17}$$

该方法由我国学者程耿东院士提出 [40]。

12.1.5 复数法

与半解析法的思想类似, 复数法也是求 $\partial \boldsymbol{K}/\partial x_i$ 近似值的一种方法。先给出这种方法的数学基础: 设有复变函数 $F(z)$, z 为复变量, 在 $z = x_0$ 处展开

$$F(x_0 + \mathrm{i}h) = F(x_0) + \mathrm{i}hF'(x_0) - h^2 F''(x_0)/2 - \mathrm{i}h^3 F^{(3)}(x_0)/3! + \cdots \tag{12.18}$$

其中, i 为虚数单位, 因此有

$$F'(x_0) = \mathrm{Im}[F(x_0 + \mathrm{i}h)]/h + O(h^2) \tag{12.19}$$

若 h 取得很小, 则 $F'(x_0) = \mathrm{Im}[F(x_0 + \mathrm{i}h)]/h$。复数法就是用下面的公式求 $\partial \boldsymbol{K}/\partial x_i$:

$$\frac{\partial \boldsymbol{K}}{\partial x_i} = \frac{\mathrm{Im}[\boldsymbol{K}(x_i + \mathrm{i}h)]}{h} \tag{12.20}$$

这要求把设计变量看作复数, 并且进行复数运算。

12.1.6　算例

本算例采用解析函数 $f(x) = x^{3.5}$ 展示差分法和复数法灵敏度分析的区别。使用的是 64 位的 Matlab 软件，双精度有效数字是 16 位。当 $x_0 = 1.5$ 时，$f'(x) = 3.5x^{2.5}$ 的精确解为 9.644865862208764。对应于 (12.18) 式，略去高阶项，有

$$f(x_0 + \mathrm{i}h) = f(x_0) + \mathrm{i}hf'(x_0) = x_0^{3.5} + \frac{7}{2}\mathrm{i}hx_0^{2.5} \tag{12.21}$$

取虚部，得

$$f'(x_0) = \mathrm{Im}\left[f(x_0 + \mathrm{i}h)/h\right] = \frac{7}{2}x_0^{2.5} \tag{12.22}$$

将 $x_0 = 1.5$ 代入 (12.22) 式，就可以得到复数法灵敏度结果，与差分法结果的对比，见表 12-1。可以看到，随着步长的减小，差分法的精度逐渐提高，但又逐渐降低，直至结果变成了零，这是因为计算机有效数字有限，一定步长之后 $f(x_0 + h) - f(x_0)$ 之差始终为零；而复数法随着步长的减小，精度越来越高。另外，Matlab 中的函数 Imag 有复数运算功能，可以省去 (12.21) 式与 (12.22) 式的推导过程。

表 12-1　差分法与复数法灵敏度结果比较

步长 Δx 或 h	差分法	复数法
0.1×10^{-1}	9.725507880446660	9.644597949119307
0.1×10^{-2}	9.652905929779188	9.644863183079343
0.1×10^{-3}	9.645669627822429	9.644865835417471
0.1×10^{-4}	9.644946236431196	9.644865861940852
0.1×10^{-5}	9.644873898650985	9.644865862206085
0.1×10^{-6}	9.644866674207719	9.644865862208738
0.1×10^{-7}	9.644865883728926	9.644865862208762
0.1×10^{-8}	9.644867127178713	9.644865862208764
0.1×10^{-9}	9.644871568070812	9.644865862208764
0.1×10^{-10}	9.644907095207598	9.644865862208762
0.1×10^{-11}	9.645617637943360	9.644865862208764
0.1×10^{-12}	9.636735853746359	9.644865862208764
0.1×10^{-13}	9.681144774731365	9.644865862208762
0.1×10^{-14}	10.658141036401503	9.644865862208764
0.1×10^{-15}	0	9.644865862208762
0.1×10^{-16}	0	9.644865862208762
0.1×10^{-17}	0	9.644865862208764

12.1.7　各种算法的综合比较

1. 计算量

如前所述，差分法的计算量最大，而且在实际计算中还需要通过反复试算来确定合适的差分步长 Δx_i，因此差分法的计算效率最低；半解析法的计算量虽然与解

析法、复数法相同，但也需要通过试算确定合适的差分步长；当所求响应的数目小于设计变量的数目时，宜采用伴随变量法。

2. 稳定性

解析法和伴随变量法都是精确算法；差分法和半解析法都是近似解法，因此当差分步长太大或者太小时都得不到精确的结果；相比之下，复数法虽然也是近似解法，但其更稳定，可以采用更小的步长 h 来得到更精确的结果。

3. 算法实施的难易程度

差分法和半解析法最易实施，编程简单；解析法虽然计算量小，结果准确，但在某些情况下很难得到 $\partial \boldsymbol{K}/\partial x_i$ 的解析表达；复数法将求导运算转化为复数运算，如果手动进行复数运算，推导过程也很复杂，所以必须借助具有复数类型数据结构的编程软件来实施复数运算，如 Fortran 语言，所以复数法的实施难度最大。

表 12-2 对各种灵敏度算法进行了综合比较。

表 12-2　位移灵敏度方法的综合比较

解法	差分法	解析法
公式	$\dfrac{\partial \boldsymbol{u}}{\partial x_i} = \dfrac{\boldsymbol{u}(x_i + \Delta x_i) - \boldsymbol{u}(x_i)}{\Delta x_i}$	$\dfrac{\partial \boldsymbol{u}}{\partial x_i} = -\boldsymbol{K}^{-1}\dfrac{\partial \boldsymbol{K}}{\partial x_i}\boldsymbol{u}$
分解次数	$N_v + 1$	1
回代次数	$N_v + 1$	$N_v + 1$
总计算量	$\dfrac{n^2}{6}(n+6)(N_v+1)$	$\dfrac{n^2}{6}[n + 6(N_v+1)]$
推导难度	最容易	困难
编程难度	容易	容易
求解精度	差	精确

解法	半解析法	复数法
公式	$\dfrac{\partial \boldsymbol{u}}{\partial x_i} = -\boldsymbol{K}^{-1}\left[\dfrac{\boldsymbol{K}(x_i + \Delta x_i) - \boldsymbol{K}(x_i)}{\Delta x_i}\right]\boldsymbol{u}$	$\dfrac{\partial \boldsymbol{u}}{\partial x_i} = -\boldsymbol{K}^{-1}\left\{\dfrac{\mathrm{Im}\left[\boldsymbol{K}\left(x_i + \mathrm{i}h\right)\right]}{h}\right\}\boldsymbol{u}$
分解次数	1	1
回代次数	$N_v + 1$	$N_v + 1$
总计算量	$\dfrac{n^2}{6}[n + 6(N_v+1)]$	大于解析法和半解析法
推导难度	容易	困难
编程难度	容易	困难
求解精度	差	较精确

12.2　应力灵敏度分析

轴力杆单元承受单向应力状态，不是拉应力就是压应力。如果采用 von Mises 应力作为杆单元强度评价指标，那么

$$\sigma_{\text{von}}^e = |\sigma^e| \tag{12.23}$$

其中, σ^e 为 (7.102) 式求解出的第 e 个杆单元的应力。

将 (12.23) 式对设计变量 x_i 求导数, 得

$$\frac{\partial \sigma_{\text{von}}^e}{\partial x_i} = \begin{cases} \dfrac{\partial \sigma^e}{\partial x_i}, & \text{当} \sigma^e \geqslant 0 \\[2mm] -\dfrac{\partial \sigma^e}{\partial x_i}, & \text{其他} \end{cases} \tag{12.24}$$

将 (7.102) 式对设计变量 x_i 求导数, 得

$$\frac{\partial \sigma^e}{\partial x_i} = E \frac{\partial \varepsilon^e}{\partial x_i} \tag{12.25}$$

应变灵敏度可由 (7.101) 式对设计变量 x_i 求导数得到, 即

$$\frac{\partial \varepsilon^e}{\partial x_i} = \frac{1}{l} \left(\frac{\partial u_2^e}{\partial x_i} - \frac{\partial u_1^e}{\partial x_i} \right) \tag{12.26}$$

位移灵敏度已由 (7.100) 式对设计变量 x_i 求导数得到, 即

$$\frac{\partial u^e}{\partial x_i} = \frac{\partial R^e}{\partial x_i} \bar{u}^e + R^e \frac{\partial \bar{u}^e}{\partial x_i} \tag{12.27}$$

第 e 个单元的全局坐标系下的位移灵敏度 $\partial \bar{u}^e / \partial x_i$, 可以从 (12.9) 式的结构位移灵敏度列阵读取或直接由 (12.16) 式的伴随变量位移灵敏度求得。

12.3　模态灵敏度分析

结构第 i 阶模态的固有频率与固有振型满足

$$\left(K - \omega_i^2 M \right) u_i = 0 \tag{12.28}$$

上式对设计变量 x_k 求导, 得

$$\left(\frac{\partial K}{\partial x_k} - 2\omega_i \frac{\partial \omega_i}{\partial x_k} M - \omega_i^2 \frac{\partial M}{\partial x_k} \right) u_i + \left(K - \omega_i^2 M \right) \frac{\partial u_i}{\partial x_k} = 0 \tag{12.29}$$

由 (8.47) 式知

$$u_i^{\mathrm{T}} M u_i = 1 \tag{12.30}$$

同时对 (12.28) 式两端转置且利用 K 与 M 的对称性, 那么 $u_i^{\mathrm{T}} \left(K - \omega_i^2 M \right) = 0$。
用 u_i^{T} 左乘 (12.29) 式, 得

$$\left(u_i^{\mathrm{T}} \frac{\partial K}{\partial x_k} u_i - 2\omega_i \frac{\partial \omega_i}{\partial x_k} \underbrace{u_i^{\mathrm{T}} M u_i}_{1} - \omega_i^2 u_i^{\mathrm{T}} \frac{\partial M}{\partial x_k} u_i \right) + \underbrace{u_i^{\mathrm{T}} \left(K - \omega_i^2 M \right)}_{0} \frac{\partial u_i}{\partial x_k} = 0 \tag{12.31}$$

整理, 得

$$\frac{\partial \omega_i}{\partial x_k} = \frac{1}{2\omega_i} \boldsymbol{u}_i^{\mathrm{T}} \left(\frac{\partial \boldsymbol{K}}{\partial x_k} - \omega_i^2 \frac{\partial \boldsymbol{M}}{\partial x_k} \right) \boldsymbol{u}_i \tag{12.32}$$

在有限元单元层次展开，得

$$\frac{\partial \omega_i}{\partial x_k} = \frac{1}{2\omega_i} \sum_{e=(1)}^{(m)} (\boldsymbol{u}_i^e)^{\mathrm{T}} \left(\frac{\partial \boldsymbol{K}^e}{\partial x_k} - \omega_i^2 \frac{\partial \boldsymbol{M}^e}{\partial x_k} \right) \boldsymbol{u}_i^e \tag{12.33}$$

其中，m 为与设计变量 x_k 相关的单元的个数。

求出固有频率的灵敏度之后，代入 (12.29) 式可以进一步求出固有振型的灵敏度

$$\left(\boldsymbol{K} - \omega_i^2 \boldsymbol{M} \right) \frac{\partial \boldsymbol{u}_i}{\partial x_k} = - \left(\frac{\partial \boldsymbol{K}}{\partial x_k} - 2\omega_i \frac{\partial \omega_i}{\partial x_k} \boldsymbol{M} - \omega_i^2 \frac{\partial \boldsymbol{M}}{\partial x_k} \right) \boldsymbol{u}_i \tag{12.34}$$

等式右端各项均已知，左端系数矩阵已知，解此非齐次线性方程组可以得到固有振型的灵敏度。但是 $(\boldsymbol{K} - \omega_i^2 \boldsymbol{M})$ 是奇异的，假设方程 (12.34) 的一个特解为 $\boldsymbol{v}$，其所对应的齐次方程的解为 $\boldsymbol{u}_i$，则方程 (12.34) 的通解可以表示为

$$\frac{\partial \boldsymbol{u}_i}{\partial x_k} = \boldsymbol{v} + c\boldsymbol{u}_i \tag{12.35}$$

c 为待定常数，需要附加条件才能得到唯一解。因为固有振型都是关于质量阵正交化的，对 (12.30) 式两边求偏导, 得

$$2\boldsymbol{u}_i^{\mathrm{T}} \boldsymbol{M} \frac{\partial \boldsymbol{u}_i}{\partial x_k} + \boldsymbol{u}_i^{\mathrm{T}} \frac{\partial \boldsymbol{M}}{\partial x_k} \boldsymbol{u}_i = 0 \tag{12.36}$$

将 (12.35) 式代入 (12.36) 式就可以求得结果。这个过程的关键是求出方程 (12.34) 的特解 $\boldsymbol{v}$，详细请参考 Nelson 的论文 [43]。

12.4 应变能灵敏度分析

应变能作为标量指标常用来简单评价结构静刚度，其定义为

$$U = \frac{1}{2} \boldsymbol{f}^{\mathrm{T}} \boldsymbol{u} = \frac{1}{2} \boldsymbol{u}^{\mathrm{T}} \boldsymbol{K} \boldsymbol{u} = \frac{1}{2} \sum_{i=(1)}^{(n_e)} (\boldsymbol{u}^e)^{\mathrm{T}} \boldsymbol{K}^e \boldsymbol{u}^e \tag{12.37}$$

应变能还有另外一种等效的表达形式，即

$$U = \frac{1}{2} \boldsymbol{f}^{\mathrm{T}} \boldsymbol{K}^{-1} \boldsymbol{f} \tag{12.38}$$

从 (12.38) 式，可以明显看到应变能是刚度矩阵逆的度量方法，也叫逆测度。所以，对整个结构而言，应变能大则总体刚度小，应变能小则总体刚度大。

将 (12.37) 式的第一个等式对设计变量求偏导, 得

$$\frac{\partial U}{\partial x_i} = \frac{1}{2}\boldsymbol{f}^{\mathrm{T}}\frac{\partial \boldsymbol{u}}{\partial x_i} \tag{12.39}$$

将 (12.10) 式代入 (12.39) 式, 得

$$\frac{\partial U}{\partial x_i} = \frac{1}{2}\boldsymbol{f}^{\mathrm{T}}\left(-\boldsymbol{K}^{-1}\frac{\partial \boldsymbol{K}}{\partial x_i}\boldsymbol{u}\right) = \frac{1}{2}(\boldsymbol{K}\boldsymbol{u})^{\mathrm{T}}\left(-\boldsymbol{K}^{-1}\frac{\partial \boldsymbol{K}}{\partial x_i}\boldsymbol{u}\right) = -\frac{1}{2}\boldsymbol{u}^{\mathrm{T}}\frac{\partial \boldsymbol{K}}{\partial x_i}\boldsymbol{u} \tag{12.40}$$

在单元层次展开, 得

$$\frac{\partial U}{\partial x_i} = -\frac{1}{2}(\boldsymbol{u}^e)^{\mathrm{T}}\frac{\partial \boldsymbol{K}^e}{\partial x_i}\boldsymbol{u}^e \tag{12.41}$$

12.5　单元层次灵敏度分析

以上位移灵敏度、应力灵敏度以及频率与振型灵敏度都需要求解全局坐标系下杆单元刚度矩阵对设计变量的导数。全局坐标系下的杆单元刚度矩阵为

$$\bar{\boldsymbol{K}}^e = (\boldsymbol{R}^e)^{\mathrm{T}}\boldsymbol{K}^e\boldsymbol{R}^e \tag{12.42}$$

其由 2 个矩阵的乘积构成: 局部坐标系下的单元刚度矩阵 $\boldsymbol{K}^e$ 是杆单元横截面积变量以及材料属性变量的函数; 坐标转换矩阵 $\boldsymbol{R}^e$ 是单元节点坐标变量的函数。根据变量的类型不同, 结构优化可以分为图 12-1 所示的尺寸优化、形状优化以及拓扑优化 3 种类型。

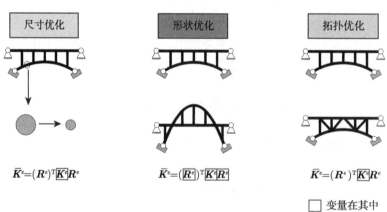

图 12-1　按照设计变量类型对结构优化分类

12.5.1　尺寸变量灵敏度分析

尺寸变量一般是指结构单元的截面几何属性, 比如轴力杆的横截面积, 梁的截面宽、高和壁厚以及板壳结构的厚度等。以杆单元为例, 全局坐标系下的单元刚度

矩阵由 (12.42) 式给出,而局部坐标系下的单元刚度矩阵为

$$\boldsymbol{K}^e = \frac{EA}{l^e} \begin{bmatrix} 1 & -1 \\ -1 & 1 \end{bmatrix} \tag{12.43}$$

因为转置矩阵 $\boldsymbol{R}^e$ 只与单元节点坐标有关,将 (12.42) 式对横截面积 A 求导

$$\frac{\partial \bar{\boldsymbol{K}}^e}{\partial A} = \frac{\partial \left[(\boldsymbol{R}^e)^{\mathrm{T}} \boldsymbol{K}^e \boldsymbol{R}^e \right]}{\partial A} = (\boldsymbol{R}^e)^{\mathrm{T}} \frac{\partial \boldsymbol{K}^e}{\partial A} \boldsymbol{R}^e \tag{12.44}$$

其中,$\partial \boldsymbol{K}^e / \partial A$ 可由 (12.43) 式直接得到

$$\frac{\partial \boldsymbol{K}^e}{\partial A} = \frac{E}{l^e} \begin{bmatrix} 1 & -1 \\ -1 & 1 \end{bmatrix} \tag{12.45}$$

12.5.2 形状变量灵敏度分析

以二维杆单元为例,来说明形状变量的灵敏度分析过程。将全局坐标系下的杆单元刚度矩阵 (12.42) 对 2 个节点的坐标变量 (x_1, y_1) 与 (x_2, y_2) 分别求导数。首先对 x_1 求导数,得

$$\begin{aligned} \frac{\partial \bar{\boldsymbol{K}}^e}{\partial x_1} &= \frac{\partial \left[(\boldsymbol{R}^e)^{\mathrm{T}} \boldsymbol{K}^e \boldsymbol{R}^e \right]}{\partial x_1} \\ &= \frac{(\partial \boldsymbol{R}^e)^{\mathrm{T}}}{\partial x_1} \boldsymbol{K}^e \boldsymbol{R}^e + (\boldsymbol{R}^e)^{\mathrm{T}} \frac{\partial \boldsymbol{K}^e}{\partial x_1} \boldsymbol{R}^e + (\boldsymbol{R}^e)^{\mathrm{T}} \boldsymbol{K}^e \frac{\partial \boldsymbol{R}^e}{\partial x_1} \end{aligned} \tag{12.46}$$

其中

$$\frac{\partial \boldsymbol{R}^e}{\partial x_1} = \frac{\partial \theta}{\partial x_1} \begin{bmatrix} -\sin\theta & \cos\theta & 0 & 0 \\ 0 & 0 & -\sin\theta & \cos\theta \end{bmatrix} \tag{12.47}$$

现在还需求出 $\partial \theta / \partial x_1$。为此,将 $l^e = \sqrt{(x_1 - x_2)^2 + (y_1 - y_2)^2}$ 代入 $\cos\theta = (x_2 - x_1)/l^e$,得

$$\frac{\partial (\cos\theta)}{\partial x_1} = \frac{\partial \left(\dfrac{x_2 - x_1}{l^e} \right)}{\partial x_1} = \frac{-\sin^2\theta}{l^e} \tag{12.48}$$

另一方面可以将 θ 看作 x_1, x_2 的函数,按照复合函数求导法则有

$$\frac{\partial (\cos\theta)}{\partial x_1} = -\sin\theta \frac{\partial \theta}{\partial x_1} \tag{12.49}$$

比较 (12.48) 式和 (12.49) 式就可以得到

$$\frac{\partial \theta}{\partial x_1} = \frac{\sin\theta}{l^e} \tag{12.50}$$

因此

$$\frac{\partial \boldsymbol{R}^e}{\partial x_1} = \frac{\sin\theta}{l^e} \begin{bmatrix} -\sin\theta & \cos\theta & 0 & 0 \\ 0 & 0 & -\sin\theta & \cos\theta \end{bmatrix} \tag{12.51}$$

同理

$$\frac{\partial \theta}{\partial y_1} = \frac{-\cos\theta}{l^e}, \quad \frac{\partial \theta}{\partial x_2} = \frac{-\sin\theta}{l^e}, \quad \frac{\partial \theta}{\partial y_2} = \frac{\cos\theta}{l^e} \tag{12.52}$$

因此有

$$\frac{\partial \boldsymbol{R}^e}{\partial y_1} = \frac{-\cos\theta}{l^e} \begin{bmatrix} -\sin\theta & \cos\theta & 0 & 0 \\ 0 & 0 & -\sin\theta & \cos\theta \end{bmatrix} \tag{12.53}$$

$$\frac{\partial \boldsymbol{R}^e}{\partial x_2} = \frac{-\sin\theta}{l^e} \begin{bmatrix} -\sin\theta & \cos\theta & 0 & 0 \\ 0 & 0 & -\sin\theta & \cos\theta \end{bmatrix} \tag{12.54}$$

$$\frac{\partial \boldsymbol{R}^e}{\partial y_2} = \frac{\cos\theta}{l^e} \begin{bmatrix} -\sin\theta & \cos\theta & 0 & 0 \\ 0 & 0 & -\sin\theta & \cos\theta \end{bmatrix} \tag{12.55}$$

另外对于单元刚度矩阵，有

$$\frac{\partial \boldsymbol{K}^e}{\partial x_i} = -\frac{\partial l^e/\partial x_i}{l^e} \boldsymbol{K}^e \tag{12.56}$$

结合

$$\frac{\partial l^e}{\partial x_1} = -\cos\theta, \quad \frac{\partial l^e}{\partial y_1} = -\sin\theta, \quad \frac{\partial l^e}{\partial x_2} = \cos\theta, \quad \frac{\partial l^e}{\partial y_2} = \sin\theta \tag{12.57}$$

可以得到

$$\frac{\partial \boldsymbol{K}^e}{\partial x_1} = \frac{EA\cos\theta}{(l^e)^2} \begin{bmatrix} 1 & -1 \\ -1 & 1 \end{bmatrix} \tag{12.58}$$

$$\frac{\partial \boldsymbol{K}^e}{\partial y_1} = \frac{EA\sin\theta}{(l^e)^2} \begin{bmatrix} 1 & -1 \\ -1 & 1 \end{bmatrix} \tag{12.59}$$

$$\frac{\partial \boldsymbol{K}^e}{\partial x_2} = \frac{-EA\cos\theta}{(l^e)^2} \begin{bmatrix} 1 & -1 \\ -1 & 1 \end{bmatrix} \tag{12.60}$$

$$\frac{\partial \boldsymbol{K}^e}{\partial y_2} = \frac{-EA\sin\theta}{(l^e)^2} \begin{bmatrix} 1 & -1 \\ -1 & 1 \end{bmatrix} \tag{12.61}$$

12.5.3 材料拓扑灵敏度分析

结构拓扑优化是有限单元材料的 "有无" 问题。数学上，结构拓扑优化是 (0, 1) 整数规划问题，属于组合优化的范畴。假如结构的有限元单元数量为 n，那么大约需要 2^n 次计算有限元分析才能穷举得到全局最优解，是个指数时间算法，非多项式时间算法，随着单元数量 n 的增加，计算量会激增，是困扰组合优化领域的难题。如果结构的自由度大，则每次有限元求解的计算量就大，"暴力" 穷举的方法不适合求解大型结构。

离散问题的高效求解方法就是将离散变量连续化，转化成连续变量优化问题，从而可用灵敏度信息实现快速优化。代表方法为各向同性材料惩罚方法 (solid isotropic microstructure with penalization，SIMP)，主要思路如下：

(1) 选取材料的密度 ρ 为设计变量，将原始 (0, 1) 组合优化问题放松，允许出现连续变化的中间 (临时或虚假) 密度，如图 12-2 所示。

$$\rho=0 \longrightarrow 1$$

图 12-2 设计变量放松处理

(2) 在材料弹性张量 E 和材料密度 ρ 之间建立适当的插值关系，同时引入惩罚消除中间密度，即

$$E(\rho) = E_0\rho^p \quad (\rho \in [\rho_{\min}, 1], p>1) \tag{12.62}$$

其中，E_0 是材料的弹性模量常数；p 为惩罚系数；$\rho_{\min}$ 是一个很小的数，避免单元刚度矩阵奇异，一般取 0.001。这种模型被称为幂函数插值模型 (图 12-3(b))，需要说明的是，虽然这种模型是假设的，但是曲线的两个端点 $\rho = \rho_{\min}$ 和 $\rho = 1$ 却具有真实的物理意义，分别对应材料的 "无" 与 "有"。

经典的拓扑优化提法是目标函数为应变能最小 (刚度最大)，约束为体积 (重量) 小于指定值。当采用图 12-3(a) 的线性插值时，会产生大量的中间密度。如采用图 12-3(b) 的幂函数插值时，当中间密度变量稍微增加时，体积稍微增加，但是弹性模量大幅增加，也就是应变能大幅降低，该过程对应于图 12-3(b) 中的虚线；当中间密度变量大幅降低时，体积大幅降低，但是弹性模量小幅降低，也就是应变能小幅增加，该过程对应于图 12-3(b) 中的实线。因此，中间密度变量具有往 (0, 0) 与 (1, 1) 两个端点移动的驱动力，这两个端点正好代表无材料和有材料两种状态。(12.62) 式的插值函数正好与经典拓扑优化的提法相一致，如果是其他提法，需要另外构造相应的插值函数 [44]。

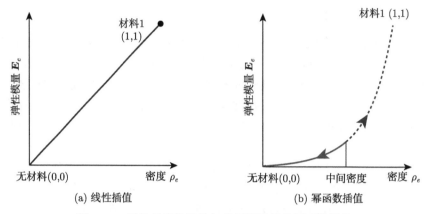

图 12-3　无效的线性插值与有惩罚效果的幂函数插值

仍以平面杆单元为例，此时的拓扑灵敏度就是指单元刚度矩阵关于单元密度变量的导数

$$
\begin{aligned}
\frac{\partial \bar{\boldsymbol{K}}^e}{\partial \rho_e} &= \frac{\partial \left[(\boldsymbol{R}^e)^{\mathrm{T}} \boldsymbol{K}^e \boldsymbol{R}^e \right]}{\partial \rho_e} \\
&= (\boldsymbol{R}^e)^{\mathrm{T}} \frac{\partial \boldsymbol{K}^e}{\partial \rho_e} \boldsymbol{R}^e \\
&= p E_0 \rho_e^{p-1} (\boldsymbol{R}^e)^{\mathrm{T}} \left(\frac{A}{l} \begin{bmatrix} 1 & -1 \\ -1 & 1 \end{bmatrix} \right) \boldsymbol{R}^e
\end{aligned} \tag{12.63}
$$

12.6　灵敏度分析算例

仍使用如图 7-7 所示的 2 杆桁架结构，现对其进行灵敏度分析。材料弹性模量 $E = 2.1 \times 10^{11} \mathrm{Pa}$，密度为 $7.8 \times 10^3 \mathrm{kg/m^3}$；杆 1 的横截面积为 $A_1 = 300 \mathrm{cm}^2$，杆 2 的横截面积为 $A_2 = 150 \mathrm{cm}^2$；节点 3 承受外力为 $F = -10^6 \mathrm{N}$。记节点 3 沿 x 方向位移为 u，沿 y 方向位移为 v。

12.6.1　静态位移灵敏度分析

求节点 3 垂直方向位移 v 关于杆横截面积 A_1、A_2 的灵敏度。

1. 解析求解

直接利用 7.10.1 节的结果有

$$
v = -\frac{200}{189} \left(\frac{64}{A_1} + \frac{125}{A_2} \right) \tag{12.64}
$$

将 (12.64) 式分别对横截面积求偏导数, 得

$$
\begin{cases}
\dfrac{\partial v}{\partial A_1} = \dfrac{12800}{189 A_1^2} \\[3mm]
\dfrac{\partial v}{\partial A_2} = \dfrac{25000}{189 A_2^2}
\end{cases}
\tag{12.65}
$$

结构初始设计为 $A_1=300$, $A_2=150$, 因此

$$
\begin{aligned}
(\partial v/\partial A_1)|_{A_1=300} &= 7.525 \times 10^{-4} \\
(\partial v/\partial A_2)|_{A_2=150} &= 5.879 \times 10^{-3}
\end{aligned}
\tag{12.66}
$$

2. 数值求解

利用有限元法得到结构的平衡方程为

$$
\begin{bmatrix}
1 & 0 & 0 & 0 & 0 & 0 \\
  & 1 & 0 & 0 & 0 & 0 \\
  &   & 1 & 0 & 0 & 0 \\
  &   &   & 1 & 0 & 0 \\
  & 对称 & & & 9891000 & 1512000 \\
  &   &   &   &   & 1134000
\end{bmatrix}
\boldsymbol{u} =
\begin{Bmatrix}
0 \\ 0 \\ 0 \\ 0 \\ 0 \\ -10^6
\end{Bmatrix}
\tag{12.67}
$$

解得节点位移 $\boldsymbol{u} = \begin{bmatrix} 0 & 0 & 0 & 0 & 0.1693 & -1.1076 \end{bmatrix}^{\mathrm{T}}$。采用伴随变量法求 v 的灵敏度, 其中伴随载荷为 $\boldsymbol{Q}_6 = \begin{bmatrix} 0 & 0 & 0 & 0 & 0 & 1 \end{bmatrix}^{\mathrm{T}}$。由

$$
\begin{bmatrix}
1 & 0 & 0 & 0 & 0 & 0 \\
  & 1 & 0 & 0 & 0 & 0 \\
  &   & 1 & 0 & 0 & 0 \\
  &   &   & 1 & 0 & 0 \\
  & 对称 & & & 9891000 & 1512000 \\
  &   &   &   &   & 1134000
\end{bmatrix}
\hat{\boldsymbol{u}}_6 = \boldsymbol{Q}_6
\tag{12.68}
$$

得到伴随位移 $\hat{\boldsymbol{u}}_6 = 10^{-6} \begin{bmatrix} 0 & 0 & 0 & 0 & -0.1693 & 1.1076 \end{bmatrix}^{\mathrm{T}}$。

接下来, 计算单元刚度灵敏度矩阵。由 (7.105) 式与 (7.106) 式, 得

$$
\frac{\partial \bar{\boldsymbol{K}}_1}{\partial A_1} = \frac{E \times 10^{-4}}{800}
\begin{bmatrix}
1 & 0 & -1 & 0 \\
0 & 0 & 0 & 0 \\
-1 & 0 & 1 & 0 \\
0 & 0 & 0 & 0
\end{bmatrix}
\tag{12.69}
$$

$$\frac{\partial \bar{\boldsymbol{K}}_2}{\partial A_1} = 0 \tag{12.70}$$

$$\frac{\partial \bar{\boldsymbol{K}}_1}{\partial A_2} = 0 \tag{12.71}$$

$$\frac{\partial \bar{\boldsymbol{K}}_2}{\partial A_2} = \frac{E \times 10^{-4}}{25000} \begin{bmatrix} 16 & 12 & -16 & -12 \\ 12 & 9 & -12 & -9 \\ -16 & -12 & 16 & 12 \\ -12 & -9 & 12 & 9 \end{bmatrix} \tag{12.72}$$

组装并约束，得到总体刚度矩阵的灵敏度

$$\frac{\partial \bar{\boldsymbol{K}}}{\partial A_1} = \begin{bmatrix} 0 & 0 & 0 & 0 & -26250 & 0 \\ & 0 & 0 & 0 & 0 & 0 \\ & & 0 & 0 & 0 & 0 \\ & & & 0 & 0 & 0 \\ & \text{对称} & & & 26250 & 0 \\ & & & & & 0 \end{bmatrix} \tag{12.73}$$

$$\frac{\partial \bar{\boldsymbol{K}}}{\partial A_2} = \begin{bmatrix} 0 & 0 & 0 & 0 & 0 & 0 \\ & 0 & 0 & 0 & 0 & 0 \\ & & 0 & 0 & 0 & 0 \\ & & & 0 & 0 & 0 \\ & \text{对称} & & & 13440 & 10080 \\ & & & & & 7560 \end{bmatrix} \tag{12.74}$$

所以

$$\begin{aligned} (\partial v/\partial A_1)|_{A_1=300} &= -\bar{\boldsymbol{u}}_6^{\mathrm{T}}(\partial \bar{\boldsymbol{K}}/\partial A_1)\boldsymbol{u} = 7.525 \times 10^{-4} \\ (\partial v/\partial A_2)|_{A_2=150} &= -\bar{\boldsymbol{u}}_6^{\mathrm{T}}(\partial \bar{\boldsymbol{K}}/\partial A_2)\boldsymbol{u} = 5.879 \times 10^{-3} \end{aligned} \tag{12.75}$$

与解析解的结果一致。

3. 灵敏度用于指导结构修改

2 杆桁架结构的初始设计为 $A_1=300$ cm^2，$A_2=150$ cm^2，节点 3 垂直位移 $v=-1.1076$ cm，结构质量为 $M = (800 \times 300 + 1000 \times 150) \times 7.8 \times 10^3 \times 10^{-6}(\text{kg}) = 3042(\text{kg})$。通过灵敏度分析发现节点 3 垂直位移对于横截面积 A_2 更灵敏 (因为 $(\partial v/\partial A_2) > (\partial v/\partial A_1)$)。于是增加杆 2 的横截面积并且减小杆 1 的横截面积可以实现结构刚度提高，重量降低。

按照这个思路将结构修改为 $A_1 = A_2 = 200$cm^2，重新计算节点 3 垂直位移 $v=-1$cm，此时结构质量 $M = (800 \times 200 + 1000 \times 200) \times 7.8 \times 10^3 \times 10^{-6}(\text{kg}) = 2808(\text{kg})$。通过比较可以发现当前设计不仅使位移更小，而且质量更轻，所得结构更加合理。

12.6.2 频率灵敏度分析

求 2 杆桁架振动频率 f_1、f_2 关于杆横截面积 A_1、A_2 的灵敏度。

1. 解析求解

先用解析方法求出结构的固有频率为 $f_1 = 38.29\text{Hz}$，$f_2 = 130.0\text{Hz}$。固有频率对横截面积的灵敏度的解析表达式可直接对 (8.73) 式求导，即

$$\frac{\partial \lambda_1}{\partial A_i} = \frac{\partial \lambda_1}{\partial a}\frac{\partial a}{\partial A_i} + \frac{\partial \lambda_1}{\partial b}\frac{\partial b}{\partial A_i} + \frac{\partial \lambda_1}{\partial c}\frac{\partial c}{\partial A_i} \tag{12.76}$$

其中

$$\begin{cases} \dfrac{\partial \lambda_1}{\partial a} = \dfrac{b^2 - 2ac + b\sqrt{b^2 - 4ac}}{2a^2\sqrt{b^2 - 4ac}} \times 10^4 \\[3mm] \dfrac{\partial \lambda_1}{\partial b} = -\dfrac{b + \sqrt{b^2 - 4ac}}{2a\sqrt{b^2 - 4ac}} \times 10^4 \\[3mm] \dfrac{\partial \lambda_1}{\partial c} = \dfrac{10^4}{\sqrt{b^2 - 4ac}} \end{cases} \tag{12.77}$$

计算得到 $\partial \lambda_1/\partial A_1 = -71.48$，$\partial \lambda_1/\partial A_2 = 143.0$；$\partial f_1/\partial A_1 = -2.364 \times 10^{-2}$，$\partial f_1/\partial A_2 = 4.730 \times 10^{-2}$。同理有

$$\begin{cases} \dfrac{\partial \lambda_2}{\partial a} = \dfrac{2ac - b^2 + b\sqrt{b^2 - 4ac}}{2a^2\sqrt{b^2 - 4ac}} \times 10^4 \\[3mm] \dfrac{\partial \lambda_2}{\partial b} = \dfrac{b - \sqrt{b^2 - 4ac}}{2a\sqrt{b^2 - 4ac}} \times 10^4 \\[3mm] \dfrac{\partial \lambda_2}{\partial c} = -\dfrac{10^4}{\sqrt{b^2 - 4ac}} \end{cases} \tag{12.78}$$

计算得到 $\partial \lambda_2/\partial A_1 = 310.5$，$\partial \lambda_2/\partial A_2 = -620.9$；$\partial f_2/\partial A_1 = 3.025 \times 10^{-2}$，$\partial f_2/\partial A_2 = -6.049 \times 10^{-2}$。

2. 数值求解

结构第 i 阶特征值对第 j 个设计变量的灵敏度为 (详细见 12.3 节)

$$\frac{\partial \lambda_i}{\partial A_j} = \boldsymbol{u}_i^{\text{T}} \left(\frac{\partial \boldsymbol{K}}{\partial A_j} - \lambda_i \frac{\partial \boldsymbol{M}}{\partial A_j} \right) \boldsymbol{u}_i \tag{12.79}$$

结构的特征方程为

$$7.0 \times 10^3 \times \begin{bmatrix} 375A_1 + 192A_2 & 144A_2 \\ 144A_2 & 108A_2 \end{bmatrix} \boldsymbol{u}_i$$

$$= \lambda_i \begin{bmatrix} 3.12A_1 + 3.9A_2 & 0 \\ 0 & 3.12A_1 + 3.9A_2 \end{bmatrix} \boldsymbol{u}_i \tag{12.80}$$

利用数值方法求出该系统的固有振型为

$$\lambda_1 = 5.7875 \times 10^4, \quad \boldsymbol{u}_1 = \begin{bmatrix} 0.0042 & -0.0253 \end{bmatrix}^{\mathrm{T}}$$
$$\lambda_2 = 6.6698 \times 10^5, \quad \boldsymbol{u}_2 = \begin{bmatrix} -0.0253 & -0.0042 \end{bmatrix}^{\mathrm{T}} \tag{12.81}$$

结构刚度灵敏度矩阵为

$$\frac{\partial \boldsymbol{K}}{\partial A_1} = \begin{bmatrix} 2625000 & 0 \\ 0 & 0 \end{bmatrix}$$
$$\frac{\partial \boldsymbol{K}}{\partial A_2} = \begin{bmatrix} 1344000 & 1008000 \\ 1008000 & 756000 \end{bmatrix} \tag{12.82}$$

结构质量灵敏度矩阵为

$$\frac{\partial \boldsymbol{M}}{\partial A_1} = \begin{bmatrix} 3.12 & 0 \\ 0 & 3.12 \end{bmatrix}$$
$$\frac{\partial \boldsymbol{M}}{\partial A_2} = \begin{bmatrix} 3.9 & 0 \\ 0 & 3.9 \end{bmatrix} \tag{12.83}$$

代入 (12.79) 式分别求出 $\partial\lambda_1/\partial A_1 = -71.46, \partial\lambda_1/\partial A_2 = 143.0, \partial\lambda_2/\partial A_1 = 310.4,$ $\partial\lambda_2/\partial A_2 = -620.8$。数值解与解析解结果一致。

3. 灵敏度用于指导结构修改

2 杆桁架结构的初始设计为 A_1=300cm^2，A_2=150cm^2，第一阶固有频率为 38.29Hz, 结构质量为 3042 kg。一般情况下希望结构的低阶频率 (这里考虑第一阶频率) 尽可能高，按照上面的灵敏度分析结果，可以发现 $\partial\lambda_1/\partial A_1 < 0, \partial\lambda_1/\partial A_2 > 0$。于是，增大杆 2 的横截面积，可实现第一阶固有频率提高，重量降低。

第13章　桁架结构有限元教学软件 EFESTS

13.1　软件介绍

通过开发桁架结构有限元教学软件 EFESTS [45-47](educational finite element software for truss structure)，在程序上实现了前述章节的相关内容，涵盖：有限元前后处理、线性静态分析 (linear statics analysis)、模态分析 (modal analysis)、几何非线性分析 (geometric nonlinear statics analysis)、材料非线性分析 (material nonlinear statics analysis)、线性瞬态响应分析 (linear transient response analysis)、结构灵敏度分析 (structural sensitivity analysis)，见图 13-1。在 Visual Studio 开发环境中，采用 VB.NET 语言开发了该软件，关于软件的架构设计请参考论文 [48] ～ [50]。EFESTS 的底层数值计算类库 (矩阵的加、减、乘、求逆、三角分解，线性方程组求解，特征值问题求解等) 全部自主开发完成，并编译成了 SuperNumerics.dll 动态链接库 [51]，各种编程语言都可以方便调用该类库。

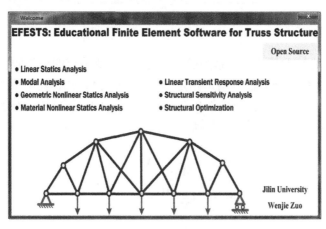

图 13-1　桁架结构有限元教学软件 EFESTS

13.2　前　处　理

前处理的关键技术是图形显示，本软件采用 GDI ＋图形引擎显示平面图形。GDI (graphics device interface) 是图形设备接口，它的主要任务是负责 Windows 系统与绘图程序之间的信息交换，处理所有 Windows 程序的图形输出，是 Windows API

的主要组成部分。GDI ＋是前版本 GDI 的继承者，出于兼容性考虑，Windows 仍然支持前版本的 GDI。GDI ＋对以前的 Windows 版本中 GDI 进行了优化，并添加了许多新的功能。在 Windows 操作系统下，绝大多数具备图形界面的应用程序都离不开 GDI ＋，利用 GDI ＋所提供的众多函数就可以方便地在屏幕、打印机及其他输出设备上输出图形、文本等操作。GDI 的出现使程序员不需要关心硬件设备及设备驱动，就可以将应用程序的输出转化为硬件设备上的输出，实现了程序开发者与硬件设备的隔离，大大方便了开发工作。GDI ＋的坐标原点位于图形显示区的左上角，其坐标系为 $X'O'Y'$；在工程中，设计师常使用的坐标系位于图形显示区的质心，其坐标系为 XOY，如图 13-2 所示。

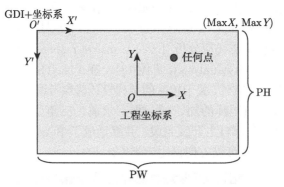

图 13-2　GDI ＋坐标系和工程坐标系

GDI ＋坐标系的尺寸由屏幕的像素来度量，其最大值即控件的长与宽 (PW，PH)。工程坐标系的最大值为用户指定值 (Max$X$, Max$Y$)，其位于绘图区域的右上角。那么，对于工程坐标系中的任意给定点 (X, Y)，GDI ＋坐标系中的对应点 (X', Y') 可由以下坐标变换计算求得

$$\begin{aligned}
X' &= \frac{\mathrm{PW}}{2\mathrm{Max}X}X + \frac{\mathrm{PW}}{2} \\
Y' &= -\frac{\mathrm{PH}}{2\mathrm{Max}Y}Y + \frac{\mathrm{PH}}{2}
\end{aligned} \tag{13.1}$$

记

$$\boldsymbol{X}' = \begin{bmatrix} X' \\ Y' \end{bmatrix}, \quad \boldsymbol{X} = \begin{bmatrix} X \\ Y \end{bmatrix}, \quad \boldsymbol{T}_1 = \begin{bmatrix} \dfrac{\mathrm{PW}}{2\mathrm{Max}X} & \\ & \dfrac{\mathrm{PH}}{2\mathrm{Max}Y} \end{bmatrix},$$

$$\boldsymbol{T}_2 = \begin{bmatrix} 1 & \\ & -1 \end{bmatrix}, \quad \boldsymbol{T}_3 = \begin{bmatrix} \dfrac{\mathrm{PW}}{2} \\ \dfrac{\mathrm{PH}}{2} \end{bmatrix} \tag{13.2}$$

那么，(13.1) 式可整理成如下形式：

$$X' = T_1T_2X + T_3 \tag{13.3}$$

其中，T_1、T_2 与 T_3 分别称为缩放变换矩阵、对称变换矩阵与平移变换矩阵。相反，如果 (X', Y') 已知，那么求得

$$X = T_1^{-1}T_2^{-1}(X' - T_3) \tag{13.4}$$

如果由窗体输入点的坐标，用 (13.1) 式来计算 GDI+ 坐标系中的点，并将其显示；如果鼠标在屏幕上点击创建点的坐标，那么用 (13.4) 式来计算工程坐标系中的点。有了坐标点的数据就可以采用 GDI+ 函数 FillEllipse 绘制点，DrawLine 绘制杆件 [52]。

桁架结构的创建可以通过窗体输入或者屏幕点击两种方式。对于大型周期桁架点阵结构，可以采用复制的方式快速创建，如图 13-3 所示。

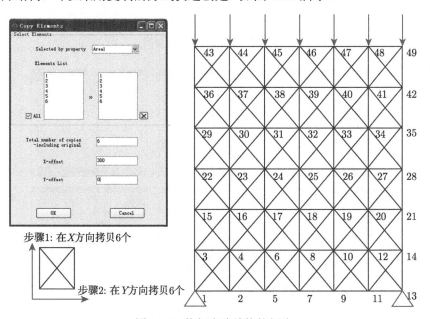

图 13-3　桁架点阵结构的创建

有限元数据全部存储在树形图控件中，可以与文本格式互相交互，如图 13-4 所示。

有限元刚度矩阵的组装及其对称性和稀疏性的证明是有限元教学的难点，本软件将刚度矩阵的组装过程动态可视化，如图 13-5 所示，刚度矩阵的对称性和稀疏性一目了然，有助于改善教学效果。

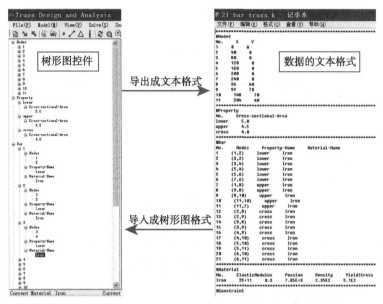

图 13-4　数据的导入与导出

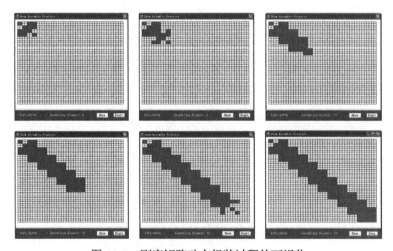

图 13-5　刚度矩阵动态组装过程的可视化

13.3　求　解　器

　　本软件自主开发了数值计算类库 SuperNumerics，包括：矩阵的加减乘逆、矩阵三角分解、线性方程组求解、特征值方程求解、单纯形法线性优化、遗传算法等，并编译成单独的动态链接库.dll 文件，可方便各种编程语言的调用 [50]。

在本节将对 50 杆桁架结构进行线性静态分析、几何非线性静态分析、模态分析以及动力响应分析 (图 13-6)。在该结构中，将具有相同横截面积的杆分为 1~10 组，按照图中编号 (节点编号为 1~22，杆件的分组编号为 1~10，请勿混淆) 依次为 7mm^2, 6.5mm^2, 8mm^2, 7.5mm^2, 6mm^2, 5.5mm^2, 5.4mm^2, 5.3mm^2, 5.2mm^2, 5.1mm^2, $l = 36\text{mm}$, $f = 500\text{N}$, 弹性模量 $E = 2.07 \times 10^5\text{MPa}$, 切线模量 $E_\text{T} = 10^3\text{MPa}$, 屈服应力 $\sigma_s = 235\text{MPa}$, 密度 $\rho = 7850\text{kg/m}^3$。在动力响应分析中，节点初始位移和初始速度均为 0。

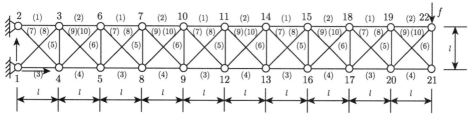

图 13-6 50 杆桁架结构

13.3.1 线性静态分析

图 13-7 为 EFESTS 软件的线性静态分析窗体，点击 Solve 按钮后，可将位移、轴力、应变、应力求解结果由窗体右侧的表格报出，并在主窗体上绘出变形结果和输出应力云图，如图 13-8 和图 13-9，显示计算用时与结构质量，并可输出刚度矩阵和载荷列向量到文本文件。

Node Number	X Displacement	Y Displacement
1	0.000E+00	0.000E+00
2	0.000E+00	0.000E+00
3	1.167E-01	-1.349E-01
4	-1.044E-01	-1.321E-01
5	-2.040E-01	-4.833E-01
6	2.292E-01	-4.857E-01
7	3.216E-01	-1.029E+00
8	-2.862E-01	-1.027E+00
9	-3.824E-01	-1.740E+00
10	4.076E-01	-1.742E+00
11	4.753E-01	-2.598E+00
12	-4.227E-01	-2.597E+00
13	-4.754E-01	-3.575E+00
14	5.349E-01	-3.576E+00
15	5.780E-01	-4.650E+00
16	-5.138E-01	-4.649E+00
17	-5.431E-01	-5.796E+00
18	6.110E-01	-5.797E+00

Linear Static Analysis

Eclapsed Time 1.560000E-02 s

Structural Mass 9.919E-05

Solve

○ Stiffness Matrix
○ Decomposed Stiffness Matrix
○ Force Vector
○ Displacement without Constraints
● Displacement
○ Axial Force
○ Stress
○ Strain

Report

图 13-7 线性静态分析

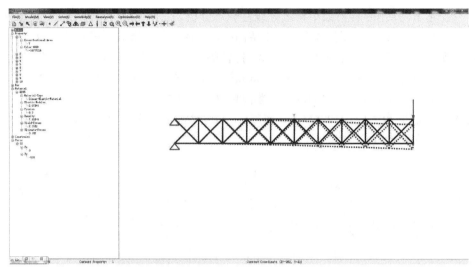

图 13-8　位移结果及变形

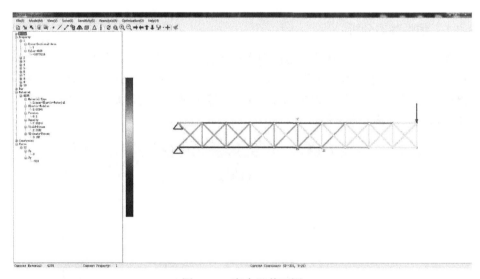

图 13-9　应力及其云图

13.3.2　几何非线性静态分析

图 13-10 为几何非线性静态分析窗体，可以选择求解算法，如 N-R、Load In-crement Method 和 Hybrid Method。选择一种方法，点击 Solve 按钮可以计算桁架的节点位移，各单元的应力、应变与轴向力，同时显示求解所用时间以及迭代次数，且残差曲线如图 13-11 所示。后处理过程请参考线性静态分析，这里不再赘述。

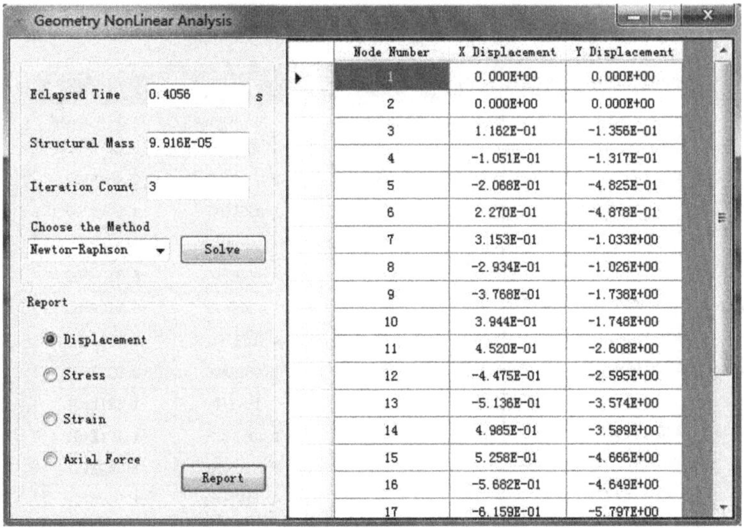

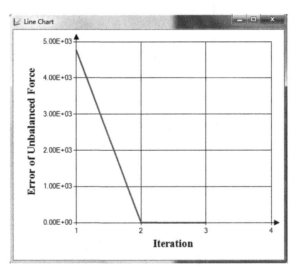

图 13-10　几何非线性静态分析

图 13-11　残差曲线

13.3.3　材料非线性静态分析

对 50 杆桁架结构进行材料非线性分析，此时载荷改为 $f = 200$ N(否则载荷太大，结构变形过大)，其他条件不变。图 13-12 为材料非线性静态分析窗体。用户需要先输入加载步数，软件会将外载荷分为相等的载荷步长进行计算。点击 Solve 按钮可以计算桁架的节点位移 (图 13-13)，各单元的应力、应变与塑性应变 (图 13-14)，同时显示求解所用时间。

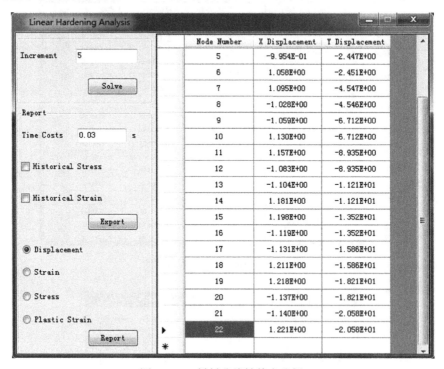

图 13-12　材料非线性静态分析

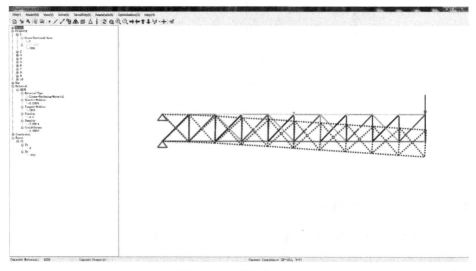

图 13-13　结构变形图

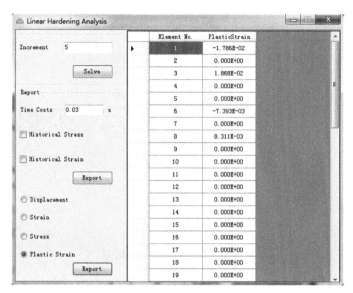

图 13-14　单元塑性应变

13.3.4　模态分析

图 13-15 为模态分析窗体，点击 Solve 进行求解，将显示计算用时及结构质量。然后，选择振动频率的阶次，点击 Modal Shape Show 显示在该频率下结构的振型，如图 13-16 所示。同时，可以选择刚度矩阵、质量矩阵，并点击 Export 输出数据。

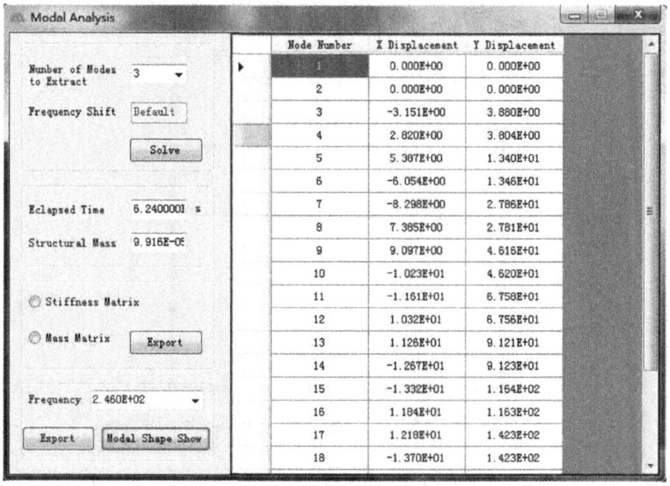

图 13-15　模态分析

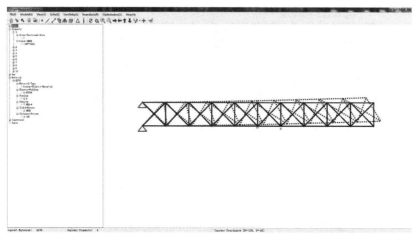

图 13-16　50 杆桁架一阶振型

13.3.5　动力响应分析

图 13-17 为动力响应分析界面, 软件提供三种方法: Central Difference Method、Wilson Method 以及 Newmark Method。导入初始位移和初始速度, 输入时间步长、总时间以及算法的参数, 点击 Solve 求解。完成后会显示求解所用时间, 并且后处理按钮 Plot、Export 会变为可用状态。

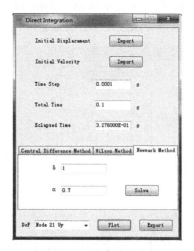

图 13-17　动力响应分析

采用 Newmark Method, 求解完成后在 DoF 一栏选择自由度, 点击 Plot 可以绘制出该自由度位移随时间的变化曲线, 如图 13-18 所示。

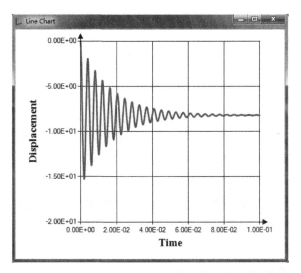

图 13-18 取 $\delta = 1.0$，$\alpha = 0.7$ 得到的位移–时间曲线

显然取 $\delta = 1.0$，$\alpha = 0.7$ 时算法阻尼较大，使得位移最终趋向于静平衡位置，关于这点读者可以自己验证。也可以将参数调整为 $\delta = 0.5$，$\alpha = 0.25$，这时位移曲线如图 13-19 所示。可以看到，此时曲线符合无阻尼系统阶跃响应的特征。点击 Export 则可以将全部节点在各个时刻的位移输出到.txt 文件。

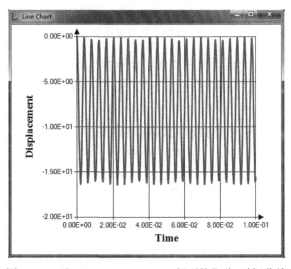

图 13-19 取 $\delta = 0.5$，$\alpha = 0.25$ 得到的位移–时间曲线

13.4　位移灵敏度分析

13.4.1　解析法

灵敏度分析界面如图 13-20 所示。点击 Solve 可以求出所有节点位移关于全部横截面积的灵敏度信息。对 13.3 节中的 50 杆桁架结构进行灵敏度分析，结果如图 13-20 所示。点击 Export Variables 可以导出当前设计变量的值；点击 Export Sensitivity 则导出灵敏度信息。

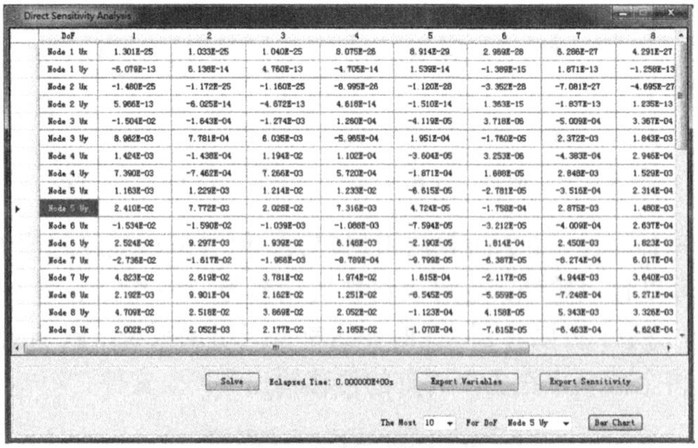

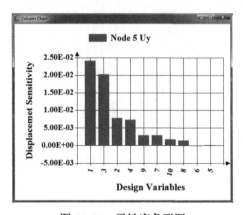

图 13-20　位移灵敏度

事实上，我们比较关心对某一节点位移的前几个最大的灵敏度 (The Most 中输入阶数，选择相应节点位移；这里选择关于节点 5 的 y 方向位移前 10 个最大的灵敏度)，点击 Bar Chart 用条形图显示出来，如图 13-21 所示。

图 13-21　灵敏度条形图

13.4.2 伴随变量法

很多时候不需要知道全部节点位移的灵敏度信息，而只希望得到某一自由度的灵敏度信息，这时可以采用伴随变量法，界面如图 13-22 所示。在 Select DoF 中选择自由度，点击 Select 后 Solve 按钮变为高亮；点击 Solve 完成求解。以 13.3 节中的 50 杆桁架结构为例，响应选择节点 5 的 y 方向的位移，分析结果如图 13-22 所示。点击 Bar Chart 可以绘制条形图，如图 13-23 所示。点击 Export to txt File 可以将灵敏度保存成.txt 文件。这些结果与解析法的结果一致。半解析法灵敏度分析与解析法操作步骤类似，不再赘述。

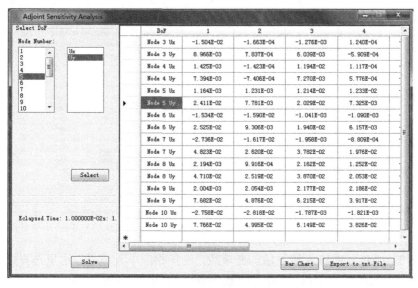

图 13-22　伴随变量法的位移灵敏度

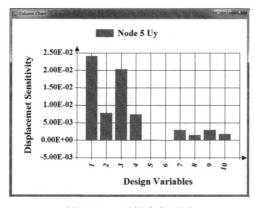

图 13-23　灵敏度条形图

13.5 应力灵敏度分析

应力灵敏度分析界面如图 13-24 所示,可求解所有杆单元应力对所有单元截面积的灵敏度。仍以 13.3 节中的 50 杆桁架结构为例进行应力灵敏度分析,结果如图 13-24 所示。

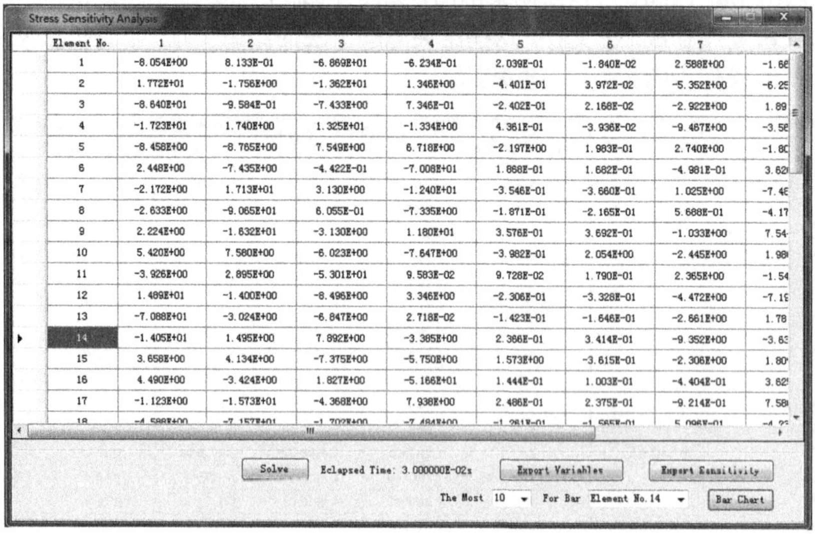

Element No.	1	2	3	4	5	6	7	
1	-8.054E+00	8.133E-01	-6.869E+01	-6.234E+00	2.039E-01	-1.840E-02	2.588E+00	-1.66
2	1.772E+01	-1.758E+00	-1.362E+01	1.346E+00	-4.401E-01	3.972E-02	-5.352E+00	-6.25
3	-8.640E+01	-9.584E-01	-7.433E+00	7.346E-01	-2.402E-01	2.168E-02	-2.922E+00	1.89
4	-1.723E+01	1.740E+00	1.325E+01	-1.334E+00	4.361E-01	-3.936E-02	-9.467E+00	-3.58
5	-8.458E+00	-8.765E+00	7.549E+00	6.718E+00	-2.197E+00	1.983E-01	2.740E+00	-1.80
6	2.448E+00	-7.435E+00	-4.422E-01	-7.008E+01	1.868E-01	1.682E-01	-4.981E-01	3.62
7	-2.172E+00	1.713E+01	3.130E+00	-1.240E+01	-3.546E-01	-3.660E-01	1.025E+00	-7.48
8	-2.633E+00	-9.065E+01	6.055E-01	-7.335E+01	-1.871E-01	-2.165E-01	5.688E-01	-4.17
9	2.224E+00	-1.632E+01	-3.130E+01	1.180E+01	3.576E-01	3.692E-01	-1.033E+00	7.54
10	5.420E+00	7.580E+00	-6.023E+00	-7.647E+00	-3.982E-01	2.054E+00	-2.445E+00	1.98
11	-3.926E+00	2.895E+00	-5.301E+01	9.583E-02	9.728E-02	1.790E-01	2.365E+00	-1.54
12	1.489E+01	-1.400E+00	-8.495E+01	3.346E+00	-2.306E-01	-3.328E-01	-4.472E+00	-7.19
13	-7.088E+01	-3.024E+00	-6.847E+00	2.718E-02	-1.423E-01	-1.646E-01	-2.661E+00	1.78
14	-1.405E+01	1.495E+00	7.892E+00	-3.869E+00	2.366E-01	3.414E-01	-9.352E+00	-3.63
15	3.658E+00	4.134E+00	-7.375E+00	-5.750E+00	1.573E+00	-3.615E+00	-2.308E+00	1.80
16	4.490E+00	-3.424E+00	1.827E+00	-5.186E+00	1.444E-01	1.003E+00	-4.404E-01	3.62
17	-1.123E+00	-1.573E+00	-4.368E+00	7.938E-01	2.486E-01	2.375E-01	-9.214E-01	7.58
18	-4.588E+00	-7.157E+01	-1.702E+00	-7.484E+00	1.281E-01	-1.565E-01	5.096E-01	-4.23

Solve Eclapsed Time: 3.000000E-02s Export Variables Export Sensitivity

The Most 10 ▾ For Bar Element No.14 ▾ Bar Chart

图 13-24 应力灵敏度

在 The Most 中输入最灵敏的变量数,选择相应单元编号,这里选择关于 14 号单元的应力灵敏度中前 10 个最灵敏的值),点击 Bar Chart 用条形图显示灵敏度结果,如图 13-25 所示。

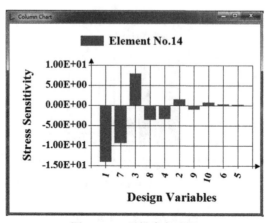

图 13-25 灵敏度条形图

13.6 模态灵敏度分析

模态灵敏度分析界面如图 13-26 所示。在 Number of Modes to Extract 中输入要求解的模态阶数，Sensitivity of Property 后的下拉框可以选择设计变量；最后点击 Solve 完成求解，点击 Report 可以将模态向量的灵敏度显示在右边的表格中。仍以 13.3 节中的 50 杆桁架结构为例进行模态灵敏度分析，结果见图 13-26。点击 Export 可以将数据导出为.txt 文件。

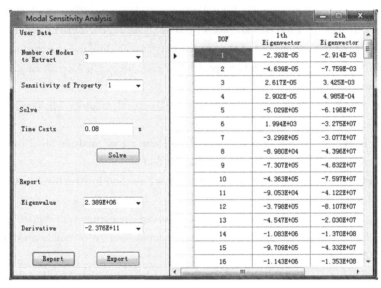

图 13-26　模态灵敏度

参 考 文 献

[1] Courant R. Variational method for solutions of problems of equilibrium and vibrations [J]. The Bulletin of the American Mathematical Society, 1943, 49: 1-23

[2] Turner M J, Clough R W, Martin H C, Topp L J. Stiffness and deflection analysis of complex structures [J]. Journal of the Aeronautical Sciences, 1956, 23(9): 805-823

[3] Argyris J H. Energy theorems and structural analysis: a generalized discourse with applications on energy principles of structural analysis including the effects of temperature and non-linear stress-strain relations part I. General theory [J]. Aircraft Engineering and Aerospace Technology, 1955, 27(2): 42-58

[4] Argyris J H, Kelsey S. Energy Theorems and Structural Analysis [M]. London: Butterworth Scientific Publications, 1960

[5] Clough R W. The finite element method in plane stress analysis [J]. Proceedings of American Society of Civil Engineers, 1960, 23: 345

[6] Zienkiewicz O C, Cheung Y K. The finite element method in structural and continuum mechanics [M]. London: Mc Graw-Hill, 1967

[7] Ergatoudis I, Irons B M, Zienkiewicz O C. Curved, isoparametric, "quadrilateral" elements for finite element analysis [J]. International Journal of Solids and Structures, 1968, 4(3): 31-42

[8] Pugh E, Hinton E, Zienkiewicz O. A study of quadrilateral plate bending elements with "reduced" integration [J]. International Journal for Numerical Methods in Engineering, 1978, 12(7): 1059-1079

[9] Besseling J F. The complete analogy between the matrix equations and the continuous field equations of structural analysis [C]. Int. Symp. on Analogue and Digital Techniques Applied to Aeronautics: Proceedings, 1964

[10] Szabo B A, Lee G C. Derivation of stiffness matrices for problems in plane elasticity by Galerkin's method [J]. International Journal for Numerical Methods in Engineering, 1969, 1(3): 301-310

[11] Strang W G, Fix G J. An Analysis of the Finite Element Method [M]. Englewood Cliffs, New Jersey: Prentice Hall, 1973

[12] Oden J T. Finite Elements of Nonlinear Continua [M]. New York: McGraw-Hill, 1972

[13] Crisfield M A. Non-linear Finite Element Analysis of Solids and Structures Vol. 1: Essentials [M]. Chichester: John Wiley & Sons, 1991

[14] Crisfield M A. Non-linear Finite Element Analysis of Solids and Structures Vol. 2: Advanced Topics [M]. Chichester: John Wiley & Sons, 1997

[15] Zhong Z H. Finite Element Procedures for Contact-impact Problems [M]. Oxford: Oxford University Press, 1993

[16] Bathe K J. Finite Element Procedures [M]. New Jersey: Prentice Hall, 1995

[17] Belytschko T, Liu W K, Moran B, et al. Nonlinear Finite Elements for Continua and Structures (2nd edition) [M]. Chichester: John Wiley & Sons, 2013

[18] 冯康. 基于变分原理的差分格式 [J]. 应用数学与计算数学, 1965, 2(4): 237-261

[19] 王勖成. 有限单元法 [M]. 北京: 清华大学出版社, 2003

[20] 曾攀. 塑性非线性分析原理 [M]. 北京: 机械工业出版社, 2015

[21] 白冰, 李小春, 石露, 等. 对弹性静力学中外力功表达式及相关问题的探讨 [J]. 力学与实践, 2011, 65(5): 67-69

[22] Cuthill E, Mckee J. Reducing the bandwidth of symmetric sparse matrices [C]. ACM Proc. 24th National Conference, New York, 1969

[23] Liu W H, Sherman A H. Comparative analysis of the Cuthill-McKee and the reverse Cuthill-McKee ordering algorithms for sparse matrices [J]. SIAM Journal on Numerical Analysis, 1976, 13(2): 198-213

[24] 杜宪亭, 禾夏, 龙佩恒, 等. 一种 RCM 有限元带宽优化改进算法 [J]. 计算力学学报, 2010, 27(4): 694-697

[25] Gibbs N E, Poole W G, Stockemeyer P K. An algorithm for reducing the bandwidth and profile of a sparse matrix [J]. SIAM Journal of Numerical Analysis, 1976, 13(2): 236-250

[26] 林贻勋. 关于带宽最小化问题 CM 算法的注记 [J]. 数值计算与计算机应用, 1981, 4: 219-226

[27] Kaveh A R, Roost G R. A graph theoretical method for frontwidth reduction [J]. Advances in Engineering Software, 1999, 30: 789-797

[28] 赵亚溥. 近代连续介质力学 [M]. 北京: 科学出版社, 2016

[29] 程耿东. 结构动力优化中规划法和准则法的统一 [J]. 大连工学院学报, 1982, (04): 19-27

[30] Dui G S, Ren Q W, Shen Z J. Conjugate stresses to Seth's strain class [J]. Mechanics Research Communications, 2000, 27(5): 539-542

[31] Drucker D. A more fundamental approach to plastic stress-strain relations [J]. Journal of Applied Mechanics-Transaction of the ASME, 1951, 18(3): 323

[32] 沈观林, 胡更开, 刘彬. 复合材料力学 [M]. 2 版. 北京: 清华大学出版社, 2013

[33] 黄用宾. 摄动法简明教程 [M]. 上海: 上海交通大学出版社, 1986

[34] Hassani B, Hinton E. A review of homogenization and topology optimization I-homogenization theory for media with periodic structure [J]. Computers & Structures, 1998,69(6): 707-717

[35] 程耿东. 工程结构优化设计基础 [M]. 大连: 大连理工大学出版社, 2012

[36] Groenwold A A, Etman L F. On the equivalence of optimality criterion and sequential approximate optimization methods in the classical topology layout problem [J]. International Journal for Numerical Methods in Engineering, 2008, 73(3): 297-316

[37] Adelman H M, Haftka R T. Sensitivity analysis of discrete structural systems [J]. AIAA Journal, 1986, 24(5): 823-832

[38] van Keulen F, Haftka R T, Kim N H. Review of options for structural design sensitivity analysis. Part 1: Linear systems [J]. Computer Methods in Applied Mechanics and Engineering, 2005, 194(30): 3213-3243

[39] Thomas H, Zhou M, Schramm U. Issues of commercial optimization software development [J]. Structural and Multidisciplinary Optimization, 2002, 23(2): 97-110

[40] Cheng G D, Liu Y W. A new computation scheme for sensitivity analysis [J]. Engineering Optimization, 1987, 12(3): 219-234

[41] Squire W, Trapp G. Using complex variables to estimate derivatives of real functions [J]. Society for Industrial and Applied Mathematics, 1998, 40(1): 110-112

[42] Martins J, Kroo I, Alonso J. An automated method for sensitivity analysis using complex variables [C]. 38th Aerospace Sciences Meeting and Exhibit, 2000

[43] Nelson R B. Simplified calculation of eigenvector derivatives [J]. AIAA Journal, 1976, 14(9): 1201-1205

[44] Zuo W J, Saitou K. Multi-material topology optimization using ordered SIMP interpolation [J].Structural and Multidisciplinary Optimization, 2017, 55(2): 477-491

[45] 左文杰, 黄科, 赵兴, 等. 面向教育的有限元桁架结构线性静态分析软件 V1.0 [P]. 中华人民共和国国家版权局: 2017SR405812, 2017

[46] 左文杰, 黄科, 赵兴, 等. 面向教育的有限元桁架结构几何非线性分析软件 V1.0 [P]. 中华人民共和国国家版权局: 2017SR405789, 2017

[47] 黄科, 左文杰, 赵兴, 等. 面向教育的有限元桁架结构弹塑性材料非线性分析软件 V1.0 [P]. 中华人民共和国国家版权局: 2017SR404525, 2017

[48] Zuo W J, Bai J T, Cheng F. EFESTS: Educational finite element software for truss structure. Part 1: Preprocess [J]. International Journal of Mechanical Engineering Education, 2014, 42(4): 298-306

[49] Zuo W J, Li X, Guo G K. EFESTS: Educational finite element software for truss structure. Part 2: Linear static analysis [J]. International Journal of Mechanical Engineering Education, 2014, 42(4): 307-319

[50] Zuo W J, Huang K, Cheng F. EFESTS: Educational finite element software for truss structure. Part 3: Geometrically nonlinear static analysis [J]. International Journal of Mechanical Engineering Education, 2017, 45(2): 154-169

[51] 左文杰, 白建涛. 面向多种编程语言的数值计算类库软件 SuperNumerics [P]. 中华人民共和国国家版权局: 2015SR101387, 2015

[52] 张琴, 孙更新, 宾晟. Visual Basic.NET 2008: 从基础到项目实战 [M]. 北京: 化学工业出版社, 2010

1. 10 杆桁架线性静态分析算例

总体刚度矩阵为

$$K = 10^4 \times \begin{bmatrix}
3.760 \times 10^{11} & -9.821 & -27.78 & 0 & 0 & 0 \\
-9.821 & 9.821 \times 10^{10} & 0 & 0 & 0 & 0 \\
-27.78 & 0 & 75.20 & 0 & -27.78 & 0 \\
0 & 0 & 0 & 47.42 & 0 & 0 \\
0 & 0 & -27.78 & 0 & 37.60 & 9.821 \\
0 & 0 & 0 & 0 & 9.821 & 37.60 \\
0 & 0 & -9.821 & 9.821 & 0 & 0 \\
0 & 0 & 9.821 & -9.821 & 0 & -27.78 \\
-9.821 & 9.821 & 0 & 0 & -9.821 & -9.821 \\
9.821 & -9.821 & 0 & -27.78 & -9.821 & -9.821 \\
0 & 0 & -9.821 & -9.821 & 0 & 0 \\
0 & 0 & -9.821 & -9.821 & 0 & 0 \\
\end{bmatrix}$$

$$\begin{bmatrix}
0 & 0 & -9.821 & 9.821 & 0 & 0 \\
0 & 0 & 9.821 & -9.821 & 0 & 0 \\
-9.821 & 9.821 & 0 & 0 & -9.821 & -9.821 \\
9.821 & -9.821 & 0 & -27.78 & -9.821 & -9.821 \\
0 & 0 & -9.821 & -9.821 & 0 & 0 \\
0 & -27.78 & -9.821 & -9.821 & 0 & 0 \\
37.60 & -9.821 & -27.78 & 0 & 0 & 0 \\
-9.821 & 37.60 & 0 & 0 & 0 & 0 \\
-27.78 & 0 & 75.20 & 0 & -27.78 & 0 \\
0 & 0 & 0 & 47.42 & 0 & 0 \\
0 & 0 & -27.78 & 0 & 3.760 \times 10^{11} & 9.821 \\
0 & 0 & 0 & 0 & 9.821 & 9.821 \times 10^{10} \\
\end{bmatrix}$$

载荷列阵为

$$\boldsymbol{f} = 10^5 \times \begin{bmatrix} 0 & 0 & 0 & 0 & 0 & 0 & 0 & -1.000 & 0 & -1.000 & 0 & 0 \end{bmatrix}^{\mathrm{T}}$$

刚度矩阵三角分解 $\boldsymbol{K} = \boldsymbol{L}\boldsymbol{D}\boldsymbol{L}^{\mathrm{T}}$，其中

$$\boldsymbol{L} = \begin{bmatrix}
1 & 0 & 0 & 0 & 0 & 0 \\
0 & 1 & 0 & 0 & 0 & 0 \\
0 & 0 & 1 & 0 & 0 & 0 \\
0 & 0 & 0 & 1 & 0 & 0 \\
0 & 0 & -0.3694 & 0 & 1 & 0 \\
0 & 0 & 0 & 0 & 0.3592 & 1 \\
0 & 0 & -0.1306 & 0.2071 & -0.1327 & 0.0383 \\
0 & 0 & 0.1306 & -0.2071 & 0.1327 & -0.8536 \\
0 & 0 & 0 & 0 & -0.3592 & -0.1847 \\
0 & 0 & 0 & -0.5858 & -0.3592 & -0.1847 \\
0 & 0 & -0.1306 & -0.2071 & -0.1327 & 0.0383 \\
0 & 0 & -0.1306 & -0.2071 & -0.1327 & 0.0383
\end{bmatrix}$$

$$\begin{bmatrix}
0 & 0 & 0 & 0 & 0 & 0 \\
0 & 0 & 0 & 0 & 0 & 0 \\
0 & 0 & 0 & 0 & 0 & 0 \\
0 & 0 & 0 & 0 & 0 & 0 \\
0 & 0 & 0 & 0 & 0 & 0 \\
0 & 0 & 0 & 0 & 0 & 0 \\
1 & 0 & 0 & 0 & 0 & 0 \\
-0.1455 & 1 & 0 & 0 & 0 & 0 \\
-0.8545 & -1 & 1 & 0 & 0 & 0 \\
0.1390 & -1.1058 & -0.2612 & 1 & 0 & 0 \\
0.0065 & 0.1058 & -0.7388 & -1 & 1 & 0 \\
0.0065 & 0.1058 & 0 & -0.4476 & 0 & 1
\end{bmatrix}$$

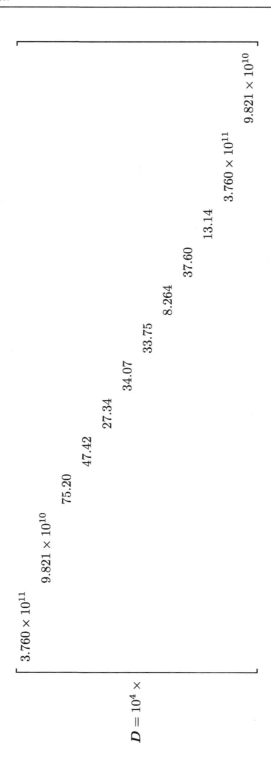

$$D = 10^4 \times \begin{bmatrix} 3.760 \times 10^{11} & & & & & & & \\ 9.821 \times 10^{10} & 75.20 & & & & & & \\ & 47.42 & 27.34 & & & & & \\ & & 34.07 & 33.75 & & & & \\ & & & 8.264 & 37.60 & & & \\ & & & & 13.14 & 3.760 \times 10^{11} & \\ & & & & & 9.821 \times 10^{10} \end{bmatrix}$$

位移列阵为

$$\boldsymbol{u} = \begin{bmatrix} 0 & 0 & 0.7033 & -1.674 & 0.8478 & -3.795 \\ & -0.9522 & -3.940 & -0.7367 & -1.802 & 0 & 0 \end{bmatrix}^{\mathrm{T}}$$

轴力列阵为

$$\boldsymbol{p} = 10^4 \times \begin{bmatrix} 19.54 & -20.46 & 4.012 & -5.986 & 14.80 \\ & -13.48 & 8.479 & -5.674 & 3.556 & 4.028 \end{bmatrix}^{\mathrm{T}}$$

2. 子空间迭代法算例

总体刚度矩阵为

$$\boldsymbol{K} = 10^3 \times \begin{bmatrix} 2.313 \times 10^{12} & 78.67 & -186.9 & 0 & 0 \\ & 1.393 \times 10^{12} & 0 & 0 & 0 \\ & & 464.9 & 2.236 & -186.9 \\ & & & 279.5 & 0 \\ & & & & 233.6 \\ & & & \text{对} & \\ & & & & \text{称} \end{bmatrix}$$

$$\begin{bmatrix} 0 & 0 & 0 & -44.42 & -78.67 \\ 0 & 0 & 0 & -78.67 & -139.3 \\ 0 & -46.71 & -80.91 & -44.42 & 78.67 \\ 0 & -80.91 & -140.2 & 78.67 & -139.3 \\ -80.91 & -46.71 & 80.91 & 0 & 0 \\ 1.402 \times 10^{12} & 80.91 & -140.2 & 0 & 0 \\ & 280.2 & -3.632 & -186.8 & 3.632 \\ & & 280.4 & 3.632 & -0.07061 \\ & & & 275.6 & -3.632 \\ & & & & 278.7 \end{bmatrix}$$

总体质量矩阵为

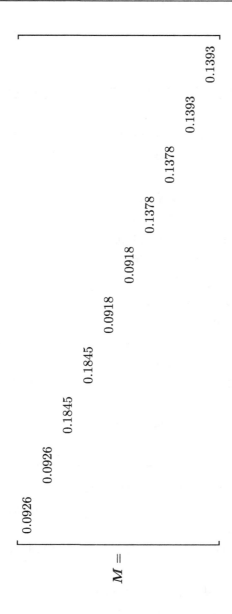

$$M = \begin{bmatrix} 0.0926 & 0.0926 & 0.1845 & 0.1845 & 0.0918 & 0.0918 & 0.1378 & 0.1378 & 0.1393 & 0.1393 \end{bmatrix}$$

附录 2　桁架结构有限元分析 Matlab 代码与实例

```
1    %**********桁架结构有限元建模与线性静态分析主程序134行**********
2    function [U, Strain, Stress, AxialForce]=TrussFEA(x,y,z,ele,Load,
     Constr)
3    Dofs=3*size(x,2); %总自由度数
4    EleCount=size(ele,1); %单元总数
5    K=zeros(Dofs,Dofs); %总体刚度矩阵
6    F=zeros(Dofs,1); %总体载荷列阵
7    U=zeros(Dofs,1); %总体位移列阵
8    BarLength=BarsLength(x,y,z,ele);
9    figure('Name','Undeformed Truss')
10   RenderTruss(ele,Load,Constr,x,y,z,U,2,2,'-',1) %绘制桁架
11   figure('Name','Deformed Truss')
12   RenderTruss(ele,Load,Constr,x,y,z,U,2,2,'-',1) %绘制变形后桁架
13   hold on
14   %计算单元刚度矩阵并组装总体刚度矩阵
15   for iEle =1:EleCount
16     R(:,:,iEle)=CoordTransform([x(ele(iEle,2)) x(ele(iEle,3))],...
17         [y(ele(iEle,2)) y(ele(iEle,3))],...
18         [z(ele(iEle,2)) z(ele(iEle,3))],BarLength(iEle));
19     %计算各单元刚度
20     ke= BarElementKe(ele(iEle,4),ele(iEle,5),R(:,:,iEle),BarLength
       (iEle));
21     %将各单元刚度分块组装到总刚相应位置
22     Ke1=zeros(Dofs,Dofs);Ke2=zeros(Dofs,Dofs);
23     Ke3=zeros(Dofs,Dofs);Ke4=zeros(Dofs,Dofs);
24     Ke1(3*ele(iEle,2)-2:3*ele(iEle,2),3*ele(iEle,2)-2:3*ele(iEle,
       2))=ke(1:3,1:3);
25     Ke2(3*ele(iEle,2)-2:3*ele(iEle,2),3*ele(iEle,3)-2:3*ele(iEle,
       3))=ke(1:3,4:6);
26     Ke3(3*ele(iEle,3)-2:3*ele(iEle,3),3*ele(iEle,2)-2:3*ele(iEle,
```

```
         2))=ke(4:6,1:3);
27       Ke4(3*ele(iEle,3)-2:3*ele(iEle,3),3*ele(iEle,3)-2:3*ele(iEle,
         3))=ke(4:6,4:6);
28       for j=1:Dofs
29         for k=1:Dofs
30             K(j,k)=K(j,k)+Ke1(j,k)+Ke2(j,k)+Ke3(j,k)+Ke4(j,k);
31         end
32       end
33     end
34     %形成载荷列阵
35     for LoadNum=1:size(Load,1)
36       for i=2:4
37           F(3*Load(LoadNum)+i-4,1)=Load(LoadNum,i);
38       end
39     end
40     %施加约束
41     for iConstr=1:size(Constr,1)
42       for j=2:4
43           if ~isnan(Constr(iConstr,j))
44               K(3*Constr(iConstr,1 )+j-4,3*Constr(iConstr,1)+j-4)=...
45               1e12*K(3*Constr(iConstr,1 )+j-4,3*Constr(iConstr,1)+j-4);
46               F(3*Constr(iConstr,1)+j-4)=Constr(iConstr,j)*...
47               K(3*Constr(iConstr,1 )+j-4,3*Constr(iConstr,1)+j-4);
48           end
49       end
50     end
51     %求解结构平衡方程
52     U=K\F; %全局坐标系下位移
53     for iEle =1:EleCount
54       LocalU=R(:,:,iEle)*[U(3*ele(iEle,2)-2:3*...
55       ele(iEle,2),1);U(3*ele(iEle,3)-2:3*ele(iEle,3),1)];
56       Strain(1, iEle)=[-1/BarLength(iEle) 1/BarLength(iEle)]*LocalU;
         %应变
57       Stress(1, iEle)=ele(iEle,5)* Strain(1, iEle); %应力
58       AxialForce(1, iEle)=ele(iEle,4)* Stress(1, iEle); %轴力
```

```
59    end
60    %保存位移、应力与轴力到文本文件
61    fp=fopen('Result.txt','a');
62    str = [char(13,10)','U',' ',num2str(U'),char(13,10)','Stress',' ',
             ...
63        num2str(Stress),char(13,10)','AxialForce',' ',num2str
          (AxialForce)];
64    fprintf(fp,str);
65    fclose(fp);
66    RenderTruss(ele,Load,Constr,x,y,z,U,2,2,':',10) %绘制变形后桁架
67    end %主程序结束
68
69    %计算单元刚度矩阵函数
70    function [Ke] = BarElementKe(A,E,R,BarLength)
71        ke=A*E/BarLength*[1 -1;-1 1];
72        Ke=R'*ke*R;
73    end
74
75    %计算杆长函数
76    function [BarLength]=BarsLength(x,y,z,ele)
77        BarLength=zeros(size(ele,1),1);
78        for iEle =1: size(ele,1)
79            BarLength(iEle,1)=((x(ele(iEle,3))-x(ele(iEle,2)))^2+(y(ele
              (iEle,3))-...
80            y(ele(iEle,2)))^2+(z(ele(iEle,3))-z(ele(iEle,2)))^2)^0.5;
81        end
82    end
83
84    %局部坐标与全局坐标的转换函数
85    function [R]=CoordTransform(x,y,z,BarLength)
86        l=(x(2)-x(1))/BarLength; m=(y(2)-y(1))/BarLength;n=(z(2)-z(1))
          /BarLength;
87    R=[l m n 0 0 0;0 0 0 l m n];
88    end
89
```

```
90    %绘制桁架函数
91    function RenderTruss(ele,Load,Constr,x,y,z,U,LineWidth,NodeSize,
      LineStyle,Scale)
92    CoordScale=[max(x)-min(x),max(y)-min(y),max(z)-min(z)];
93    k=1;
94    %计算变形后坐标
95    for i=1:length(x)
96        if Constr(k,1)==i
97            k=k+1;
98        else
99            x(i)=x(i)+Scale*U(3*i-2,1);y(i)=y(i)+Scale*U(3*i-1,1);z(i)=
             z(i)+Scale*U(3*i,1);
100       end
101   end
102   %绘制杆件
103   for i=1:length(ele(:,1))
104       plot3([x(ele(i,2)),x(ele(i,3))],[y(ele(i,2)),y(ele(i,3))],
          [z(ele(i,2)),z(ele(i,3))],...
105       'LineWidth', LineWidth*ele(i,4)/max(ele(:,4)), 'LineStyle',
           LineStyle);
106       hold on
107   end
108   %绘制节点
109   for i=1:length(x)
110       [xx,yy,zz]= ellipsoid(x(i),y(i),z(i),NodeSize,NodeSize,
          NodeSize);
111       surf(xx,yy,zz,'facecolor','k')
112   end
113   %绘制载荷
114   for i=1:length(Load(:,1))
115       quiver3(x(Load(i,1)),y(Load(i,1)),z(Load(i,1)),Load(i,2)/max
          (max(abs(Load))),...
116       Load(i,3)/max(max(abs(Load))),Load(i,4)/max(max(abs(Load))),
          ...
117       'LineWidth',1,'color','r','AutoScaleFactor',0.15*
```

```matlab
        (CoordScale(1)+CoordScale(2)),...
118        'MaxHeadSize',0.01*(CoordScale(1)+CoordScale(2)));
119 end
120 %绘制约束
121 for i=1:length(Constr(:,1))
122     plot3([x(Constr(i,1)) x(Constr(i,1))-0.02*CoordScale(1) x
        (Constr(i,1))+...
123     0.02*CoordScale(1) x(Constr(i,1))],[y(Constr(i,1))
        y(Constr(i,1))+...
124     0.02*CoordScale(1) y(Constr(i,1))-0.02*CoordScale(1)
        y(Constr(i,1))],...
125     [z(Constr(i,1)) z(Constr(i,1))-0.03*CoordScale(1) z(Constr(i,
        1))-...
126     0.03*CoordScale(1) z(Constr(i,1))],'LineWidth',0.8,'color',
        'r');
127 end
128 %限定图像的显示范围
129 axis equal
130 axis([min(x)-0.1*CoordScale(1),max(x)+0.1*CoordScale(1),
        min(y)-...
131 0.1*CoordScale(2),max(y)+0.1*CoordScale(2),min(z)-0.1*
        CoordScale(3),...
132 max(z)+0.1*CoordScale(3)])
133 hold off
134 end
```

```matlab
1   %在Matlab命令行运行以下代码，并调用主函数TrussFEA
2   %*********25杆桁架（如附图 1所示）的有限元模型生成与求解*********
3   d1=37.5;d2=37.5;d3=100;h1=200;h2=100;
4   x=[-d1 d1 -d2 d2 d2 -d2 -d3 d3  d3 -d3]; %节点x轴方向坐标
5   y=[0 0 d2 d2 -d2 -d2 h2 d3 -d3 -d3]; %节点y轴方向坐标
6   z=[h1 h1 h2 h2 h2 h2 0 0 0 0]; %节点z轴方向坐标
7   A=3;E=2.1E005; %定义截面面积和弹性模量
8   % 单元信息：编号，节点1编号，节点2编号，截面面积，弹性模量
9   ele=[1 1 2 A E;2, 4, 1 A E;3 2 3 A E;4, 2, 6 A E;5, 1, 5 A E;6,
```

```
       2, 4 A E;7, 2, 5 A E;...
10       8, 1, 3 A E;9, 1, 6 A E;10, 3, 6 A E;11, 5, 4 A E;12, 3,
         4 A E;13, 5, 6 A E;...
11       14, 3, 10 A E;15, 7, 6 A E;16, 9, 4 A E;17, 8, 5 A E;18, 7, 4
         A E;19, 3, 8 A E;...
12       20, 10, 5 A E;21, 9, 6 A E;22, 10, 6 A E;23, 3, 7 A E;24, 8, 4
         A E;25, 9, 5 A E];
13   %载荷信息: 节点编号, x向力, y向力, z向力
14   Load=[1 0 400 -100;2 0 400 -100];
15   %约束: 节点编号, x向约束, y向约束, z向约束 (未约束填NaN)
16   Constr=[7 0 0 0;8 0 0 0;9 0 0 0;10 0 0 0];
17   [U, Strain, Stress, AxialForce]=TrussFEA(x,y,z,ele,Load,Constr)
```

```
1    %*********120杆桁架 (如附图 2所示) 的有限元模型生成与求解********
2    nodes=zeros(3,49); %创建节点
3    ele=zeros(120,5); %创建单元
4    l1=13883.89;l2=24085.55;l3=31775.91;
5    h1=3000;h2=5850.13;h3=7000;h4=0;
6    th=0:1/6:(11/6);
7    th=th.*pi;
8    nodes(:,1)=[0;0;h3];
9    Constr=zeros(12,4);
10   %节点坐标
11   for i=1:length(th)
12       nodes(:,i+1)=[l1*cos(th(i));l1*sin(th(i));h2];
13       nodes(:,12+2*i:13+2*i)=[l2*cos(th(i)),l2*cos(th(i)+pi/12);...
14   l2*sin(th(i)),l2*sin(th(i)+pi/12);h1,h1];
15       nodes(:,37+i)=[l3*cos(th(i));l3*sin(th(i));h4];
16       Constr(i,1)=37+i;%d定义约束
17   end

18   %单元信息: 单元编号, 单元节点1, 单元节点2
19   for i=1:length(th)
20       ele(i,2:3)=[1,i+1];   %顺时针对单元编号
21       if i==1
```

```
22      ele(10+3*i:12+3*i,2:3)=[i+1,37;i+1,12+2*i;i+1,13+2*i];
        %13-48
23      ele(46+3*i:48+3*i,2:3)=[i+37,37;i+37,12+2*i;i+37,13+2*i];
        %49-84
24      ele(84+i,2:3)=[13,i+1];  %85-96
25      ele(95+2*i:96+2*i,2:3)=[37,14;12+2*i,13+2*i];  %97-120
26   else
27      ele(10+3*i:12+3*i,2:3)=[i+1,11+2*i;i+1,12+2*i;i+1,13+2*i];
28      ele(46+3*i:48+3*i,2:3)=[i+37,11+2*i;i+37,12+2*i;i+37,
        13+2*i];
29      ele(84+i,2:3)=[i,i+1];
30      ele(95+2*i:96+2*i,2:3)=[11+2*i,12+2*i;12+2*i,13+2*i];
31   end
32 end
33 for i=1:length(ele(:,1))
34    ele(i,1)=i;
35 end
36 A=3;E=2.1E005;%各单元截面面积和材料弹性模量
37 ele(:,4:5)=ones(120,2)*[A 0;0 E];%单元信息：截面面积，弹性模量
38 Load=[1 0 0 -200];%载荷信息：节点编号，x向力，y向力，z向力
39 x=nodes(1,:);
40 y=nodes(2,:);
41 z=nodes(3,:);
42 [U, Strain, Stress, AxialForce]=TrussFEA(x,y,z,ele,Load,Constr)

1  %*********942杆桁架（如附图 3所示）的有限元模型生成与求解********
2  nodes=zeros(3,244);%创建节点
3  ele0=zeros(2,5);ele1=zeros(24,5);ele2=zeros(60,5);ele3=
   zeros(20,5);ele4=zeros(64,5);
4  ele5=zeros(168,5);ele6=zeros(28,5);ele7=zeros(144,5);ele8=
   zeros(396,5);ele9=zeros(36,5);
5  d1=4270/2;d2=5335;r2=4265;d3=7470;r3=6400;d4=9605;r4=8535;
6  l3=43890;l2=l3+29260;l1=l2+21950;
7  dl3=43890/12;dl2=29260/8;dl1=21950/6;
8  coordinate2=[d2,r2,0,-r2,-d2,-r2,0,r2;0,r2,d2,r2,0,-r2,-d2,-r2];
```

```
    %定义坐标
9   coordinate3=[d3,r3,d1,-d1,-r3,-d3,-d3,-r3,-d1,d1,r3,d3;...
10  d1,r3,d3,d3,r3,d1,-d1,-r3,-d3,-d3,-r3,-d1];
11  coordinate4=[d4,r4,d1,-d1,-r4,-d4,-d4,-r4,-d1,d1,r4,d4;...
12  d1,r4,d4,d4,r4,d1,-d1,-r4,-d4,-d4,-r4,-d1];
13  %节点坐标
14  for i=1:6
15      nodes(:,4*i-3:4*i)=[d1,-d1,-d1,d1;d1,d1,-d1,-d1;l1-(i-1)*dl1*
        ones(1,4)];
16  end
17  for i=1:8
18      nodes(:,24+8*(i-1)+1:24+8*i)=[coordinate2;l2-(i-1)*dl2*ones(1,
        8)];
19  end
20  for i=1:12
21      nodes(:,88+12*(i-1)+1:88+12*i)=[coordinate3;l3-(i-1)*dl3*
        ones(1,12)];
22  end
23  nodes(:,233:244)=[coordinate4;zeros(1,12)];
24  %单元信息：单元编号，单元节点1，单元节点2
25  ele0(:,2:3)=[1,3;2,4];
26   for i=1:6
27    ele1(4*i-3:4*i,2:3)=[4*i-3,4*i-2;4*i-2,4*i-1;4*i-1,4*i;4*i,
      4*i-3];%1-24
28    if i==6
29       ele3(1:5,2:3)=[21,32;21,25;21,26;21,27;21,28];
30       ele3(6:10,2:3)=[22,26;22,27;22,28;22,29;22,30];
31       ele3(11:15,2:3)=[23,28;23,29;23,30;23,31;23,32];
32       ele3(16:20,2:3)=[24,30;24,31;24,32;24,25;24,26];
33    else
34       ele2(12*(i-1)+3-2:12*(i-1)+3,2:3)=...
35       [4*(i-1)+1,4*i+4; 4*(i-1)+1,4*i+1; 4*(i-1)+1,4*i+2];
36       for j=2:3
37          ele2(12*(i-1)+3*j-2:12*(i-1)+3*j,2:3)=...
38          [4*(i-1)+j,4*i+j-1; 4*(i-1)+j,4*i+j; 4*(i-1)+j,4*i+j+1];
```

```matlab
39          end
40          ele2(12*(i-1)+12-2:12*(i-1)+12,2:3)=[4*(i-1)+4,4*i+4-1;...
41          4*(i-1)+4,4*i+4; 4*(i-1)+4,4*i+1];
42      end
43  end
44  for i=1:8
45      ele4(8*i-7:8*i,2:3)=[8*i-7,8*i-6;8*i-6,8*i-5;8*i-5,8*i-4;...
46      8*i-4,8*i-3;8*i-3,8*i-2;8*i-2,8*i-1;8*i-1,8*i;8*i,8*i-7;];
47      if i==8
48          ele6(1:4,2:3)=[81,99;81,100;81,89;81,90];
49          for j=1:3
50              ele6(4*(j-1)+5:4*(j-1)+8,2:3)=[81+2*j,88+3*j-1;...
51              81+2*j,88+3*j;81+2*j,88+3*j+1;81+2*j,88+3*j+2];
52          end
53          for j=1:4
54              ele6(3*(j-1)+17:3*(j-1)+19,2:3)=[80+2*j,89+3*(j-1);...
55              80+2*j,89+3*(j-1)+1;80+2*j,89+3*(j-1)+2];
56          end
57      else
58          ele5(24*(i-1)+1:24*(i-1)+3,2:3)=...
59          [8*(i-1)+1,8*i+8;8*(i-1)+1,8*i+1; 8*(i-1)+1,8*i+2];
60          for j=2:7
61              ele5(24*(i-1)+3*j-2:24*(i-1)+3*j,2:3)=...
62              [8*(i-1)+j,8*i+j-1; 8*(i-1)+j,8*i+j;8*(i-1)+j,8*i+j+1];
63          end
64          ele5(24*(i-1)+24-2:24*(i-1)+24,2:3)=...
65          [8*(i-1)+8,8*i+8-1; 8*(i-1)+8,8*i+8; 8*(i-1)+8,8*i+1];
66      end
67  end
68  ele4=ele4+24;
69  ele5=ele5+24;
70  for i=1:12
71      ele7(12*i-11:12*i,2:3)=[12*i-11,12*i-10;12*i-10,12*i-9;12*
            i-9,...
72      12*i-8;12*i-8,12*i-7;12*i-7,12*i-6;12*i-6,12*i-5;12*i-5,12*
```

```
        i-4;...
73      12*i-4,12*i-3;12*i-3,12*i-2;12*i-2,12*i-1;12*i-1,12*i;12*i,12*
        i-11;];% 1-24
74      if i==12
75          ele9(1:3,2:3)=[233,232;233,221;233,222];
76          for j=2:11
77              ele9(3*(j-1)+1:3*(j-1)+3,2:3)=[232+j,220+j-1;232+j,
                220+j;232+j,220+j+1];
78          end
79          ele9(34:36,2:3)=[244,231;244,232;244,221];
80      else
81          ele8(36*(i-1)+1:36*(i-1)+3,2:3)=[12*(i-1)+1,...
82          12*i+12;12*(i-1)+1,12*i+1; 12*(i-1)+1,12*i+2];
83          for j=2:11
84              ele8(36*(i-1)+3*(j-1)+1:36*(i-1)+3*j,2:3)=[12*(i-1)
                +j,...
85              12*i+j-1; 12*(i-1)+j,12*i+j; 12*(i-1)+j,12*i+j+1];
86          end
87          ele8(36*(i-1)+36-2:36*(i-1)+36,2:3)=[12*(i-1)+12,12*i+
            12-1; ...
88          12*(i-1)+12,12*i+12; 12*(i-1)+12,12*i+1];
89      end
90  end
91  ele7=ele7+88;
92  ele8=ele8+88;
93  ele=[ele0;ele1;ele2;ele3;ele4;ele5;ele6;ele7;ele8;ele9];
94  for i=1:length(ele(:,1))
95      ele(i,1)=i;
96  end
97  A=4;E=2.1E005; %定义各单元截面面积和材料弹性模量
98  ele(:,4:5)=ones(length(ele(:,1)),2)*[A 0;0 E]; %定义单元信息:
    截面面积, 弹性模量
99  Load=[1 0 400 -100;2 0 400 -100]; %载荷信息: 节点编号, x向力,
    y向力, z向力
100 x=nodes(1,:);y=nodes(2,:);z=nodes(3,:);
```

```
101   Constr=zeros(12,4); %定义约束
102   for i=1:12
103       Constr(i,1)=i+232;
104   end
105   [U, Strain, Stress, AxialForce]=TrussFEA(x,y,z,ele,Load,Constr)
```

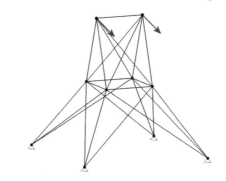

附图 1　25 杆桁架

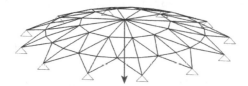

附图 2　120 杆桁架

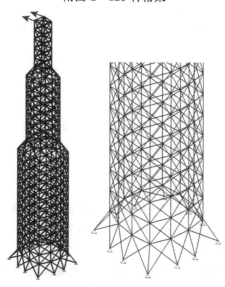

附图 3　942 杆桁架